普通高等教育"十二五"规划教材

计算机图像处理基础教程——Photoshop CS4

主　编　肖　彬
副主编　王静波　靳伟国
编　写　潘　岳　匡吉新　颜　超　朱科雷
主　审　古　梅

中国电力出版社
CHINA ELECTRIC POWER PRESS

内 容 提 要

本书是普通高等教育“十二五”规划教材。

本书重点介绍了 Photoshop CS4 各种工具、图层、蒙版、通道和路径的应用，主要内容包括图像的修复与润色、图像的绘制、路径与形状、图层、蒙版、通道、文字编辑、滤镜、图像色彩调整、综合实例等。书中实例均由作者精心设计，内容丰富、题材新颖，在实例操作中穿插了大量的技巧、提示等，使读者能够循序渐进地掌握 Photoshop CS4 的强大功能，并结合实际应用激发学习兴趣和创新设计的灵感。

本书可作为高职高专计算机应用相关专业的师生、各类相关培训班的实训教程，也可以作为大学计算机基础教学参考用书。

图书在版编目（CIP）数据

计算机图像处理基础教程：Photoshop CS4 / 肖彬主编. 北京：中国电力出版社，2012.7（2014.7 重印）
普通高等教育“十二五”规划教材
ISBN 978-7-5123-3301-7

Ⅰ. ①计…　Ⅱ. ①肖…　Ⅲ. ①图像处理软件－高等学校－教材　Ⅳ. ①TP391.41

中国版本图书馆 CIP 数据核字（2012）第 162712 号

中国电力出版社出版、发行
（北京市东城区北京站西街 19 号　100005　http://www.cepp.sgcc.com.cn）
北京市同江印刷厂印刷
各地新华书店经售
*
2012 年 8 月第一版　　2014 年 7 月北京第二次印刷
787 毫米×1092 毫米　16 开本　15.25 印张　371 千字
定价 **28.00** 元

前　言

Adobe Photoshop CS4 是一款优秀的图形图像处理软件，在图形绘制、文字编排、图像处理和动画制作上都具有十分完善和强大的功能，使用它可以进行平面设计、产品设计、照片后期处理以及计算机绘画等操作。

目前，市场上各种非专业类的 Photoshop 教材种类繁多，有的侧重讲解软件功能，缺少实践操作的内容；有的侧重实战应用，知识点又介绍得不完整；甚至有些教材落下了关键的步骤，让读者不得不望而却步。本教材力求改变这种状况，本着"理论与实践并重，设计与制作兼顾，趣味与娱乐一体，美观和实用合一"的教学思想编写了本教材，并且教材中的每一个案例作者都上机实践操作过。希望读者通过本教材能够掌握图像处理软件的各项常用功能，提高综合应用能力，能够设计和制作出精美的作品。

本教材有如下特点：

（1）案例新颖，寓教于乐。本教材每章都有案例，甚至每节都有案例，并且案例新颖。例如：狼眼象、闪闪的红星、灯泡里的鱼等，可以使读者忘记了制作过程的辛苦，更多的是享受神奇的喜悦。

（2）重点突出，归纳总结。本教材不避开 Photoshop CS4 的难点，通道是图像处理中可以说非常难以理解的专业术语。本教材把通道作为一章，从理论上解释通道的原理。通过带毛发的人物、半透明物体到透明物体的抠图，深入浅出地讲解了通道在图像处理中的应用。本教材同时也对图像处理中的各种蒙版做了总结和比较，通过实例阐述了它们之间的区别。也总结了二十多种图层混合模式的效果，让读者有据可查。

（3）操作贴士，实用性强。本教材每节都有操作小贴士，让读者感到每时每刻都有小惊喜，技巧无处不在。这样读者会在操作上少走弯路，理解更深刻。

本教材案例步骤简捷，操作性强，适合作为本科和高等职业院校计算机图像处理相关课程的教材，也可作为广大图像处理和平面设计爱好者的自学参考书。

本教材共 12 章。第 1 章由王静波编写，第 2 章由靳伟国编写，第 3～9 章和第 11 章由肖彬编写，第 10 章由潘岳编写，第 12 章由潘岳和肖彬共同编写。匡吉新参加课后上机作业选编工作，颜超参与了本教材部分实例的制作，潘岳和朱科雷提供了部分素材，全书由肖彬拟定大纲并统稿。本书由古梅主审。

由于时间仓促，书中不妥与错误之处敬请读者批评指正。

编　者

2012 年 8 月

目　录

第 1 章　图像基础知识必备和 Photoshop CS4 操作基础

Photoshop 是目前全世界采用最广泛的图形图像处理软件，也是被公认为最好的通用平面设计软件。它的功能完善，性能稳定，使用方便，在电影、广告、出版、软件等领域都广为使用。

而现在的 Photoshop CS4 在保持原来风格的基础上还将工作界面和菜单做了更加合理和规范的改变与调整，同时还增加了 3D 描绘、蒙版、调整等新的面板以及新的工具。Photoshop 已成为平面设计师和图像工作者们不可或缺的工具软件。

1.1　图像处理基础知识必备

1.1.1　位图与矢量图

通常所说的图形图像处理，图像指的是位图或点阵图，而图形指的是矢量图形，它们之间有什么区别呢？首先要理解它们的定义。

（1）位图。位图也称像素图，它由像素或点组成。当位图放大到一定程度时，就出现了一个个马赛克，这一个个马赛克就是一个个像素点，也是组成图像中的最小单位。例如：一幅图像（400 pixel×50 pixel）就说明该图像中包含 20 000 个像素点。

（2）矢量图。矢量图是用数学方式描述的曲线，它们在计算机内部表示成一系列的数值而不是像素点。例如：用矢量来记录一条直线，只需要直线起点坐标、直线终点坐标、直线的颜色 3 个信息。当放大该直线时，矢量图像是根据放大后的坐标重新由数学形式生成图像，不会产生模糊和锯齿。

下面通过一个例子来看看位图和矢量图在缩小和放大后的效果。图 1-1 中左边是矢量图，右边是位图，图 1-2 所示是缩小的图，图 1-3 是缩小后再放大的图。

图 1-1　矢量图和位图

图 1-2　缩小

通过上面的对比，我们会产生疑问：①位图缩小后效果不变，而再放大后产生了模糊效果，这是为什么？这是因为缩小位图是不会产生模糊的，在丢弃原先的一些像素后，剩下的像素是足够描述图像，并没有产生像素空缺；而放大后才产生了像素空缺，模糊效果产生了。

图 1-3 缩小后再放大

② 为什么矢量图像一点没有发生变化？这就是因为矢量图像是通过描述线段的坐标来记录图像的。图像放大或缩小的同时坐标也放大或缩小，而各个坐标之间的相对位置并没有改变，然后根据改动后的坐标重新生成图像，因此矢量图像放大多少倍都不会失真。

1.1.2 像素、图像分辨率与图像大小

（1）像素（Pixel）。像素是构成图像的基本单位。被视为图像的最小完整采样，是有颜色的小方块，在 Photoshop 中将图像放大可以看得到。而图像就是由若干个小方块组成的。它们有各自的颜色和位置，因此小方块越多，也就是像素越多，图像也就越清晰，但图像的大小也就越大。例如：现在使用的数码相机，其像素已经达到了 1200 万，也就是说拍的相片的像素多达 1200 万。

（2）图像分辨率。单位长度上的像素数。图像分辨率以每英寸含多少个像素来计算，通常用 pixel per inch 简写 ppi （像素/英寸）为单位。

（3）图像大小。图像所需的存储空间的大小。

尺寸大小相同的图像，分辨率越高，包含的像素点越多，图像文件就越大，当然图像显示效果也就越好。例如：一幅 A4 大小的 RGB 彩色图像，若分辨率为 300ppi，则文件的大小为 25MB 以上；若分辨率为 72ppi，则文件的大小为 1.5MB 左右。为什么不同分辨率的图像文件大小相差这么大呢？图像的大小是这样计算的：A4 纸的大小是 21cm×29.7cm，1 inch=2.54cm，一个像素在计算机是用 3B 来存储的，R、G、B 分别用 1B 存储（也就是说颜色的位数是 24 位），这样分辨率为 300ppi 的图像大小为（21÷2.54）×300×（29.7÷2.54）× 300×3÷1024÷1024=24.9MB。同样的计算方法，如果分辨率为 72ppi，计算出图像的大小为 1.43MB。

在实际操作中，如何设置图像的分辨率？图像用于屏幕显示设置为 72ppi，用于彩色印刷设置为 300ppi，当然 300ppi 以上的分辨率可以满足各种场合的输出要求。

1.1.3 图像文件格式

为了适应不同应用场合的需要，图形或图像可以以多种文件格式存储，不同的图形或图像文件格式具有不同的存储特性，当然不同格式图形或图像之间也可以通过一些工具软件来互相转换。以下介绍一些比较常用的图形、图像文件格式。

（1）PSD（*.PSD）格式。PSD 格式是 Photoshop 特有的、非压缩的图像文件格式，是唯一支持所有的图像模式。

（2）JPEG（*.JPG）格式。JPG 格式是图像最常用的一种有损压缩的图像格式之一，也是一种支持 24 位真彩色的静态图像的文件格式。

（3）GIF（*.GIF）格式。GIF 格式是使用 LZW 压缩方式产生容量小且无损压缩的一种图像文件格式，它使用 8 位的图像颜色，并能够保留锐化细节。

（4）TIF（*.TIF）格式。TIF 格式是一种与平台、应用程序及图像本身无关的图像文件格式。

（5）PNG（*.PNG）格式。PNG 格式是 Netscape 公司开发出来的一种图像格式，PNG 是 Portable Network Graphics 的缩写，中文译为“便携式网络图像”。

（6）PDF（*.PDF）格式。PDF 格式是 Adobe 公司开发的比较灵活的、适用于不同平台

和软件的一种文件格式。

（7）EPS（*.EPS）格式。EPS 格式是压缩的 Post Script 格式的变体之一，用于在应用程序间传递 Post Script 语言图片信息，在排版软件中以低分辨率预览，以高分辨率打印输出。

1.1.4　图像的颜色模式

颜色模式用于表现颜色的一种数学算法，即将一种颜色翻译成数字数据的方法，颜色在各种媒体中均有了一致的描述。下面介绍几种常见的颜色模式。

（1）RGB 颜色模式。RGB 颜色模式是基于自然界中 3 种原色的混合原理，将红（R）、绿（G）和蓝（B）3 原色按照从 0（黑）～255（白色）的亮度值在每个色阶中分配，从而指定其色彩。当不同亮度的原色混合后，便会产生出多达 256×256×256 种颜色，约为 1670 万种。3 原色通道可以转换成 24（8×3）位的颜色信息。例如：一种明亮的红色其 R 值可能为 246，G 值为 20，B 值为 50。

当 3 种原色的亮度值相等时，产生灰色；当 3 种原色的亮度值都是 255 时，产生纯白色；而当所有亮度值都是 0 时，将产生纯黑色。

（2）灰度模式。灰度模式是指用黑色和白色显示图像，是由 256 级的灰度组成的。图像中每一个像素都能用 0～255 的亮度来表现，因此在此模式下图像表现得比较细腻。灰度模式可以由彩色图像转换得到，而使用黑白胶片拍出来的照片则是灰度模式的图像。

（3）位图模式。位图模式是 DOS 和 Windows 兼容计算机上的标准 Windows 图像格式。BMP 格式支持 RGB、索引颜色、灰度和位图颜色模式。用户可以为图像指定 Windows 格式，以及高达 32 位/通道的位深度。

（4）CMYK 颜色模式。CMYK 颜色模式是一种印刷模式。其中 4 个字母分别代表青（Cyan）、洋红（Magenta）、黄（Yellow）和黑（Black）四色，在印刷中代表四种颜色的油墨。CMYK 模式在本质上与 RGB 模式没有区别，只是产生色彩的原理不同，在 RGB 模式中由光源发出的色光混合生成颜色，而在 CMYK 模式中由光线照到有不同比例 C、M、Y、K 油墨的纸上，部分光谱被吸收后，反射到人眼的光产生颜色。

（5）LAB 颜色模式。LAB 颜色是以一个亮度分量 L 及两个颜色分量 A 和 B 来表示颜色的。其中 L 的取值范围是 0～100，A 分量代表由绿色到红色的光谱变化，而 B 分量代表由蓝色到黄色的光谱变化，A 和 B 的取值范围均为+120～−120。如果只需要改变图像的亮度而不影响其他颜色值，则可以将图像转换为 LAB 颜色模式，然后在 L 的通道里进行操作。

（6）索引颜色模式。索引颜色模式可生成最多 256 种颜色的 8 位图像文件。当转换为索引颜色时，Photoshop 将构建一个颜色查找表，用以存放并索引图像中的颜色。如果原图像中的某种颜色没有出现在该表中，则程序将选取最接近的一种，或使用仿色以现有颜色来模拟该颜色。

尽管其调色板很有限，但索引颜色能够在保持多媒体演示文稿、Web 页等所需的视觉品质的同时，减少文件大小。在这种模式下只能进行有限的编辑。要进一步进行编辑，应临时转换为 RGB 模式。

一个 RGB 的图像转成为索引颜色模式后，可以使用颜色表。选择菜单栏中的“图像”→“模式”→“颜色表”命令，即可打开“颜色表”对话框，如图 1-4 所示。此对话框可以编辑和保存颜色表，还可以选择载入其他颜色表来改变图像的颜色。“颜色表”中各选项的意义如下。

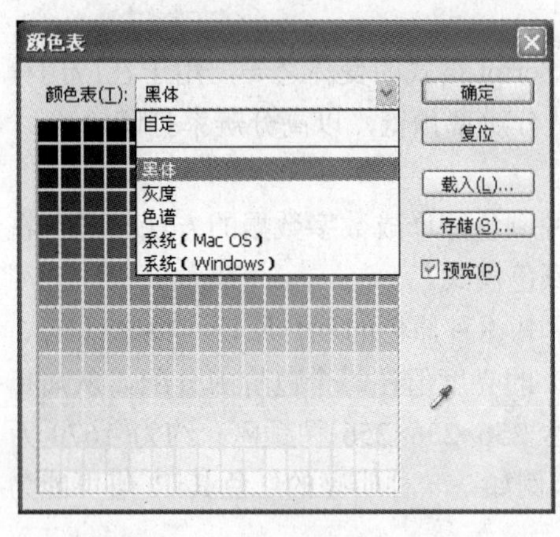

图 1-4　“颜色表”对话框

1）自定：显示当前图像的颜色表。

2）黑体：当一个黑色物体被加热后，会不断升高产生的从黑—红—橙—黄—白的颜色，这个颜色表就基于这种形式而产生的。

3）灰度：从黑到白的 256 种灰度色调组合而成的颜色表。

4）色谱：基于自然的色谱，即红、橙、黄、绿、青、蓝、紫建立的颜色表。

5）系统（Mac）：苹果公司提供的系统颜色表。

6）系统（Windows）：微软公司提供的系统颜色表。

本节要点：通过实例讲解了位图和矢量图之间的区别，着重解释了像素、图像分辨率的概念以及它们之间的联系，在数字图像处理中一定要掌握图像的色彩模式，特别是 RGB 模式。

上机实例：利用图像大小对话框来改变图像的大小。

1. 制作目的

熟练利用“图像大小”对话框，改变图像的分辨率、高度和宽度尺寸，从而达到改变整个图像像素的目的。

2. 制作过程

（1）打开素材文件。

（2）打开“图像大小”对话框。

（3）在“图像大小”对话框中进行相应的设置。

3. 制作步骤

（1）打开素材文件。单击菜单栏中的“文件”→“打开”命令，打开本教材素材文件的“潭水.jpg”图像，如图 1-5 所示。

图 1-5　大小约为 30MB 的图像

（2）单击菜单栏中的“图像”→“图像大小”命令，就会弹出如图 1-6 所示的“图像大小”对话框，此对话框中显示的像素数值就是当前图像的大小。

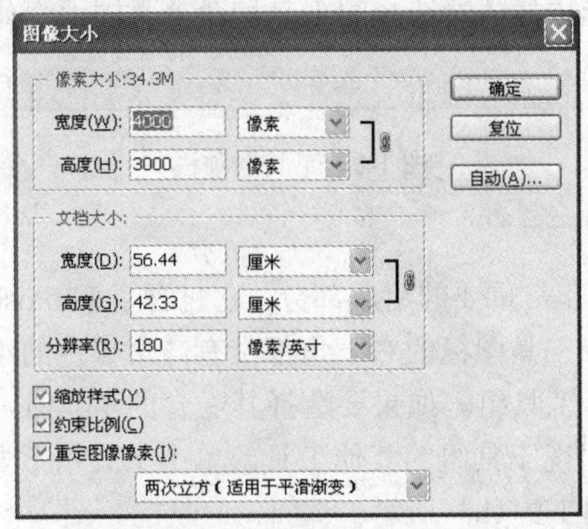

图 1-6 “图像大小”对话框

（3）在分辨率不变的情形下，将图像宽度的像素改为 500，高度的像素自动会变为 375，这是因为勾选了“约束比例”复选框。

操作小贴士

改变图像的大小，一定要将“约束比例”复选框勾上即锁定宽高比，否则图像将会变形。改变图像的大小，最好不要改变分辨率的大小，否则图像放大后就会变得模糊。

1.2　Photoshop CS4 操作界面

1.2.1　初识 Photoshop CS4

Photoshop 是目前全世界采用最广泛的数码图像处理软件。它提供了强大的图像处理功能，成为平面设计师和图像工作者们不可缺少的工具软件，也是平面设计师可以充分发挥自己艺术才能和想象力的工作平台。

而现在的 Photoshop CS4 在保持原来风格的基础上还将工作界面和菜单做了更加合理和规范的改变与调整。

1.2.2　界面概述

Photoshop CS4 的操作界面是由标题栏、菜单栏、工具选项栏、工具箱、面板以及工作区几部分组成的。

1．标题栏

Photoshop CS4 中的标题栏和以前的版本不一样，上面有一些常用的命令按钮，而没有文件名等信息，如图 1-7 所示。

图 1-7　标题栏

2. 工具选项栏

工具选项栏位于菜单栏的下方，提供当前所选择的工具或命令的有关信息以及可进行的进一步的编辑和操作等。选项栏随着选择的工具和命令不同而变化，如图 1-8 所示。

图 1-8 工具选项栏

3. 工具箱

工具箱是 Photoshop 的非常重要的组成部分，它包含了 Photoshop 中的各种处理工具，如图 1-9（a）所示。绝大部分工具图标的右下角都带有一个黑色的小三角形标记，这表示该工具中还有隐含工具，是一个工具组。如果要选择其隐含的工具时，则将鼠标单击黑三角等待 3s 或单击鼠标右键就可以出现工具组的其他工具。单击工具箱上方的双向三角箭头，工具栏即可转换成两栏模式，如图 1-9（b）所示。

4. 操作面板

操作面板一般出现在 Photoshop 界面的右边，其主要功能是提供图像的各种属性及特性工具属性相关的操作和修改功能，有些还提供相关的预览图。如果在操作界面中找不到某个面板时，则可从“窗口”菜单中打开。如图 1-10（a）所示打开 “图层”面板，如图 1-10（b）所示是“历史记录”面板。

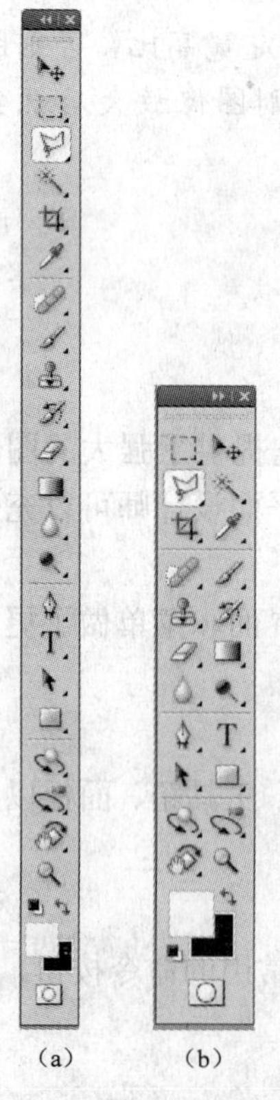

（a）（b）

图 1-9 Photoshop 的工具箱

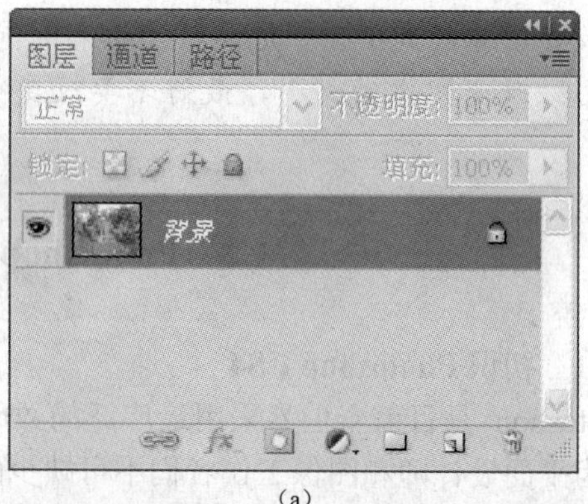

（a）

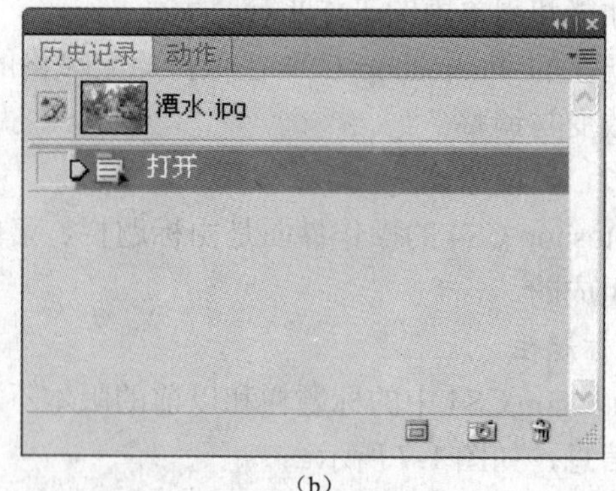

（b）

图 1-10 Photoshop 的“图层”面板和“历史记录”面板

5. 工作区

在 Photoshop 中打开或新建的图像都是作为一个单独的窗口出现在工作区中，图像窗口是 Photoshop 用于显示图像文件以及进行图像浏览和图像编辑的区域。每个窗口都带有自己的标题，包括文件名、缩放比例和色彩模式等。当打开多个文件时，文件的排列形式如图 1-11 所示。要实现图像之间的操作，单击图像编辑的标题，往编辑区的空白区域拖动，这样打开的图像就成为一个个独立的窗口，便于以后处理，如图 1-12 所示。

图 1-11　在 Photoshop 中打开多个文件

图 1-12　在 Photoshop 中打开的文件以独立窗口的形式显示

本节要点：主要介绍了 Photoshop 的操作界面，一定要注意面板的使用。特别是历史记录面板，在 Photoshop 中，如果操作有误，则在历史记录面板中可以撤销到第一步。

1.3 Photoshop CS4 文件的基本操作

1.3.1 新建文件

新建文件是 Photoshop 最基础的操作，也是非常重要的操作。执行“文件”→“新建”或者按快捷键 Ctrl+N，将弹出“新建”对话框，如图 1-13 所示。在“新建”对话框中，要注意以下选项。

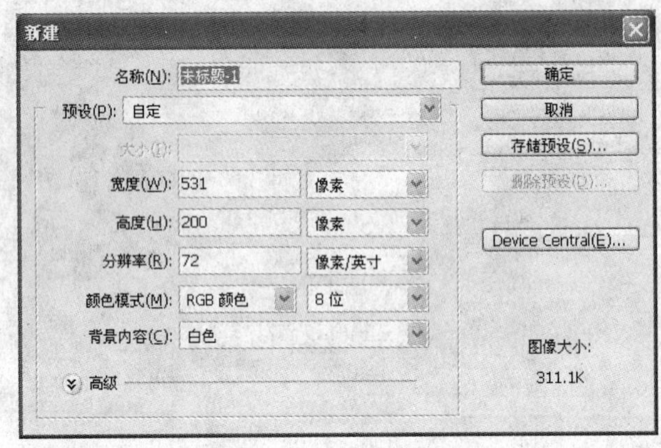

图 1-13 “新建”对话框

（1）名称。输入要新建文件的名称。

（2）宽度、高度和分辨率。一定要注意单位。

（3）颜色模式。第 1.2 节已经介绍过，通常默认设置是 RGB 模式。

（4）背景内容。有白色、背景色和透明三种方式可选择。

（5）高级。可选择“颜色配置文件”和“像素长宽比”方式，一般选择默认设置即可。

1.3.2 打开文件

在 Photoshop 中打开文件操作非常简单，下面提供几种打开方式供大家参考。

（1）启动 Photoshop 后，在 Photoshop 界面中灰色区域双击鼠标左键，然后在弹出的“打开”对话框中选择相应的文件路径就可以打开文件。

（2）将图像文件直接拖曳到桌面上 Photoshop 快捷图标，就可打开该文件。

（3）启动 Photoshop 后，选择菜单栏中的“文件”→“打开”，在弹出的“打开”对话框中选择相应的文件路径就可以打开文件。

（4）启动 Photoshop 后，按快捷键 Ctrl+O，在弹出的“打开”对话框中选择相应的文件路径就可以打开该文件。

1.3.3 保存与关闭文件

编辑和处理后的文件需要进行保存，常用的方式是选择菜单栏中的“文件”→“保存”或者按快捷键 Shift+Ctrl+S，如果文件是第一次保存，往往会弹出“存储为”对话框，如图 1-14 所示。

在该对话框中有如下选项。

（1）文件名。在文本框中输入存储文件的名称。

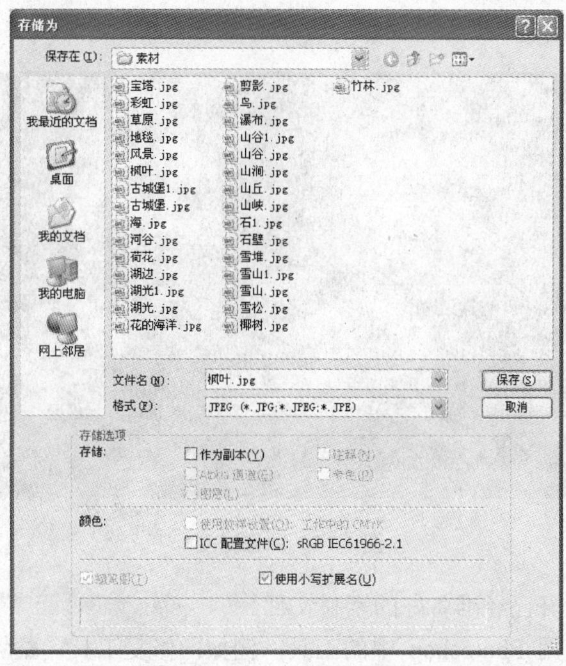

图 1-14 “存储为”对话框

（2）格式。在下拉列表中选择文件格式，最常用的是 PSD 和 JPG 文件类型格式。

（3）作为副本。选中该复选框，保存时对原文件进行备份，就是以复制的方式将编辑的文件存储成该文件的副本。

（4）ICC 配置文件。使图像在不同显示器中所显示的颜色一致。

1.4 Photoshop 图像处理步骤

Photoshop 中的图像处理主要包括图像绘制（见图 1-15）、图像合成（见图 1-16）以及图像修复（见图 1-17）。在 Photoshop 中无论是简单的操作，还是复杂的处理，操作步骤一般有

图 1-15 图像绘制

图 1-16 图像合成

以下三大步。

图 1-17 图像修复

（1）新建文件或打开已经准备好的素材文件。

（2）处理过程。使用 Photoshop 中的工具，例如：修复工具、蒙版、图层、滤镜工具等来处理，从而达到设计要求。

（3）保存文件，在操作中最好以 PSD 格式保存。如果以 JPG 格式或其他格式保存，图层信息就会丢失，以后无法对图层中的要素进行修改。

上 机 作 业

1．尝试三种方法打开图片文件。

2．从网上下载图片，进行几种图像模式的转换，体会图像模式的区别。

第 2 章　图像的选取、编辑与移动

对图像进行处理，如抠图、移动和旋转等，首先需要选取图像中的一部分。可以说选取工具是 Photoshop 设计工作的基础与核心，一切工作从选取开始。下面就介绍选取工具的使用方法。

2.1　选　区　工　具

2.1.1　选区的定义

Photoshop 提供的选择区域工具用来选取图像中需要进行处理的区域，这些区域称为选区，选取区域可以是规则的，也可以是不规则的，但一定都是封闭的区域。选择工具分为规则选区工具、不规则选区工具以及特殊选区工具三类，如图 2-1 所示。

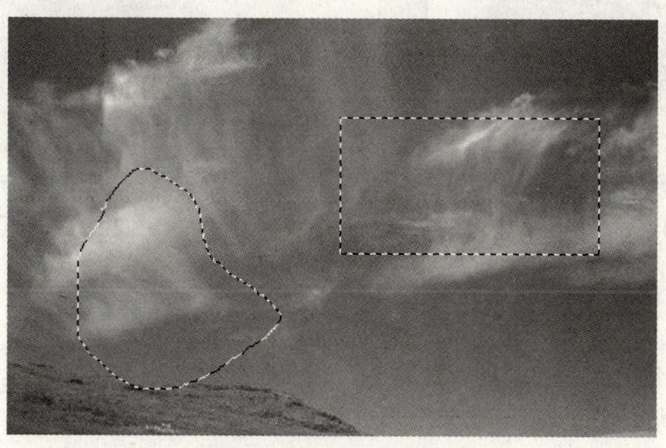

图 2-1　规则选择和不规则选取

操作小贴士

在操作过程中，如果想放弃已有的选区，只要单击选区外的区域或按快捷键 Ctrl+D 就可以实现。

2.1.2　选框工具组

选框工具组中共有 4 种工具，即矩形选框工具、椭圆选框工具、单行选框工具和单列选框工具，如图 2-2 所示。

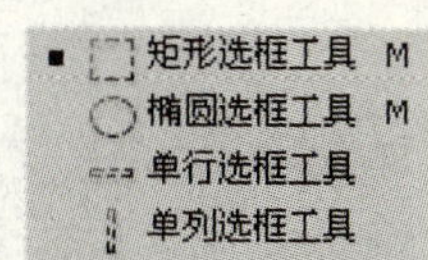

图 2-2　4 种选框工具

注意：使用单行和单列选框工具，可以创建高度或宽度只有一个像素的选区。

1. 矩形选框工具的使用

矩形工具选项栏一般位于菜单栏的下方，也可以拖动其左侧的手柄栏将它停放在窗口的顶部或底部。工具选项栏用来设置工具的选项，在工具箱中选取不同的工具时，工具选项栏中显示的内容和参数也各不相同，图 2-3 是矩形选框工具选项栏。

图 2-3 “矩形工具”选项栏

“矩形工具”选项栏中各选项意义如下。

（1）添加到选区。即新选区和原选区取并集，如图 2-4 所示。

（2）从选区减去。即新选区和原选区取差集，如图 2-5 所示。

图 2-4 添加到选区

图 2-5 从选区减去

（3）与选区交叉。即新选区和原选区取交集，如图 2-6 所示。

（4）羽化: 0 px 羽化。羽化是指选区边缘的虚化程度，其取值范围为 0～255，单位是像素（px）。数值越大，选区边缘虚化的程度越明显。羽化效果可以使图像合成的效果更加融合自然。如图 2-7 左上角，羽化值为 15 个像素的效果。

图 2-6 与选区交叉

图 2-7 选区羽化效果

（5）样式: 正常 样式有三个选项：正常、固定比例和固定大小。如果选区大小是固定的，可以在宽度和高度区域输入相应的数值。

2. 椭圆选框工具的使用

椭圆工具选项栏和矩形选框工具选项栏中选项几乎一样，如图 2-8 所示，并且用法也非常相同。在椭圆工具选项栏中有一个“消除锯齿”复选框，勾选该复选框椭圆选区就比较平滑，如图 2-9 消除锯齿的对比图。

图 2-8　椭圆工具选项栏

图 2-9　消除锯齿后放大对比效果图

操作小贴士

在建立选区时，如果建立正圆或正方形选区，在拖动鼠标的同时按 Shift 键。如果按 Alt+Shift 键的同时拖动鼠标，就会建立一个以鼠标落点为中心的正圆或正方形选区。

2.1.3　套索工具组

套索工具组中的工具是用来创建不规则的选区。套索工具组中包括的工具如图 2-10 所示。

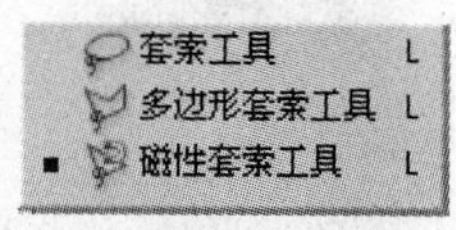

图 2-10　套索工具组

1. 套索工具的使用

套索工具在建立选区的过程中，需要用户有非常好的控制鼠标的能力。套索工具选项栏如图 2-11 所示。在图 2-12 中用套索工具将荷花建立选区。选区的效果不好，只能大致描出荷花的区域。

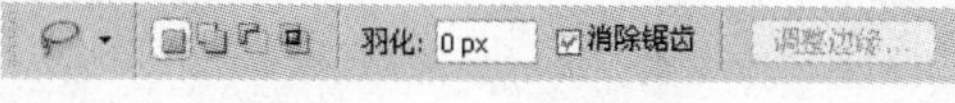

图 2-11　套索工具选项栏

2. 多边形套索工具的使用

多边形套索工具和套索工具的用法相同，唯一的不同就是以多边形构成了选区，如图 2-13 所示。

3. 磁性套索工具的使用

从上面的例子，用多边形套索工具和套索工具无法完成对荷花的精确选中。可以用磁性套索工具来尝试，首先了解磁性套索工具的选项栏如图 2-14 所示。

图 2-12　用套索工具选中荷花

图 2-13　用多边形套索工具选中荷花

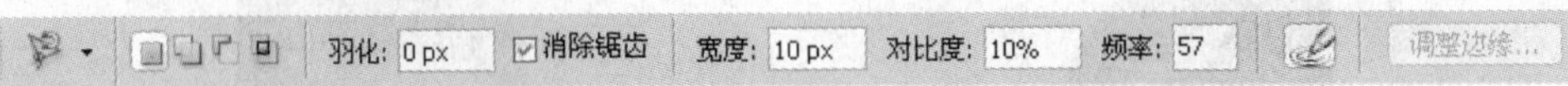

图 2-14　磁性套索工具选项栏

在磁性套索工具选项栏中各选项意义如下。

（1）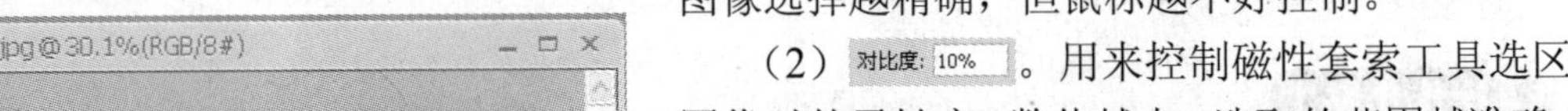。用来控制磁性套索工具在选取图像时能够检测到的边缘宽度，数值越小，图像选择越精确，但鼠标越不好控制。

（2）对比度: 10%。用来控制磁性套索工具选区图像时的灵敏度。数值越大，选取的范围越准确。

（3）频率: 57。用来控制鼠标移动过程中节点的数量，数值越大，在选取过程中自动产生的节点就越多。

下面就使用磁性套索工具选中荷花。首先在荷花边界处单击，将该点作为起始点，沿着荷花边缘移动鼠标，这时 Photoshop 就会自动选择相应的图像区域。为了精确地选取，在荷花边沿单击来增加节点。如图 2-15 所示，可见用磁性套索工具选择荷花的效果比前两种套索工具的选取效果要好。

图 2-15　用磁性套索工具选中荷花

操作小贴士

用多边形套索工具和磁性套索工具建立选区时，如果想取消当前的节点，就按 Delete 键，如果想取消选区，就按 Esc 键。

2.1.4　魔棒工具组

魔棒工具组包括快速选择工具和魔棒工具，图 2-16 和图 2-17 分别是两种工具的选项栏。

图 2-16　“魔棒工具”选项栏

图 2-17 “快速选择工具”选项栏

快速选择工具和魔棒最大的不同，就是快速选择工具可以拖动，像画笔一样，鼠标涂抹的地方就会被选中，快速选择工具可以自动感知像素对比较大的边缘，这样在选择某个区域时可以精确操作；魔棒工具像油漆桶工具，是对单击处相同颜色的选择，不能做到像快速选择工具一样精确。快速选择工具适合在主体和背景反差较大，但主体又较为复杂时使用。图 2-18 所示是使用魔棒选取荷花的效果。

“魔棒工具”选项栏中各选项意义如下。

（1）容差: 32 ：主要用来控制魔棒工具的选取范围，其取值范围为 0～255。数值越大，选择的范围越大；数值越小，选择的范围越小。

（2）□对所有图层取样：对于多图层的图像文件来说，想选取所有图层中与取样点颜色相近的部分，就可以将此项勾选上。默认的情况是对当前的图层起作用。

本节要点：详细介绍了几种创建选区的工具，并且进行了比较。在实际操作过程中，磁性套索工具和魔棒工具用的地方比较多，但是有时需要几种工具配合起来使用，可以达到最好的效果。

上机实例：合成图像——生命的呼唤。

1. 制作目的

熟练利用套索选择工具、椭圆工具，精确选取所需的图像区域，达到合成图像的效果。

2. 制作步骤

（1）打开素材文件。单击菜单栏中的“文件“→“打开”命令，打开“素材＼第二章”目录下的“干枯的大地.jpg”和“禾苗.jpg”图像，如图 2-19 和图 2-20 所示。

图 2-18　用魔棒工具选中荷花

图 2-19　打开“干枯的大地.jpg”图像

（2）将背景中的禾苗精确抠出。使用魔棒工具在白色背景处单击，然后单击菜单栏中“选择”→“反选”命令，将选区反向选择，禾苗就被选中了，如图 2-21 所示。

（3）将选区放大以后，发现有些区域多选了，如图 2-22 所示，必须进行相应地修改。调整魔棒的选项如图 2-23 所示，将选多的区域除去，除去的效果如图 2-24 所示。

图 2-20 打开“禾苗.jpg”图像

图 2-21 选中的禾苗

图 2-22 放大的多余的选区

图 2-23 选择魔棒的差集

图 2-24 除去了多余区域的选区

（4）复制选区内的图像。单击菜单栏中的“编辑”→“复制”命令，然后单击“干枯的大地.jpg”文件，单击菜单栏中的“编辑”→“粘贴”命令，选中的禾苗就会出现在“干枯的大地.jpg”文件的图像中，并且生成了新的“图层 1”，效果如图 2-25 所示。

（5）将图像等比例缩小。单击菜单栏中的“编辑”→“自由变换”命令，禾苗图像周围出现变形框。将鼠标置于变形框右上角的小方形处，沿对角线拖动鼠标，并将图像移动到合适的位置，如图 2-26 所示。

图 2-25　粘贴后的图像效果

图 2-26　缩小和移动后的图像

（6）要使禾苗有从干裂土地中冒出来的效果，须将禾苗图像中多余的地方除去。使用磁性套索工具选取土地部分，如图 2-27 所示。然后单击菜单栏中的“编辑”→“清除”命令，删除选区中的图像，如图 2-28 所示。

图 2-27　选中土地部分

图 2-28　删除后的图像效果

（7）添加文字。打开素材文件“生命文字.jpg”，使用工具箱中的移动工具，将文字移动到图像中，如图 2-29 所示。

图 2-29　添加文字的图像效果

操作小贴士

上面的步骤中有几个常用的快捷键，复制按 Ctrl+C 和粘贴 Ctrl+V 这是大家非常熟悉的。快捷键 Ctrl+T 是自由变换，当按下该快捷键图像周围出现 8 个小方形，按住其中的方形拖曳可以将图像放大或缩小。为了避免图像不成比例地放大或缩小，可以在拖曳鼠标时按住 Shift+Alt 键，这样可以使图像从中间等比例放大或缩小。

2.2　选区的编辑操作

本节主要介绍选区的编辑操作，如选区移动、修改和保存与载入等。

2.2.1　选区的基本操作

选区的基本操作主要包括选区移动、选区扩大与选区相似（在菜单命令中实现）。

（1）选区的移动。在图像中创建一个正圆选区，如图 2-30 所示。有两种方法移动选区：①通过鼠标移动，将光标移动至选区范围内，光标就变成了，在图 2-30 中也可以看得到，按住鼠标左键拖动就可以移动选区。②按键盘的方向键可以移动选区，这样的移动是微调选区，每次选区可以移动一个像素，因此这两种方法在移动选区的过程中往往配合起来使用。

（2）扩大选区。这是一个菜单命令，如图 2-31 所示在猴手附近创建一个椭圆选区，然后选择菜单栏中“选择”→“扩大选取”命令，这时系统就会将现有的选区向外扩大，扩大的区域是与现有颜色相近的附近区域，效果如图 2-32 所示。

（3）选区相似。这同样是一个菜单命令，在图 2-31 中也在猴手附近创建一个椭圆选区，然后选择菜单栏中“选择”→“选区相似”命令，这时现有的选区就会向外扩大，扩大的区域是图像中所有与取样颜色相同的像素，效果如图 2-33 所示。

图 2-30　创建椭圆选区

图 2-31　创建一个椭圆选区

图 2-32　扩大选区的效果

图 2-33　选区相似的效果

操作小贴士

从图 2-32 和图 2-33 中可以看出，选区相似是针对整个图像，而扩大选区是对附近的区域而言，选区相似比扩大选区选择的范围要大。

2.2.2　选区修改操作

选区的修改操作主要包括边界、平滑、扩展、收缩、羽化及变换。这些修改操作都通过菜单命令来实现。

（1）边界。选择菜单栏中“选择”→“修改”→“边界”命令，在弹出的“边界选区”对话框中，将“宽度”值设置为 30，如图 2-34（a）所示，单击“确定”按钮后，选区效果如图 2-34（b）所示。

（2）平滑。选择菜单栏中“选择”→“修改”→“平滑”命令，在弹出的“平滑选区”对话框中，将“取样半径”设置为 10，如图 2-35（a）所示，单击“确定”按钮后，选区效果如图 2-35（b）所示。

图 2-34 “边界选区”对话框及扩大边界效果

图 2-35 “平滑选区”对话框及平滑选区效果

（3）扩展。选择菜单栏中“选择”→“修改”→“扩展”命令，在弹出的“扩展选区”对话框中，将“扩展量”设置为 30，如图 2-36（a）所示，单击“确定”按钮后，选区效果如图 2-36（b）所示。

（4）收缩。选择菜单栏中“选择”→“修改”→“收缩”命令，在弹出的“收缩选区”对话框，将“收缩量”值设置为 20，如图 2-37（a）所示，单击“确定”按钮后，选区效果如图 2-37（b）所示。

图 2-36 扩展选区对话框及扩展选区效果

图 2-37 “收缩选区”对话框及收缩选区效果

（5）羽化。选择菜单栏中“选择”→“修改”→“羽化”命令，在弹出的“羽化选区”对话框，将“羽化半径”设置为 20，如图 2-38（a）所示。为了能够看到羽化效果，需要将羽化后的选区进行复制和粘贴到新的图层，再和原来没有羽化的选区进行对比。如图 2-38（b）所示，羽化后的选区边界比较模糊，这样就会很好和背景融合在一块。

（6）变换。选择菜单栏中“选择”→“变换选区”命令，在选区四周就会出现 8 个小方形，拖动小方形就可以变换选区，效果如图 2-39 所示。

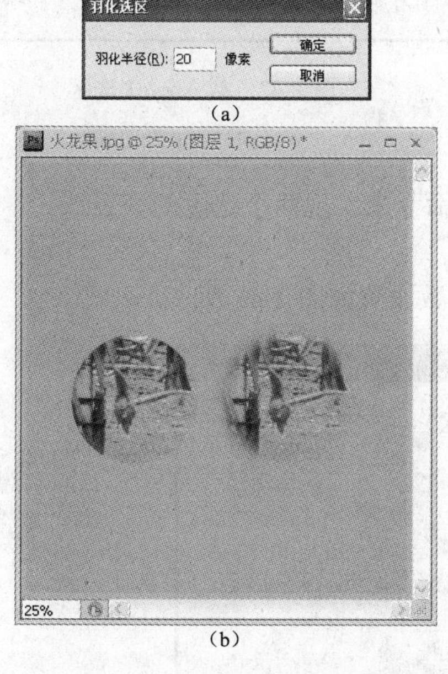

图 2-38　羽化选区对话框及羽化选区对比效果

图 2-39　变换选区效果

2.2.3　选区存储与载入

在进行图像处理时，抠图往往是必要的步骤，而抠图的过程也就是创建复杂选区的过程，将创建好的选区存储起来，可以为以后的操作提供很大方便，需要的时候就可以将选区载入。

（1）选区存储。打开素材文件“卡通女孩.jpg”，利用选择工具将人物左眼选中如图 2-40 所示，存储为“eye1”，如图 2-41 所示。

（2）载入选区。选择菜单栏中“选择”→“载入选区”命令，在弹出的“载入选区”对话框中，将 eye1 选区载入，如图 2-42 所示。

本节要点：详细介绍了选区的移动、修改及选区的存储和载入，并且通过对比说明扩大选取和选区相似两个菜单命令的区别。

图 2-40　选择左眼选区

上机实例：绘制三原色盘。

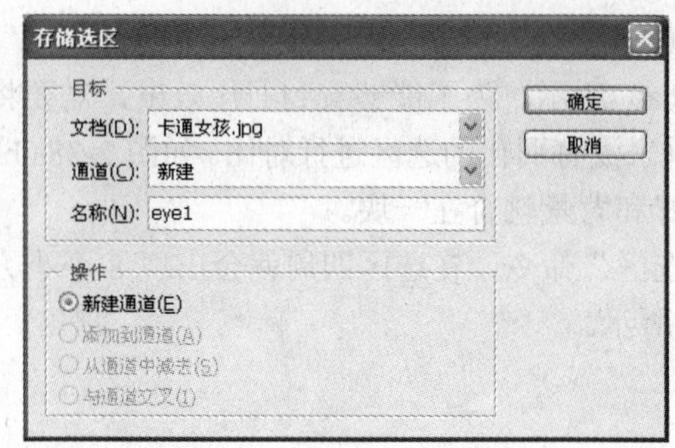

图 2-41 “存储选区”为“eye1”

图 2-42 载入 eye1 选区

1. 制作目的

熟练利用选区的编辑命令，特别是存储和载入命令来实现两个选区的交集。

2. 制作步骤

（1）启动 Photoshop，新建 Photoshop 文件，参数设置如图 2-43 所示。

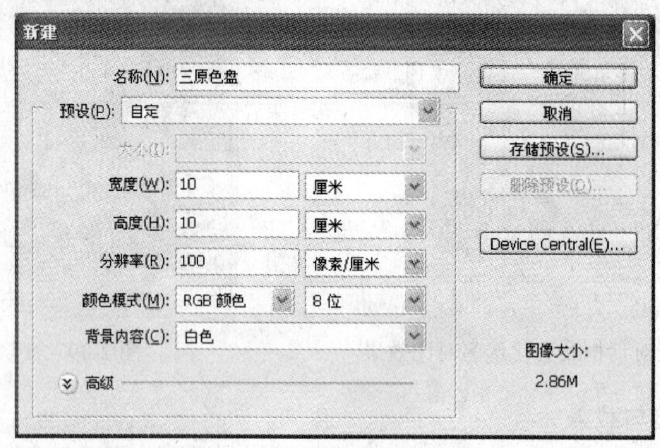

图 2-43 “新建”对话框

（2）为了使三色盘在图中精确定位，可以通过添加参考线来实现。选择菜单栏中“视图”→“标尺”命令，将标尺显示在视图中，选择菜单栏中“视图”→“新建参考线”，在弹出的“新建参考线”对话框中（见图 2-44），分别设置水平位置为 3、5cm 和 7cm 三条水平参考线，设置垂直位置为 3、6cm 和 9cm 三条垂直参考线，如图 2-45 所示。

（3）单击图层面板中的“创建新图层”按钮，建立一个新的图层，双击图层名，将图层名改为“红色”，如图 2-46 所示。

（4）在红色图层中，创建一个宽度 600px 和高度 600px 的圆形选区，圆心坐标在（3,3）上如图 2-47 所示，将选区填充为红色，并存储为 red 选区。选区填充过程：首先单击工具箱中的“设置前景色”工具，在弹出的“拾色器”对话框中，如图 2-48 所示，将 RGB 的值设置为（255，0，0）。然后再用鼠标右键单击选区，在快捷菜单中选中“填充”命令，在弹出的“填充”对话框中，使用前景色填充，如图 2-49 所示。

（5）单击图层面板中的“创建新图层”按钮，建立一个新的图层，将图层名改为“绿色”。在绿色图层中，创建一个宽度 600px 和高度 600px 的圆形选区，圆心坐标在（7,3），将选区填充为绿色，并存储为 green 选区，如图 2-50 所示。

新建参考线
取向
水平(H)
垂直(V)
确定
取消
位置(P): 0 厘米

图 2-44 “新建参考线”对话框

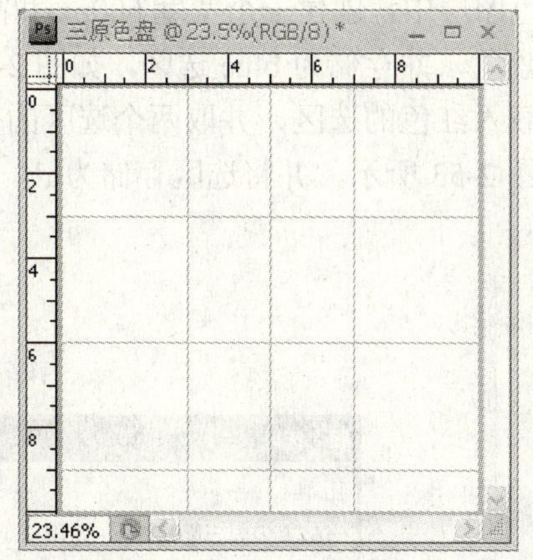

图 2-45　建立参考线

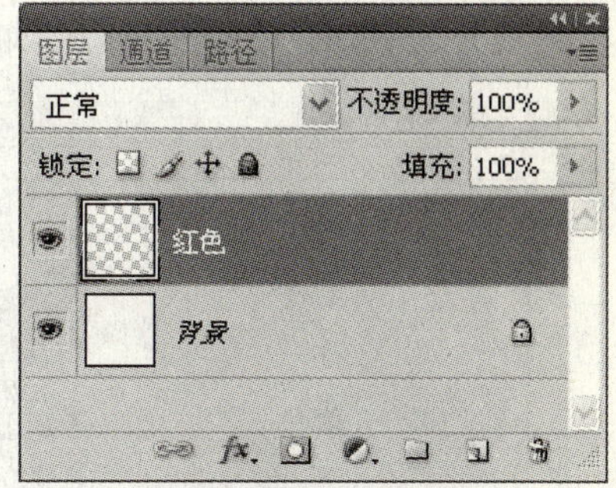

图 2-46　建立红色图层

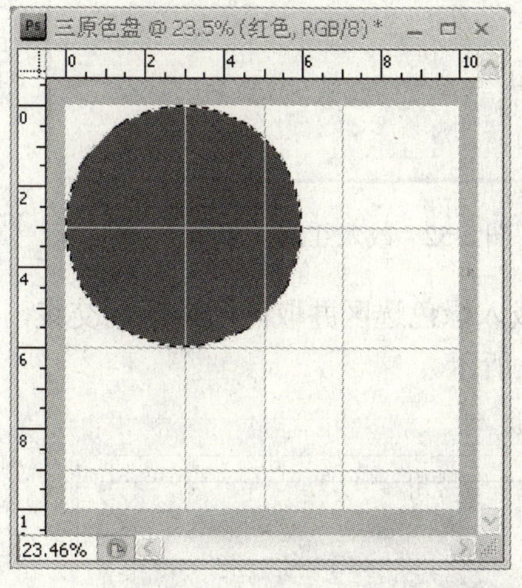

图 2-47　创建圆形选区并填充为红色

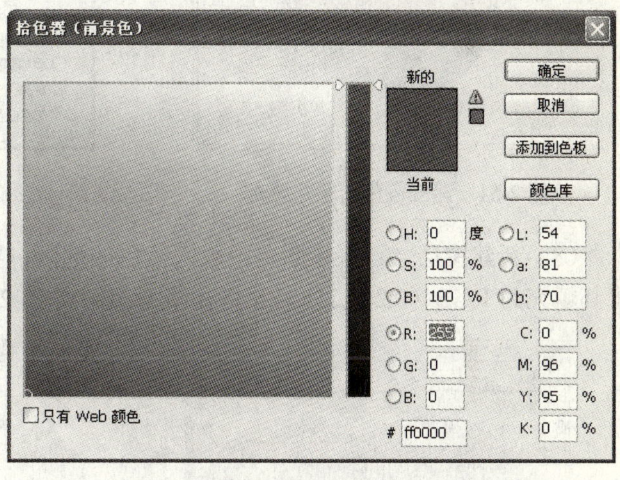

图 2-48 “拾色器”对话框

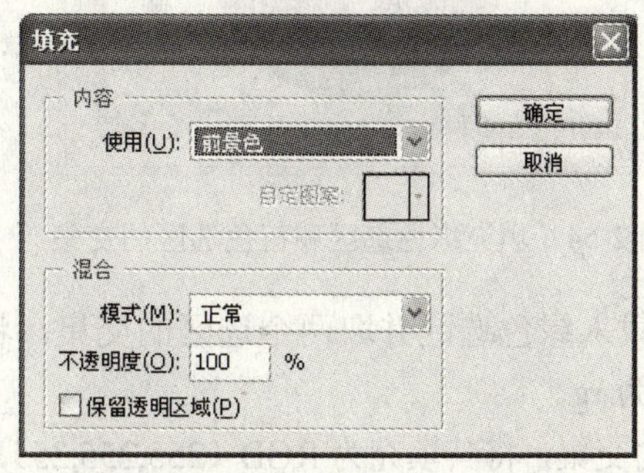

图 2-49 “填充”对话框

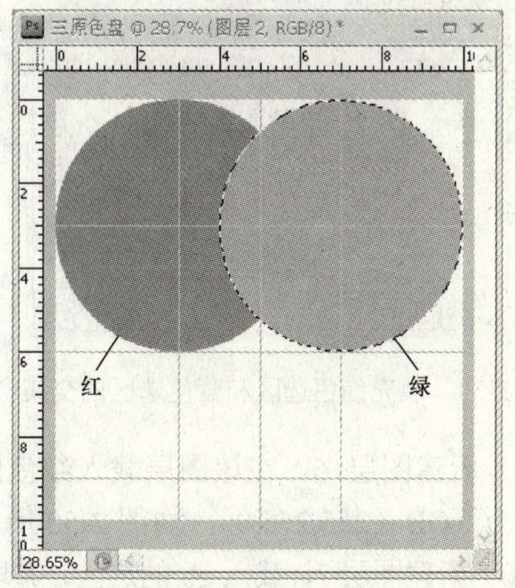

图 2-50　建立绿色选区并填充

（6）同样单击图层面板中的 “创建新图层”按钮，建立一个新的图层，双击图层名，将图层名改为“蓝色”图层。在蓝色图层中，创建一个宽度 600px 和高度 600px 的圆形选区，圆心坐标在（5,7），将选区填充为蓝色，并存储为 blue 选区，如图 2-51 所示。

（7）新建图层 4，在该图层中载入红色的选区，并取两个选区的交集，如图 2-52 所示。将其填充为 RGB（255,0,255），如图 2-53 所示，并将选区存储为 rb。

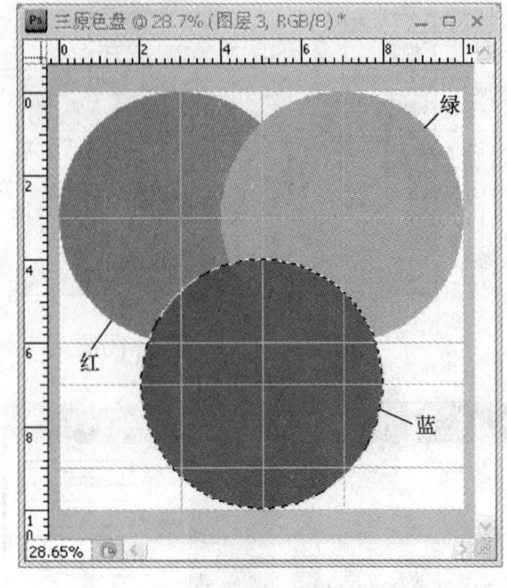

图 2-51　建立蓝色选区并填充

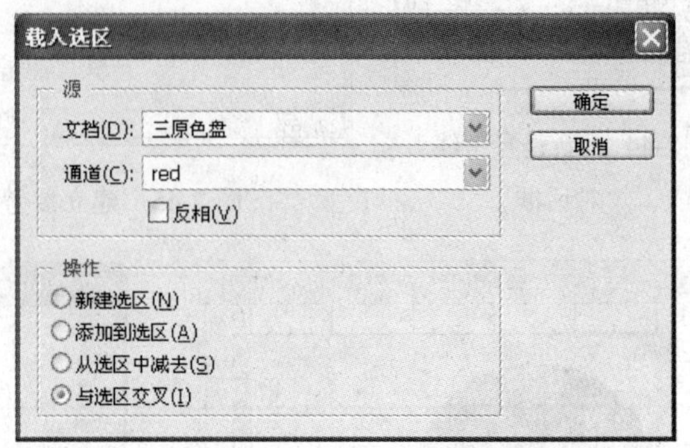

图 2-52　载入红色选区

（8）新建图层 5，在该图层中载入蓝色的选区，再载入绿色选区并取两个选区的交集，将其填充为 RGB（0,255,255）并将存储为 gb，如图 2-54 所示。

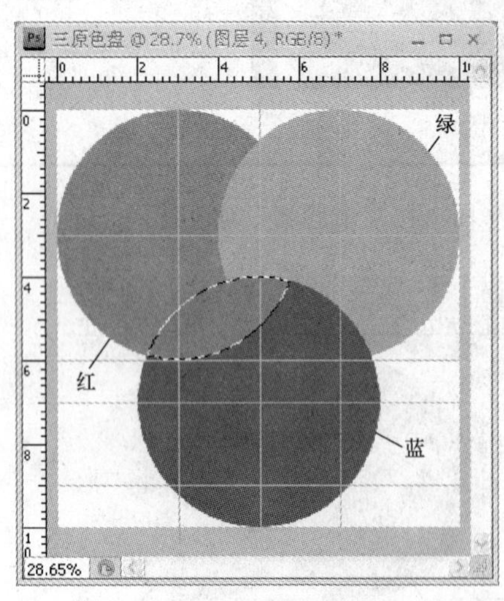

图 2-53　填充红色选区和蓝色选区的交集

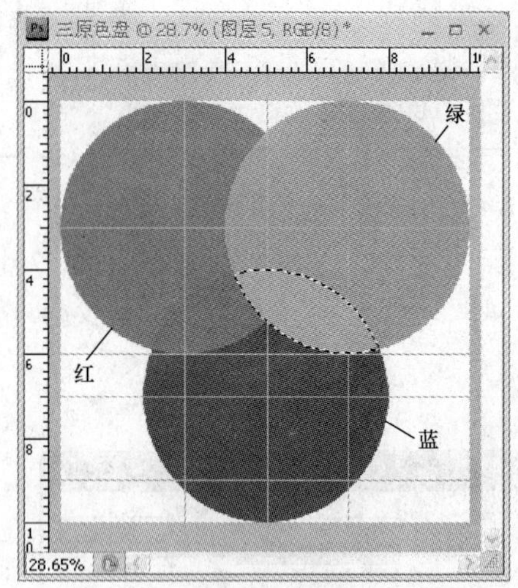

图 2-54　填充绿色选区和蓝色选区的交集

（9）新建图层 6，在该图层载入红色的选区，再载入绿色选区并取两个选区的交集，将其填充为 RGB（255,255,0），如图 2-55 所示，并存储为 rg。

（10）新建图层 7，载入 gb 的选区，并取两个选区的交集，将其填充为 RGB（255,255,255），如图 2-56 所示。

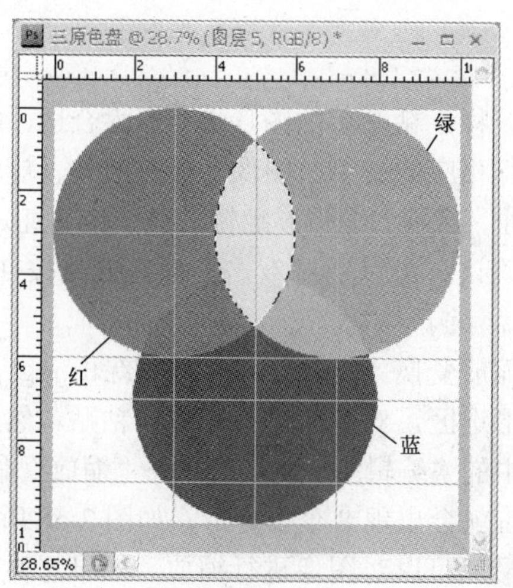

图 2-55　填充红色选区和绿色选区的交集

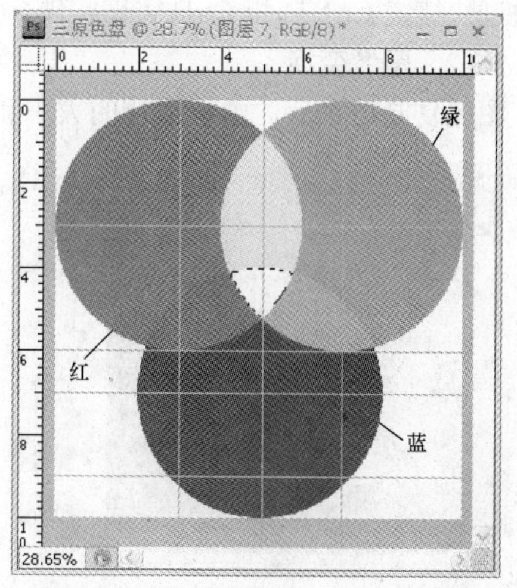

图 2-56　填充 rg 选区和 gb 选区的交集

（11）三原色盘已经制作成功，将其保存为 PSD 格式。在操作中，建立了 8 个图层如图 2-57 所示，主要是为了以后修改的方便，也使制作过程更加清晰化、条理化。

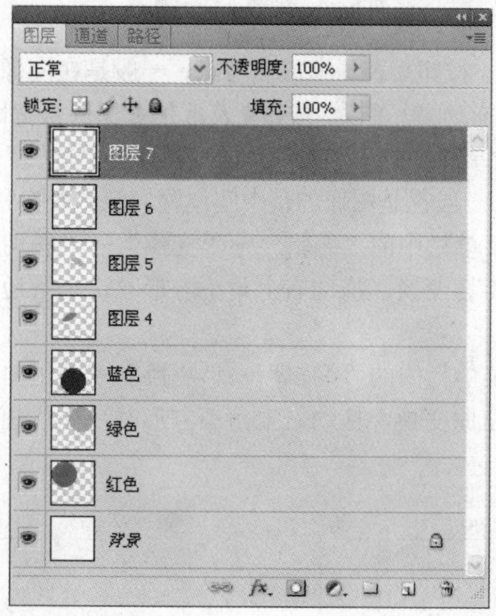

图 2-57　“图层”面板

2.3　图像的编辑

图像的编辑主要包括图像的复制、变换以及移动等，图像的编辑工作是图像合成中非常重要的一个步骤。

2.3.1　图像复制和粘贴

建立好选区以后，选择菜单栏中的“编辑”→“拷贝”或“粘贴”就可完成，当然也可以通过快捷键 Ctrl+C 和 Ctrl+V 来实现。

2.3.2 图像变换

图像复制粘贴后，由于图片的大小和分辨率不一样，粘贴后的图片大小不太合适，需要对图片进行相应的变换。图像变换有缩放、旋转、斜切、扭曲、透视、变形、翻转（水平和垂直）。对图像变换确认，可以通过双击鼠标左键或按 Enter 键实现。

图 2-58 图像的缩放变换

（1）缩放变换。打开素材文件“绿山.jpg”，创建一个矩形选区，对图像进行复制和粘贴。然后单击菜单栏中的“编辑”→“变换”→“缩放”命令，图像的周围就会出现 8 个小方形，如图 2-58 所示，拖动小方形就可以对图像进行缩放。如果想要对图像进行精确缩放，可以通过设置选项工具栏中的参数来实现，如图 2-59 所示。

图 2-59 缩放选项工具栏

在缩放选项工具栏中，按钮表示缩放参考点，一般是在图像的正中间位置，如果要改变参考点的位置，用鼠标拖动就可以。按钮表示是否保持长宽比，默认是不保持长宽比。

（2）旋转变换。单击菜单栏中的“编辑”→“变换”→“旋转”命令，就可以实现图像的旋转变换，旋转变换的中心一般也是图像的正中间位置。旋转变换和缩放变换操作非常相似。

（3）斜切变换：单击菜单栏中的“编辑”→“变换”→“斜切”命令，图像的周围就会出现 8 个小方形。对图像斜切变换，拖动右上角小方形时，一条边保持不变，而一条边斜向移动，如图 2-60 所示。

（4）扭曲变换。单击菜单栏中的“编辑”→“变换”→“扭曲”命令，图像的周围就会出现 8 个小方形。对图像扭曲变换，拖动右上角小方形时，往往相邻的两边斜向移动，如图 2-61 所示。

图 2-60 图像的斜切变换

图 2-61 图像的扭曲变换

（5）透视变换。单击菜单栏中的“编辑”→“变换”→“透视”命令，图像的周围就会出现 8 个小方形。对图像透视变换，拖动右上角小方形时，往往相对的两边向图像中间移动，如图 2-62 所示。

（6）变形变换。单击菜单栏中的“编辑”→“变换”→“变形”命令，图像的周围就会出现 3×3 方格。对图像变形变换，根据需要拖动任一交叉点就可以实现，如图 2-63 所示。同时系统在选项工具栏中提供了许多变形样式，如图 2-64 所示。如果选择“膨胀”样式，就会产生如图 2-65 所示的效果。

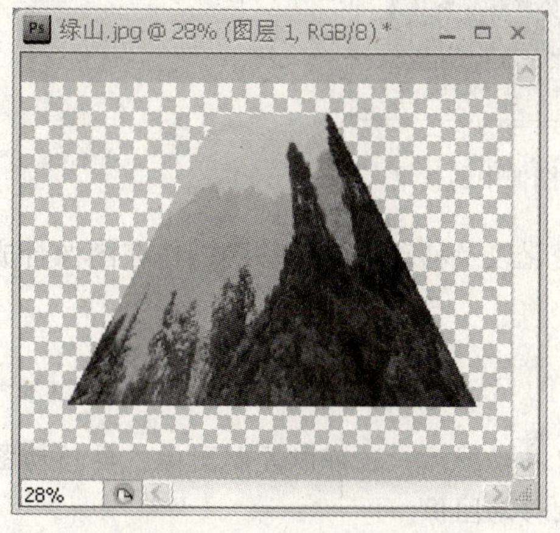

图 2-62　图像的透视变换

图 2-63　图像的变形变换

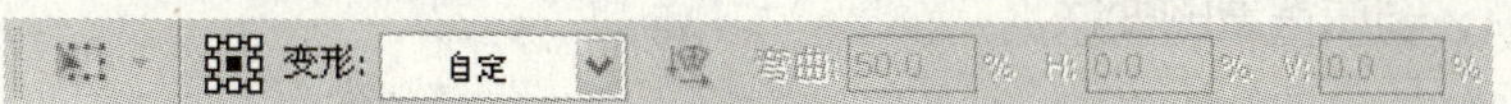

图 2-64　变形变换选项工具栏

2.3.3　图像移动操作

移动工具是用来移动选区内的图像，一般是在不同图像文件间移动，用来合作图像。如果该图层选区内没有像素，则工具是不起作用的，如图 2-66 所示。下面将图像文件“荷花.jpg”中的荷花移动到“湖边.jpg”中，适当调整荷花的大小和位置，如图 2-67 所示。

图 2-65　“膨胀”样式变形效果

图 2-66　不能移动选区

图 2-67 将荷花移动到图像中的效果

本节要点：主要介绍了图像的复制和粘贴、变化以及移动操作，移动操作在图像合成效果中经常用到，要重点掌握。

操作小贴士

移动图像的同时如果按住 Alt 键，不仅可以移动图像，还可以复制图像。要移动图像，可以按键盘上的方向键，以一个像素为单位移动图像。

上机实例 1：图像背景的变换。

1. 制作目的

熟练利用选择工具，选取所需的图像区域，学会使用移动工具。

2. 制作步骤

（1）打开素材文件。单击菜单栏中的“文件”→“打开”命令，打开“天坛.jpg”图像，如图 2-68 所示。

图 2-68 打开“天坛.jpg”图像

（2）复制图层。为了不破坏原图像，将背景图层复制，建立背景副本图层，如图 2-69 所示。

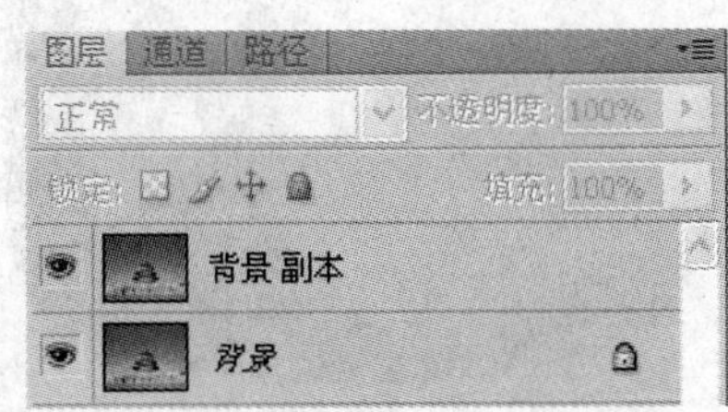

图 2-69 建立背景副本图层

（3）制作选区。利用选择工具，将背景副本图层中的背景选中。由于背景和前景的颜色反差比较大，可使用魔棒工具，在魔棒工具栏设置其选项值，如图 2-70 所示。为了选中所需的背景，可以利用添加选区按钮来实现。获得的选区如图 2-71 所示。

图 2-70　魔棒工具选项设置

（4）清除选区。可以利用 Delete 键清除选区，或者利用菜单栏中的“编辑”→“清除”命令，如图 2-72 所示。

图 2-71　选区制作

图 2-72　清除选区

（5）打开背景图像并将移动到天坛背景中。注意：将背景图像移动到天坛图像中时，默认的是在最上面的图层，改变图层的位置，将图层 1（即蓝天白云图像）移动到第二层，如图 2-73 所示。

（6）这样就完成了图像的背景变换过程，效果如图 2-74 所示。

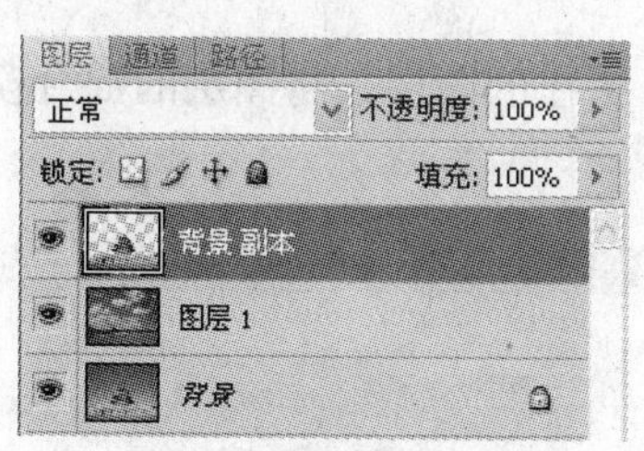

图 2-73　图层位置的改变

图 2-74　图像背景变换的最后效果

上机实例 2：白色花瓶贴上贴画。

1. 制作目的

熟练利用选择工具，图像变换工具和图像移动工具。

2. 制作步骤

（1）打开素材文件。单击菜单栏中的“文件”→“打开”命令，打开“花瓶.jpg”图像、

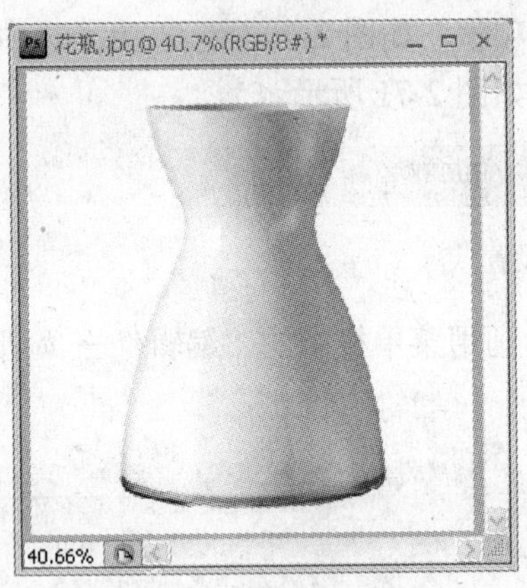

“贴画 1.png”和“贴画 2.jpg”，如图 2-75～图 2-77 所示。

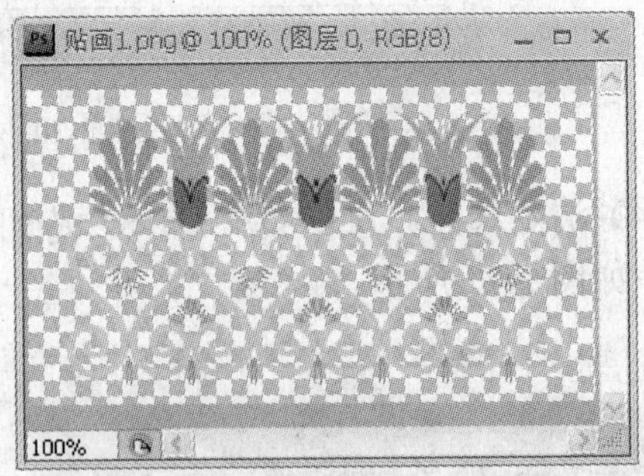

图 2-75 “花瓶.jpg”文件

图 2-76 “贴画 1.png”文件

（2）将“贴画 1.jpg”中的图像，使用移动工具移至花瓶素材中，适当调整其位置，如图 2-78 所示。选择菜单栏中的“编辑”→“变换”→“变形”命令，对贴画 1 素材进行“变形”变换，如图 2-79 所示。

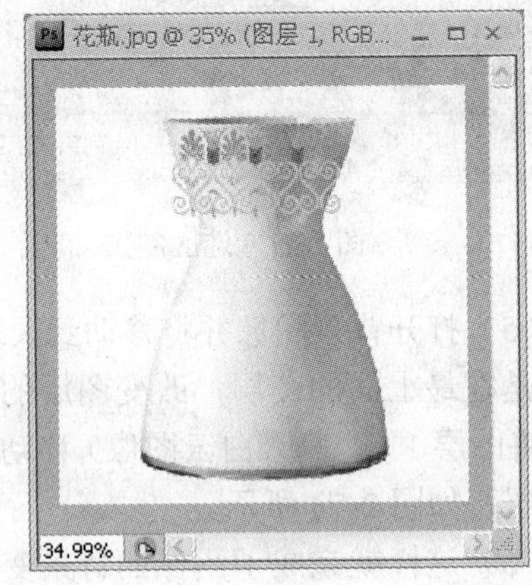

图 2-77 “贴画 2.jpg”文件

图 2-78 将贴画 1 素材添加到花瓶素材中

（3）按 Enter 键，对“变形”变换确认。选择贴画 1 所在的图层，将图层的混合模式设置为“正片叠底”，效果如图 2-80 所示。

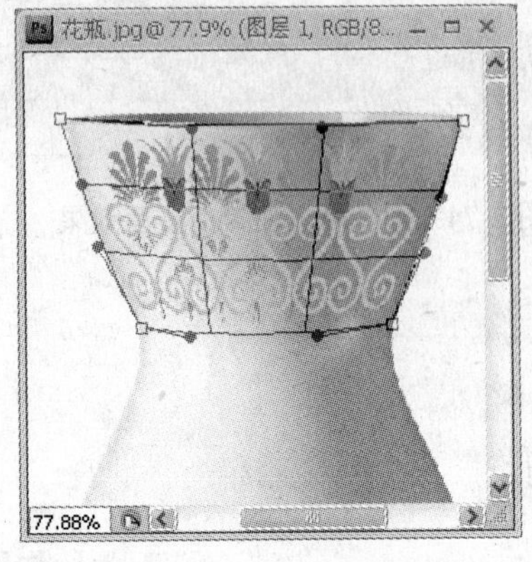

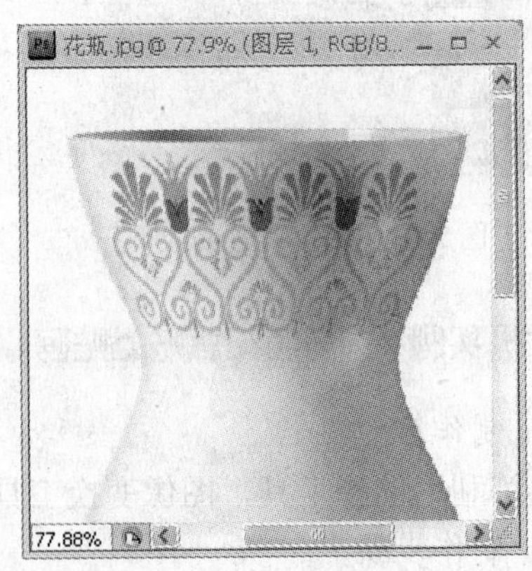

图 2-79 将贴画 1 素材变形

图 2-80 设置“正片叠底”后的效果

（4）将“贴画 2.jpg”文件中的素材移动至“花瓶.jpg”中，适当缩小并移动至如图 2-81 所示的位置。

（5）为了将“贴画 2.jpg”图像变形后尽可能和花瓶的外形轮廓一致，先可以将“贴画 2.jpg”图像所在图层的不透明度设置为 40%，然后对“贴画 2.jpg”图像变形，变形效果如图 2-82 所示。使用“磁性套索工具”将花瓶的外形轮廓选出，如图 2-83 所示。

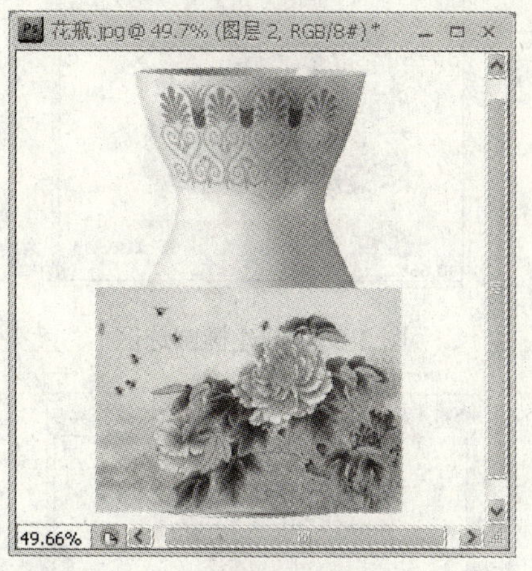

图 2-81　将贴画 2 素材添加到花瓶素材中

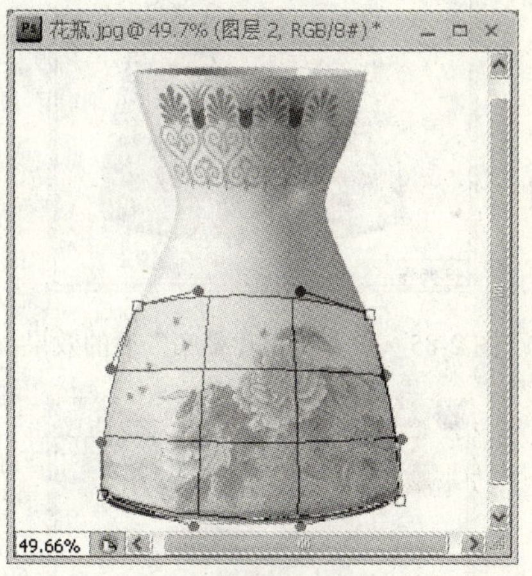

图 2-82　“贴画 2.jpg”图像“变形”变换

（6）将选区反向，选择“贴画 2.jpg”图像所在的图层，按 Delete 键，清除多余的图像区域，如图 2-84 所示，然后将图层的混合模式设置为“正片叠底”，效果如图 2-85 所示。

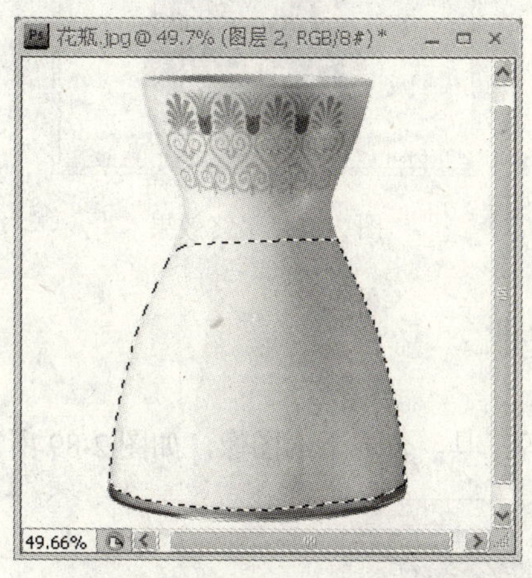

图 2-83　创建花瓶轮廓选区

图 2-84　清除多余的图像区域

（7）清除“贴画 2.jpg”图像中除多余的区域。首先在图像中创建一个椭圆选区，如图 2-86 所示。然后选择菜单栏中的“选择”→“选取相似”命令，再清除选区中的图像，效果如图 2-87 所示。

（8）使用同样的方法，清除图像中的深色区域，效果如图 2-88 所示。

图 2-85 设置“正片叠底”后的效果

图 2-86 创建椭圆选区

图 2-87 清除选区中的图像

图 2-88 最终效果

上 机 作 业

利用所提供的素材文件，使用移动、选择和填充等工具，合成下面图像，如图 2-89 所示。

图 2-89 合成图像

第 3 章　图像的修复与润色

图像的修复主要是对有污点或瑕疵的图像进行修补，而图像的润色主要是对图像的局部进行模糊、加深等处理，达到一种艺术效果。

3.1　修复工具组

修复工具组包括污点修复画笔工具、修复画笔工具、修补工具和红眼工具四类工具，如图 3-1 所示。

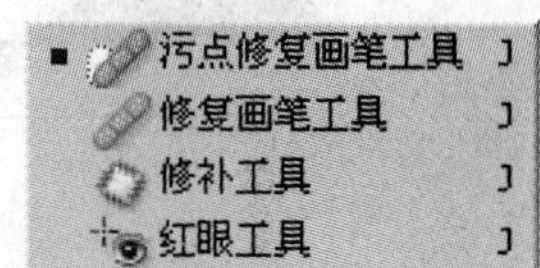

图 3-1　修复工具组

3.1.1　污点修复画笔工具

污点修复画笔工具是专门用来修复图像中小的污点。什么是污点？污点是指包含在大片相似或相同颜色区域中的其他颜色。污点修复画笔的原理是使用图像或图案中的样本像素进行绘画，并将样本像素的纹理、光照、透明度和阴影与所修复的像素相匹配。样本是采用选区外围的像素。

单击工具箱中的，出现如图 3-2 所示的选项栏。

图 3-2 "污点修复画笔工具"选项栏

"污点修复画笔工具"选项栏中各选项意义如下。

（1）画笔: 19。用于设置画笔的大小，单击图标后弹出如图 3-3 所示对话框，可在打开的对话框中设置画笔的直径、硬度、间距、角度、圆度和压力大小。在使用污点修复画笔工具，常常根据图像中污点的大小来设置画笔的直径大小，往往选择比污点大一点的画笔直径。

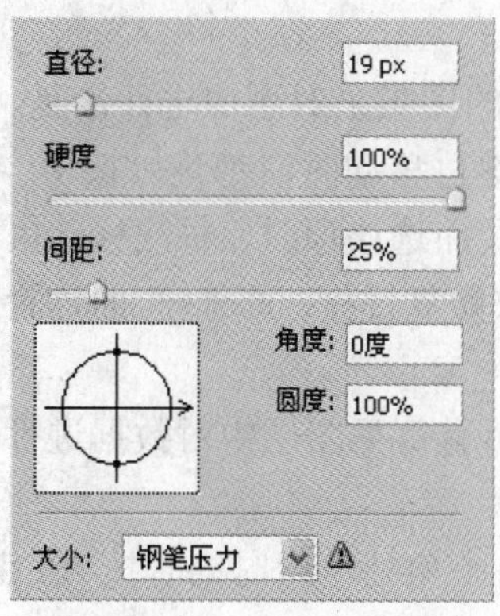

图 3-3　设置画笔的属性

（2）模式。用于设置绘图的前景色作为背景之间的混合效果。"模式"下拉列表中的大部分选项与图层的混合模式相同。这部分内容请参阅图层章节中的混合模式。

（3）类型。用于设置修复图像的方式。近似匹配，以修复图像周围最相近的像素进行匹配取样；创建纹理，以单击处的图像创建纹理，对图像进行修复。

（4）对所有图层取样。选择该复选框，将对所有可见图层中的图像像素进行取样。

将素材中的"脸上的痣.jpg"文件，如图 3-4（a）所示，用污点修复画笔工具处理，处理效果如图 3-4（b）所示。

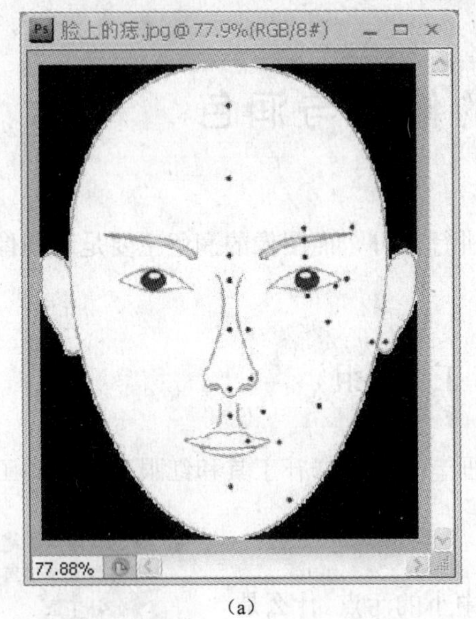

（a）

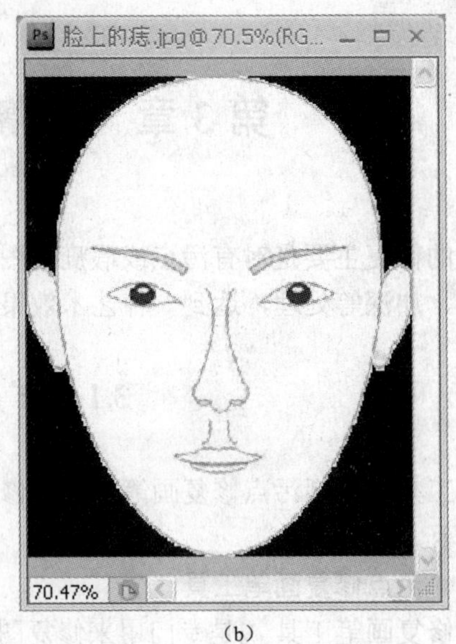

（b）

图 3-4　污点修复画笔工具处理前后对比图

3.1.2　修复画笔工具

修复画笔工具可在不改变原图像形状、光照与纹理等属性的基础上清除图像中的杂质、折皱等，以及可修复破损的图像，且修复后的图像与背景融合为一体。在工具箱中单击修复画笔工具，出现如图 3-5 所示的选项栏。

图 3-5　“修复画笔工具”选项栏

“修复画笔工具”选项栏中各选项意义如下。

（1）源:取样 图案: 。用于设置取样的方式。选择“取样”，可在按住 Alt 键的同时单击定义样本的取样点可以对图像进行修复。

选择“图案”，可在其后面的下拉列表中选择图案或自定义的图案来对图像进行修复。

（2）对齐。不选该项时，每次移动鼠标后，当松开鼠标左键再移动时，都是以按下 Alt 键时选择的同一个样本区域修复目标，即“+”所在的位置不变；而选该项时，每次移动鼠标后，当松开鼠标左键再移动时，都会接着上次未复制完成的图像修复目标，即“+”的位置随着画笔的移动而改变，但是“+”和画笔的相对位置不变。

（3）样本。如果在选项栏中选择“对所有图层取样”，可从所有可见图层中对数据进行取样。如果取消选择“对所有图层取样”，则只从现用图层中取样。

打开素材“咖啡豆.jpg”文件，如图 3-6（a）所示，在图像右上角处单击时同时按 Alt 键，即定义取样点，然后再用修复画笔工具涂抹掉三粒咖啡豆，效果如图 3-6（b）所示。

3.1.3　修补工具

修补工具，可用图像中的某个区域或图案来修补当前需要修补的区域，同时会将样本像素的纹理、光照和阴影与源像素进行匹配。在工具箱中单击该工具，出现如图 3-7 所示的选项栏。

(a)

(b)

图 3-6　用修复画笔工具修改效果图

图 3-7 “修补工具”选项栏

“修补工具”选项栏中各选项意义如下。

（1）源。指要修补的对象是现在选中的区域。方法是先选中要修补（有瑕疵）的区域，再把选区移动到用于修补的区域（好的区域）。图 3-8（a）套选大雁，图 3-8（b）修补效果。

(a)

(b)

图 3-8　用“源”方式修改

（2）目标。与“源”相反，要修补的是选区被移动后到达的区域而不是移动前的区域。方法是先选中好的区域，再拖动选区到要修补的区域。图 3-9（a）套选大雁，图 3-9（b）修补效果。

（3）透明。如果选中该项，被修补区域好像做了透明处理，但是实际操作中效果不好。

（a）

（b）

图 3-9　用“目标”方式修改

3.1.4　红眼工具

使用红眼工具可快速消除由于拍摄光线的影响所造成的红眼现象。在工具箱中单击红眼工具，出现如图 3-10 所示的选项栏。

瞳孔大小: 50%　变暗量: 50%

图 3-10　红眼工具选项栏

在红眼工具选项栏中各选项意义如下。

（1）瞳孔大小。在该文本框中输入数值，可以设置消除红眼后留下的瞳孔大小。

（2）变暗量。可以设置消除红眼后图像的变暗程度。

打开素材“红眼.jpg”文件，如图 3-11（a）所示。在工具箱中选择红眼工具，用鼠标单击图像中的红眼区域，修复效果如图 3-11（b）所示。

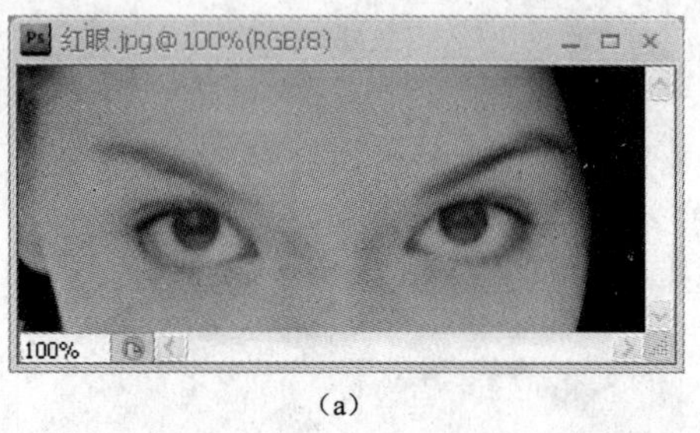

（a）

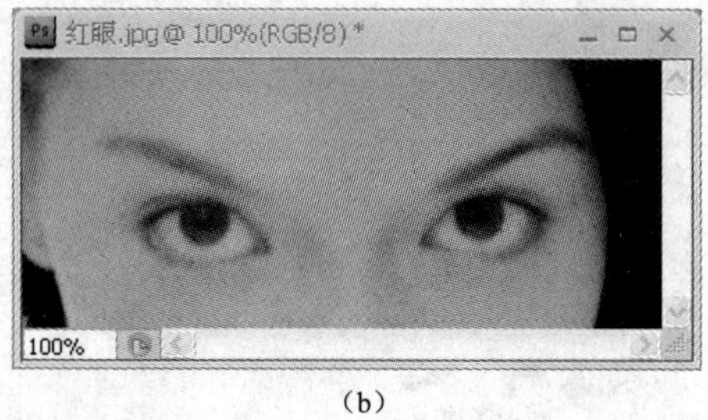

（b）

图 3-11　红眼工具修复对比图

本节要点：详细介绍了几种修复工具，在实际操作过程中，需要几种工具配合起来使用，可以达到最好的修复效果。

3.2　图 章 工 具 组

图章工具组可以有所选择地复制图像，从而完成修复图像工作或形成独特的图像效果。图章工具组主要包括两种工具，如图 3-12 所示。

仿制图章工具　S
图案图章工具　S

图 3-12　图章工具

3.2.1　仿制图章工具

仿制图章工具用于从图像中取样，然后将取样图像复制到图像的其他位置或其他打开的图像中。该工具与修复画笔工具制作的融合效果不同，使用仿制图章工具复制的区域与取样点内容完全相同，如图 3-13（a）所示；而修复画笔工具则是复制的图像要与光标所在的区域进行纹理光照计算的结果，融合效果好一些，如图 3-13（b）所示，使用仿制图章工具与修复画笔工具的效果对比图。

（a）

（b）

图 3-13 使用仿制图章工具与修复画笔工具的效果对比图

在工具箱单击该工具后，出现如图 3-14 所示的选项栏。

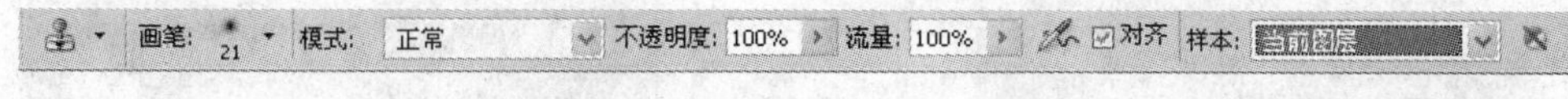

图 3-14 仿制图章工具选项栏

在仿制图章工具选项栏中各选项意义如下。

（1）画笔。选择并设置合适的画笔参数。

（2）模式。在该下拉列表框中可以设置修复像素于底图的混合模式。

（3）不透明度。设置修复后图像的不透明度。

（4）流量。设置在修补过程中画笔的使用流量大小。

（5）对齐。同修复画笔工具。

操作小贴士

使用仿制图章工具进行取样时，需按住 Alt 键。

3.2.2 图案图章工具

与仿制图章工具所不同的是，图案图章工具可以将图案复制到目标图像中，首先要选择或定义一个图案。单击图案图章工具后，出现如图 3-15 所示的选项栏。

图 3-15 “图案图章工具”选项栏

其选项栏和仿制图章工具基本相同，后面多了一个选择图案的选项，在此不再赘述。印象派效果，选中之后所绘制出来的图像带有色彩过渡分明的印象派风格，这些色彩都取自于所选的图案。

在使用图案图章工具时，单击▪▾，在图 3-16 中选择所需的图案，当然也可以自己定义图案，定义图案通过单击菜单栏“编辑”→“定义图案”命令来实现。

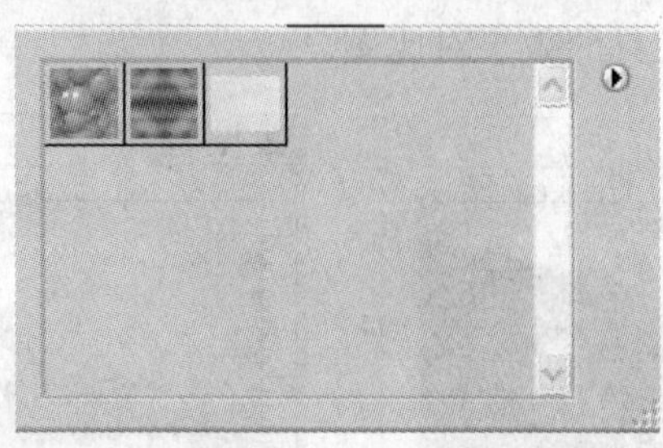

图 3-16 图案选择

操作小贴士

可以把一张图像或一个选区定义为图案，但是一定要注意，必须用矩形选区，并且不能带有羽化（无论是创建选区前羽化还是创建选区后羽化），否则定义图案的功能就无法使用。

如图 3-17 将小菊花定义为图案，在图中使用图案图章工具涂抹，效果如图 3-18 所示。

图 3-17 定义图案

图 3-18 图案图章工具效果

本节要点：介绍了仿制图章工具和图案图章工具，并比较了仿制图章工具和修复画笔工具之间的区别。

上机实例 1：图章工具的应用——爱心树下两个接苹果的小孩。

1. 制作目的

熟练使用图章工具和图像变换的命令。

2. 制作步骤

（1）打开素材文件，“爱心树.jpg”，如图 3-19 所示。

（2）为了方便对复制的小孩图像进行变换，在图层面板中新建一个图层，如图 3-20 所示。

图 3-19 “爱心树.jpg”文件

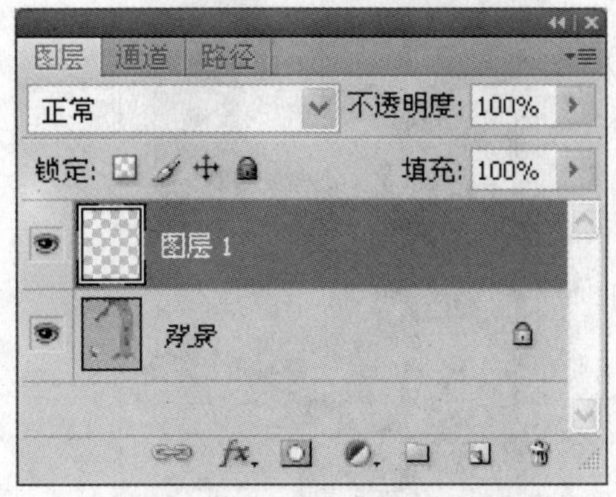

图 3-20 新建“图层 1”

（3）激活背景图层，实用仿制图章工具，按 Alt 键在小孩处取样，然后再激活图层 1，使用仿制图章工具在图层 1 中涂抹，直到复制一个一模一样的小孩，效果如图 3-21 所示。在操作的过程中一定要注意，取样在背景图层中，涂抹在图层 1 中。

（4）将图层 1 的图像选中，单击菜单栏中“编辑”→“变换”→“水平翻转”，并将图像移动到两小孩相对的地方，效果如图 3-22 所示。

图 3-21 复制的效果

图 3-22 最后的效果图

上机实例 2：经典重现——修复老照片。

1. 制作目的

熟练使用修复图像的工具。

2. 制作步骤

（1）打开素材文件，“老照片.jpg”，如图 3-23 所示。

（2）首先使用污点修复画笔工具修复比较小的白点，修复效果如图 3-24 所示。

图 3-23　打开素材文件

图 3-24　使用污点修复画笔工具修复效果

（3）使用修补工具修改稍微大点的白色区域，注意使用修补工具时取样区域在要修复区域的附近，这样修复效果要更好些，修复效果如图 3-25 所示。

（4）对于衣肩和衣领边界处的修复，如果使用修复画笔工具来修复，效果就不是很好，如图 3-26 所示。对于边界的修复使用仿制图章工具要好一些，效果如图 3-27 所示。

图 3-25　使用修补工具修复效果

图 3-26　使用修复画笔工具修复边界效果

（5）对于头发中的白点，要使用修复画笔工具，因为修复区域融合效果要好一些，如图 3-28 所示。

操作小贴士

在修复图像时，往往要组合使用不同的修复工具，同时也要不断地改变画笔直径的大小，以到达最佳的修复效果。

图 3-27　使用仿制图章工具修复效果

图 3-28　使用修复画笔工具修复效果

3.3　橡皮擦工具组

橡皮擦工具组包括橡皮擦、背景橡皮擦和魔术橡皮擦三种，如图 3-29 所示。

3.3.1　橡皮擦工具

橡皮擦工具的功能和现实中的橡皮擦类似，可以将图像上不需要的部分擦除。该工具选项栏与画笔工具选项栏相似，单击橡皮擦工具，出现如图 3-30 所示的选项栏。

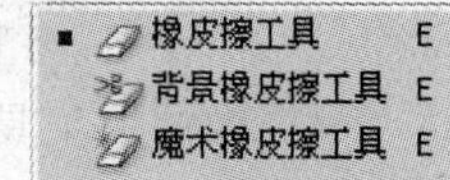

图 3-29　橡皮擦工具组

画笔: 92 ▾ 模式: 画笔 ▾ 不透明度: 100% ▸ 流量: 100% ▸ □抹到历史记录

图 3-30 “橡皮擦工具”选项栏

“橡皮擦工具”选项栏中各选项意义如下。

（1）模式。画笔、铅笔（选择画笔和铅笔工具都可以像它的相应工具一样进行擦除）和块（块是指允许把它当作橡皮擦的电子版本来擦除像素）。

（2）不透明度。该值设置得越大，擦除的效果就越明显。

（3）流量。设置橡皮擦擦出过程中描边的流动速率。

（4）喷枪。设置后可以启动喷枪功能。

（5）抹到历史记录。将图像局部或全部恢复到最后一次储存时的状态，类似撤销命令。

操作小贴士

使用橡皮擦工具，擦出的部分将被自动填充背景色。背景色的改变在工具箱中设置前景色和背景色命令来实现。原图如图 3-31（a）所示，使用橡皮擦工具效果如图 3-31（b）所示。

(a)

(b)

图 3-31 使用橡皮擦工具前后对比图

3.3.2 背景橡皮擦工具

背景橡皮擦工具是指把前景图像从背景图像中提取出来，在保留前景图像边缘的同时，抹除背景图像。单击背景橡皮擦工具，出现如图 3-32 所示的选项栏。

图 3-32 “背景橡皮擦工具”选项栏

“背景橡皮擦工具”选项栏中各选项意义如下。

（1）取样。取样是指抹掉颜色的方法，它包括连续、一次和背景色板。当选择“连续”选项时，在擦除图像时将连续采集取样点；选择“一次”选项时，把在图像中第一次单击处的颜色作为取样点；选择“背景色板”选项时，将当前工具箱中的背景色作为取样色，只擦除与背景色相同的颜色。

（2）限制。限制是指抹除操作的范围，包括不连续、临近、查找边缘。

（3）容差。容差是指抹掉相近或相似颜色的区域，数值越大，涂抹的颜色范围就会越大。

（4）保护前景色。保护前景色是指不许抹除掉前景色板的颜色。

原图如图 3-33（a）所示，使用背景橡皮擦效果如图 3-33（b）所示。

3.3.3 魔术橡皮擦工具

魔术橡皮擦工具是指可以方便地擦除预定的图像。只需在图像上单击，就可将颜色相近的内容清除。简单地说，魔术橡皮擦工具就是魔棒工具和背景橡皮擦工具的结合，单击魔术橡皮擦工具，出现如图 3-34 所示的选项栏。

“魔术橡皮擦工具”选项栏中各选项意义如下：

（1）消除锯齿。让抹除区域的边缘显得平滑，从而使边缘看起来更自然。

（2）连续。仅抹除与单击点像素相邻的像素。取消选择此选项则抹除图像中的所有相似像素。

（3）用于所有图层。如果开启将对所有图层有效，关闭就只能针对目前所选择的图层有效。

（a）

（b）

图 3-33 使用背景橡皮擦工具前后对比图

容差: 32 消除锯齿 连续 对所有图层取样 不透明度: 100%

图 3-34 “魔术橡皮擦工具”选项栏

（4）不透明度。决定删除像素的程度，100%为完全删除，被操作的区域将完全透明，减小数值就得到半透明的区域。

原图如图 3-35（a）所示，使用背景橡皮擦效果如图 3-35（b）所示。

（a）

（b）

图 3-35 使用魔术橡皮擦工具前后对比图

3.4 图像的润色工具组

3.4.1 模糊、锐化和涂抹工具

润色工具组（一）主要包括模糊工具、锐化工具和涂抹工具，如图 3-36 所示。

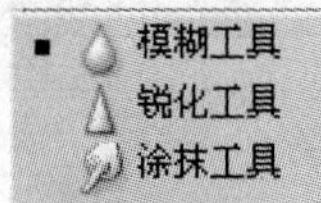

图 3-36　润色工具组（一）

模糊工具可以分解对比鲜明的颜色，减小颜色之间的反差。使用该工具可以使图像中物体边界变得柔和，颜色过渡平缓，从而形成一种模糊的图像效果。其选项栏如图 3-37 所示。

“模糊工具”选项栏中各选项意义如下。

（1）强度。该值越大，模糊效果越明显。

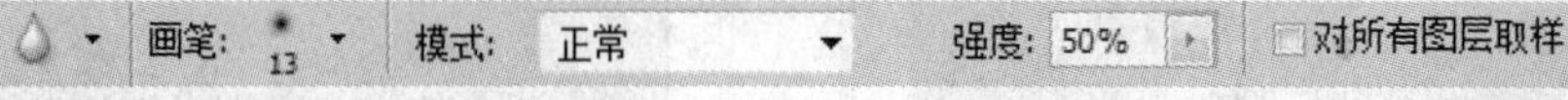

图 3-37　“模糊工具”选项栏

（2）对所有图层取样。使用所有可见图层的混合数据对被抹除的颜色取样。如果仅要模糊现用图层的像素，请取消选择此选项。

原图如图 3-38（a）所示，使用模糊工具效果如图 3-38（b）所示。

（a）

（b）

图 3-38　使用模糊工具前后对比图

锐化工具与模糊工具的功能相反，是一种使图像色彩锐化的工具。该工具可以增大图像颜色反差，从而增加图像的对比度，使图像变得更加清晰。该工具的选项栏和模糊工具类似，如图 3-39 所示。打开素材文件如图 3-40（a）所示，使用模糊工具效果如图 3-40（b）所示。

图 3-39　锐化工具选项栏

涂抹工具可以对图像形成涂抹绘制的效果。该工具可以提取最初单击位置处的颜色，然后与鼠标拖曳所经过的部分画面的颜色形成融合挤压，从而产生模糊拉长的效果。单击该工具，出现如图 3-41 所示的选项栏。其中，手指绘画：该复选框可以模拟手指蘸取颜色绘画的效果。选中该复选框，Photoshop 将使用前景色作为涂抹的起始颜色。打开素材文件如图 3-42（a）所示，使用涂抹工具效果如图 3-42（b）所示。

(a)

(b)

图 3-40 使用锐化工具前后对比图

画笔：13 模式：正常 强度：50% 对所有图层取样 手指绘画

图 3-41 涂抹工具选项栏

(a)

(b)

图 3-42 使用涂抹工具前后对比图

3.4.2 减淡、加深和海绵工具

润色工具组（二）主要包括减淡工具、加深工具和海绵工具，如图 3-43 所示。

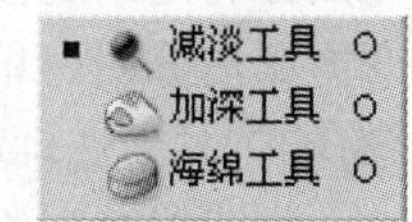

图 3-43 润色工具组（二）

减淡工具可以有选择地增加画面的亮度，从而达到修正照片曝光不足的效果。在工具箱中单击减淡工具，出现如图 3-44 所示的选项栏。

减淡工具选项栏中各选项意义如下。

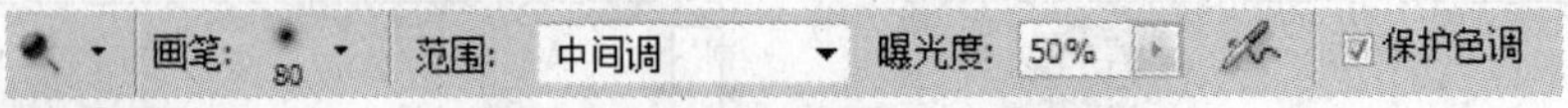

图 3-44 减淡工具选项栏

（1）画笔。用于设置画笔的大小，单击后可在打开的列表中设置画笔的硬度和类型。

（2）范围。可以设置减淡效果的范围。其中，选择“阴影”选项，只影响图像中最暗的部分，选择“中间调”选项，可以对图像中明度处于中间值的部分进行处理。选择“高光”选项，只影响图像中最明亮的部分。

（3）曝光度。用于设置操作对图像的改变程度，值越大，亮化的效果越明显。

打开素材文件如图 3-45（a）所示，使用减淡工具效果如图 3-45（b）所示。

（a）

（b）

图 3-45 使用减淡工具前后对比图

加深工具可改变图像特定区域的曝光度，使图像变暗。在工具箱中单击“加深工具”按钮后即可显示如图 3-46 所示的选项栏，它与减淡工具的选项栏基本相同。打开素材文件如图 3-47（a）所示，使用加深工具效果如图 3-47（b）所示。

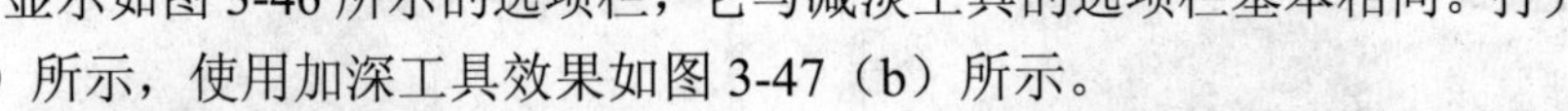

图 3-46 “加深工具”选项栏

海绵工具可调整图像的色调饱和度，其操作方法与加深工具相似。当增加图像的饱和度时，图像将越来越接近于中灰度色调，当减少图像的饱和度时，图像将渐渐远离中灰度色调，变得黑白分明。单击“海绵工具”出现如图 3-48 所示的选项栏。

“海绵工具”选项栏中各选项意义如下。

（1）模式：降低饱和度选项用于稀释颜色的饱和度，饱和度用于增强颜色的饱和度。

（2）流量：用于设置画笔的压力大小。流量越大，调整图像饱和度的效果越明显。

打开素材文件如图 3-49（a）所示，使用海绵工具效果如图 3-49（b）所示。

(a)

(b)

图 3-47 使用加深工具前后对比图

图 3-48 “海绵工具”选项栏

(a)

(b)

图 3-49 使用海绵工具前后对比图

上 机 作 业

利用所提供的素材文件，使用图章、橡皮等工具，将图 3-50 修改成图 3-51 所示。

图 3-50 清明上河图

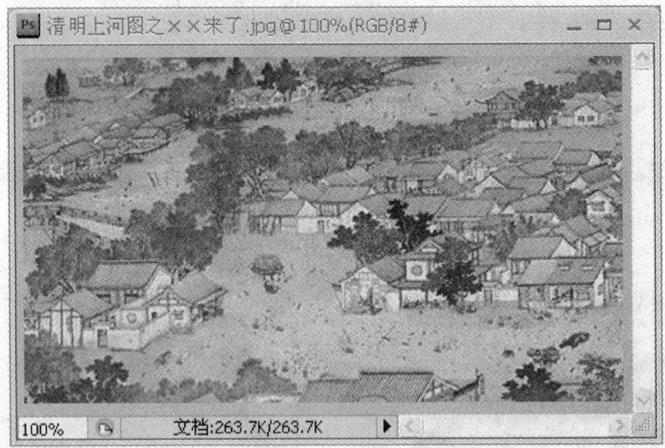

图 3-51 清明上河图之××来了

第4章　图 像 的 绘 制

Photoshop 的绘图功能虽然没有专业的绘图软件强大，但它可以通过设置各种各样的画笔样式，而且通过富有创意的填充，依然能够绘制出令人叹服的图像。

4.1　图像的绘制工具

Photoshop 中的绘图指的是通过相应的工具在文件中重新创建图像，绘图工具主要集中在画笔工具组中。画笔工具组中包括画笔工具、铅笔工具和颜色替换工具，如图 4-1 所示，学习使用好这三种工具可以为 Photoshop 绘图打下良好的基础。

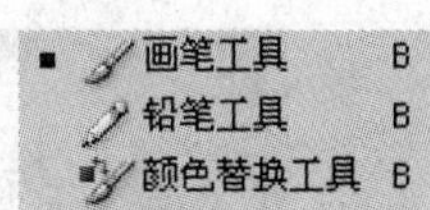

图 4-1　绘图工具

4.1.1　画笔工具及画笔面板

在工具箱中单击“画笔工具”，“画笔工具”选项栏如图 4-2 所示。

图 4-2　“画笔工具”选项栏

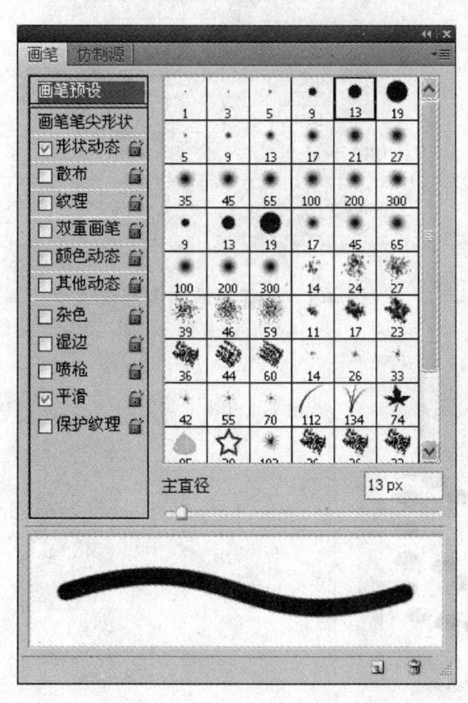

图 4-3　“画笔”控制面板

“画笔工具”选项栏中各选项意义如下。

（1）画笔。在画笔工具选项栏中单击“画笔”右边的小三角形按钮，可在弹出的列表中选择合适的画笔直径、硬度、笔尖的样式。

（2）模式。设置画笔笔触与背景融合的方式。

（3）不透明度。决定笔触不透明度的深浅，不透明度的值越小笔触就越透明，也就越能够透出背景图像。

（4）流量。设置笔触的压力程度，数值越小，笔触越淡。

（5）喷枪。单击“喷枪”按钮后，“画笔工具”在绘制图案时将具有喷枪功能。

（6）画笔面板。该按钮位于画笔工具选项栏最右边，单击该按钮，系统会弹出如图 4-3 所示的画笔面板，可以从中对选取预设的画笔进行更精确地设置。

使用画笔工具往往是利用前景色绘图，为了绘制出一些特殊的效果，往往要对画笔工具进行相应的设置，单击“画笔工具”选项栏中的画笔面板图标，在弹出的面板中设置，下面对画笔面板中常用的设置。

（1）画笔笔尖形状设置如图 4-4 所示，其中在右上方的列表中，可以对笔尖形状设置，系统预设很多笔尖的形状，用户可以选择使用。

1）直径。用于设置直径的大小，单位是像素。

2）翻转。用于将画笔笔尖的形状图形分别沿着 *X* 轴或 *Y* 轴翻转。

3）角度。用于设置画笔笔尖形状的倾斜角度。

4）圆度。用于控制画笔笔尖扁的程度。

5）硬度。用于控制画笔笔尖的软硬程序，效果就是模糊和清晰程度。

6）间距。用于控制画笔笔尖的间距。

下面将画笔笔尖形状的参数设置如图 4-5 所示，就可以绘制出如图 4-6 所示的效果。

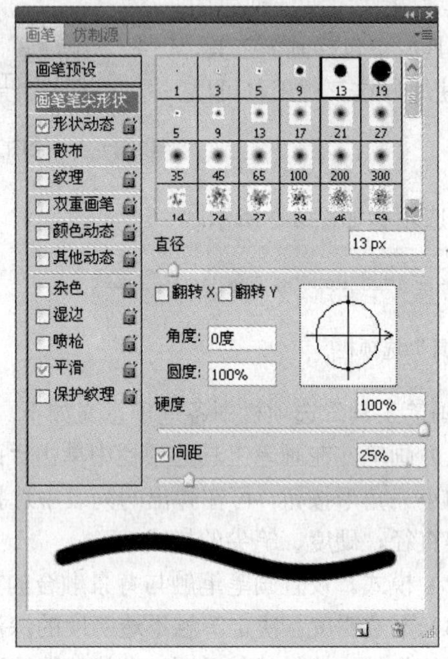

图 4-4　画笔笔尖形状面板

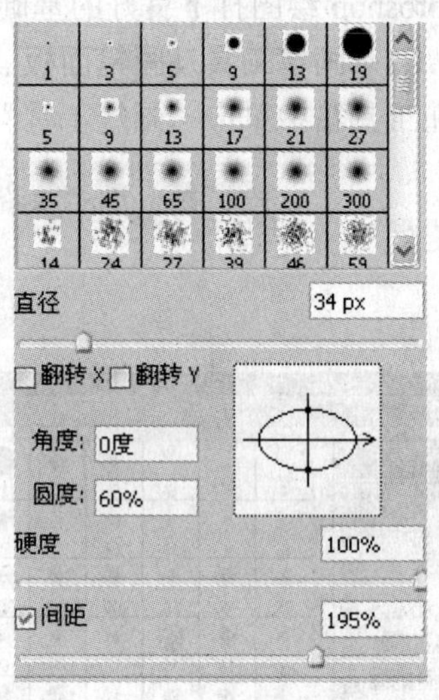

图 4-5　设置画笔笔尖形状

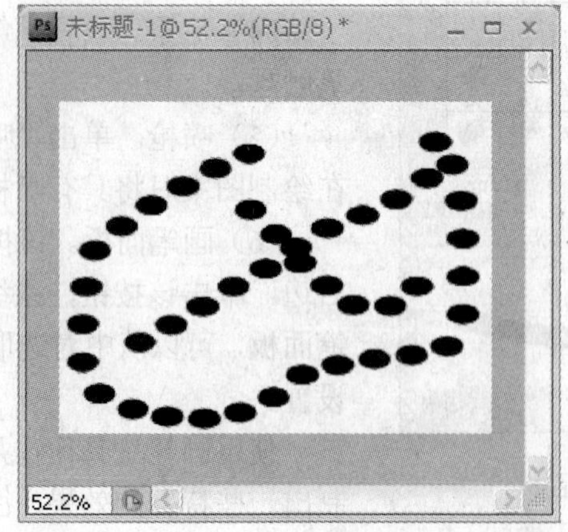

图 4-6　绘图效果

操作小贴士

可以自己定义画笔笔尖形状，通过选择菜单栏“编辑”→“定义画笔预设”就可实现。

（2）画笔形状动态的设置，如图 4-7 所示。在其面板中，各选项意义如下。

1）大小抖动。用于设置画笔在绘图的过程中画笔大小的动态变化。

2）最小直径。用于设置画笔的最小直径，以画笔直径的百分比为基础。

3）倾斜缩放比例。用于设置画笔倾斜的比例。

4）角度抖动。用于控制画笔在绘图过程中画笔角度的动态变化。

5）圆度抖动。用于控制画笔在绘图过程中圆度的动态变化。

6）最小圆度。用于控制画笔的最小圆度。下面将笔尖形状的参数设置如图 4-8 所示，就可以绘制出如图 4-9 所示的效果。

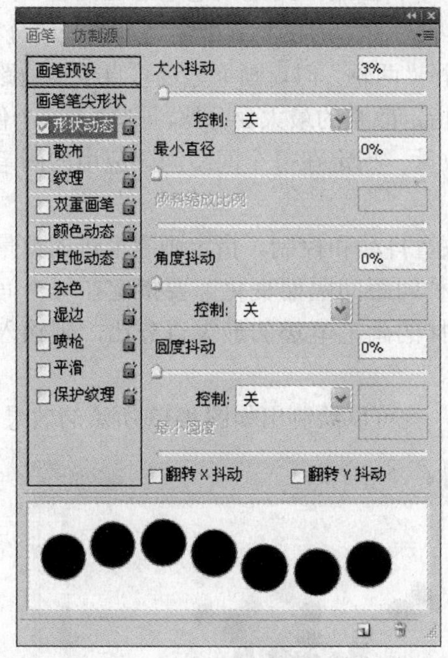

图 4-7　画笔形状动态面板

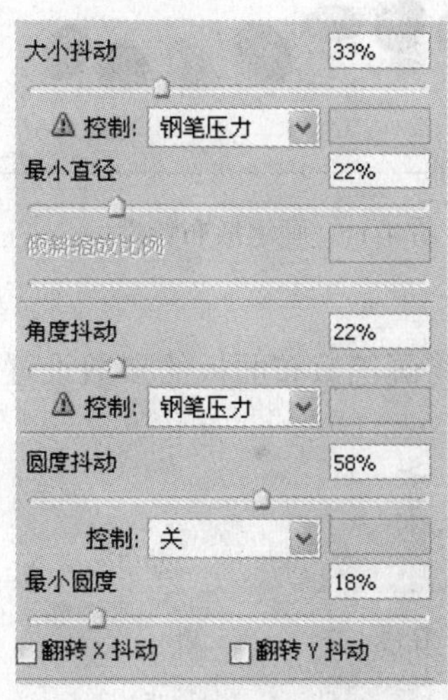

图 4-8　设置画笔形状动态

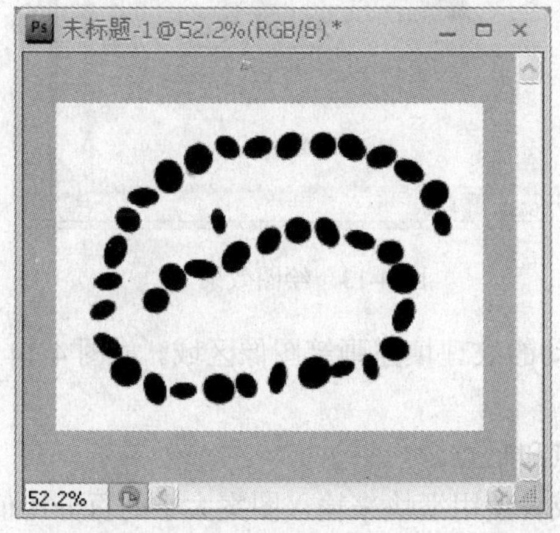

图 4-9　绘图效果

（3）同时存在多个面板中的“控制”属性，如图 4-10 所示，下面是介绍“控制”属性的选项。

1）关。指定不控制画笔笔迹的大小变化。

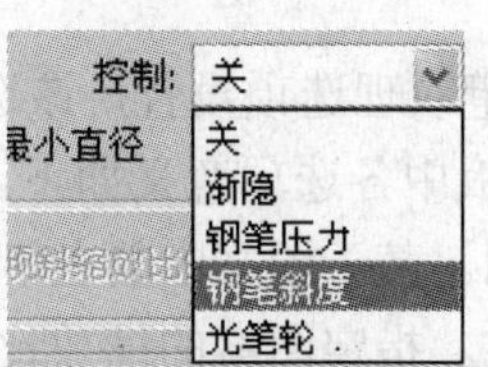

图 4-10　“控制”属性选项

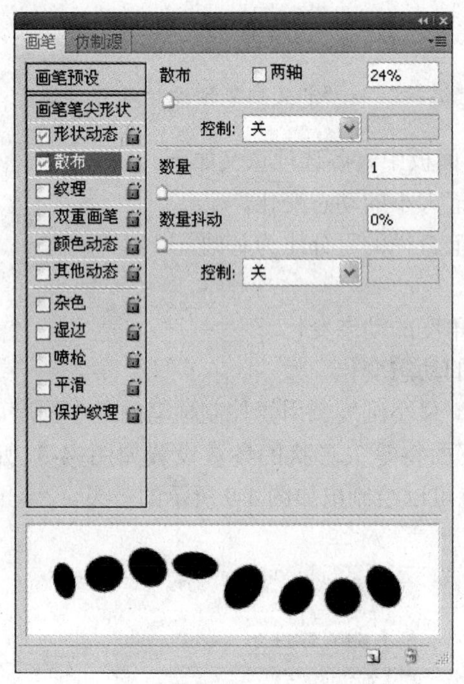

图 4-11　画笔散布特性

2）渐隐。按指定数量的步长在初始直径和最小直径之间渐隐画笔笔迹的大小。每个步长等于画笔笔尖的一个笔迹。值的范围可以从 1~9999。例如，输入步长数“10”会产生 10 个增量的渐隐。

3）钢笔压力、钢笔斜度或光笔轮：可依据钢笔压力、钢笔斜度或钢笔拇指轮位置以在初始直径和最小直径之间改变画笔笔迹大小。

（4）画笔散布特性设置，如图 4-11 所示，在其面板中各选项意义如下。

1）散布和控制。指定画笔笔迹在描边中的分布方式。当选择“两轴”时，画笔笔迹按径向分布。当取消选择“两轴”时，画笔笔迹垂直于描边路径分布。要指定散布的最大百分比，则输入一个值。

2）数量。指定在每个间距间隔应用的画笔笔迹数量。

3）数量抖动和控制。指定画笔笔迹的数量如何针对各种间距间隔而变化。要指定在每个间距间隔处涂抹的画笔笔迹的最大百分比，则输入一个值。

下面将画笔散布面板的参数设置如图 4-12 所示，就可以绘制出如图 4-13 所示的效果。

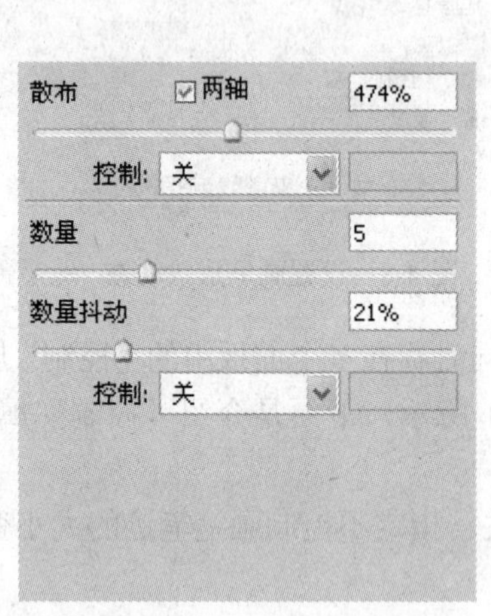

图 4-12　设置画笔形状动态

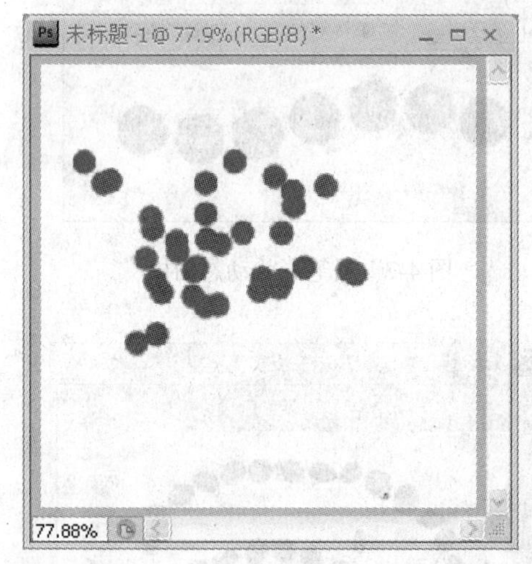

图 4-13　绘图效果

（5）画笔纹理选项设置，该选项可以用系统自动的纹理填充画笔图像区域。如图 4-14 所示。在其面板中各选项意义如下。

1）反相。基于图案中的色调反转纹理中的亮点和暗点。

2）缩放。指定图案的缩放比例。输入数字，或者使用滑块来输入图案大小的百分比值。

3）为每个笔尖设置纹理。将选定的纹理单独应用于画笔描边中的每个画笔笔迹，而不是作为整体应用于画笔描边（画笔描边由拖动画笔时连续应用的许多画笔笔迹构成）。必须选择此选项，才能使用 “深度” 变化选项。

4）深度。用于控制画笔入纹理中的深度。输入数字，或者使用滑块来输入值。如果是 100%，则只显示图案。如果是 0%，则图案不显示，只显示画笔的颜色。

5）最小深度。用于控制画笔渗入图案的最小深度。

6）深度抖动。用于控制画笔入纹理中的深度变化。

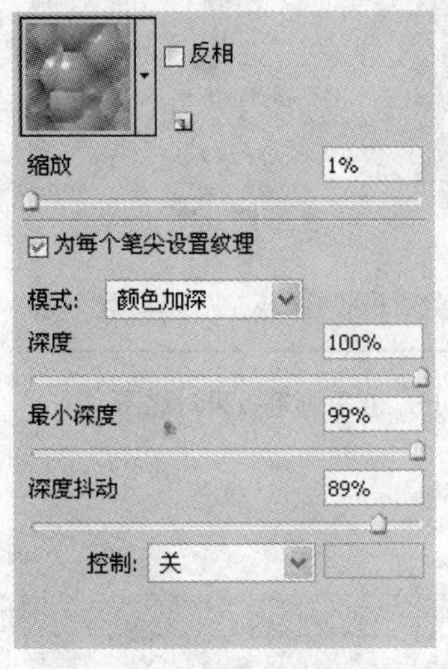

图 4-14　画笔纹理面板

图 4-15　纹理画笔效果对比图

（6）双重画笔选项设置，该选项双重画笔组合两个笔尖来创建画笔笔迹。如图 4-16 所示，在其面板中各选项意义如下。

1）直径。控制双笔尖的大小。以像素为单位输入值，或者单击“使用取样大小”来使用画笔笔尖的原始直径（只有当画笔笔尖形状是通过采集图像中的像素样本创建时，“使用取样大小” 选项才可用）。

2）间距。控制描边中双笔尖画笔笔迹之间的距离。要更改间距，则输入数字，或使用滑块输入笔尖直径的百分比。

3）散布。指定描边中双笔尖画笔笔迹的分布方式。当选中“两轴”时，双笔尖画笔笔迹按径向分布。当取消选择“两轴” 时，双笔尖画笔笔迹垂直于描边路径分布。要指定散布的最大百分比，则输入数字或使用滑块来输入值。

4）数量。指定在每个间距间隔应用的双笔尖画笔笔迹的数量。输入数字，或者使用滑块来输入值。

设置效果对比如图 4-17 所示。

（7）颜色动态画笔选项决定绘图中颜色的变化方式。如图 4-18 所示，在其面板中各选项意义如下。

1）前景/背景抖动。此参数控制画笔的颜色变化情况。百分数越大画笔的颜色发生随机变化时，越接近背景色，百分数越小画笔的颜色发生随机变化时，约接近前景色。

2）色相（饱和度、亮度）抖动。此参数用于控制画笔色调的随机效果，百分数越大画笔的色调发生随机变化时，越接近背景色色调（饱和度、亮度），数值越小画笔的色调发生变化时，越接近于前景色色调（饱和度、亮度）。

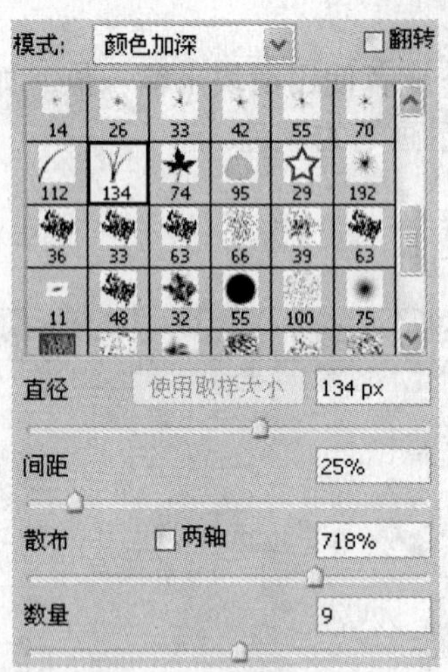

图 4-16 双重画笔面板

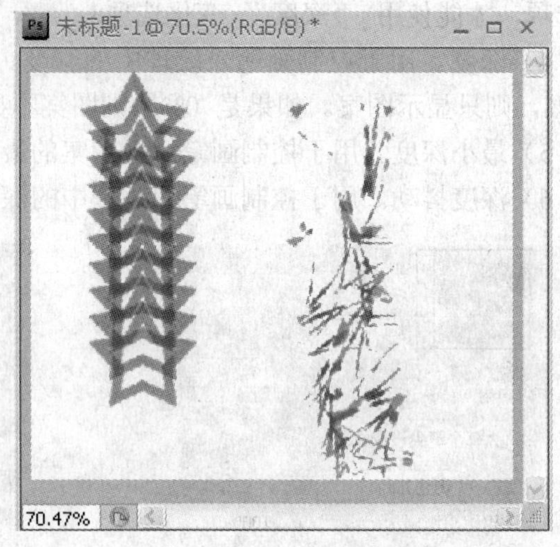

图 4-17 双重画笔效果对比图

3）纯度。此参数控制画笔的纯度，即颜色鲜艳程度。

设置效果对比如图 4-19 所示。

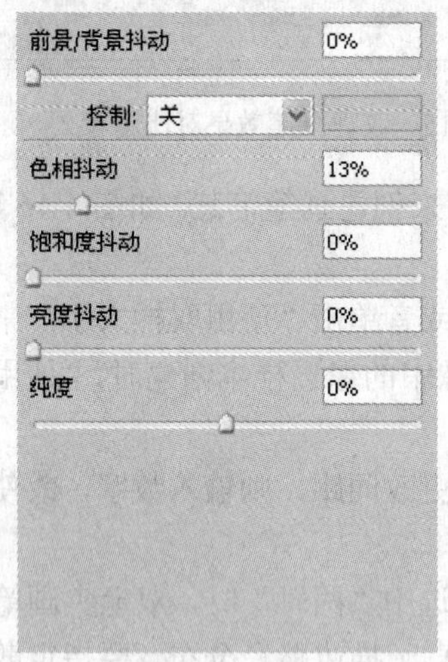

图 4-18 颜色动态面板

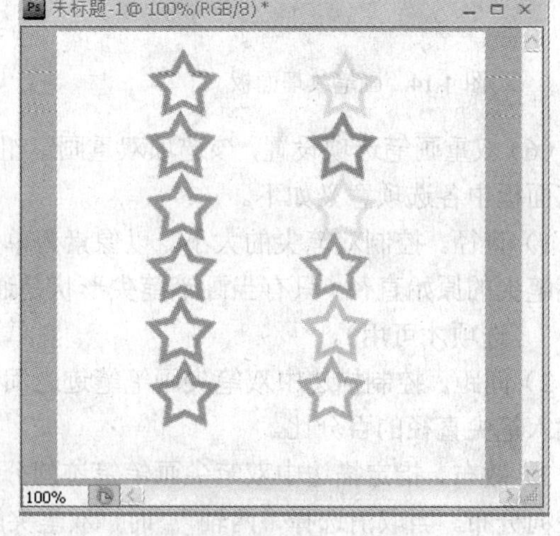

图 4-19 颜色动态画笔效果对比

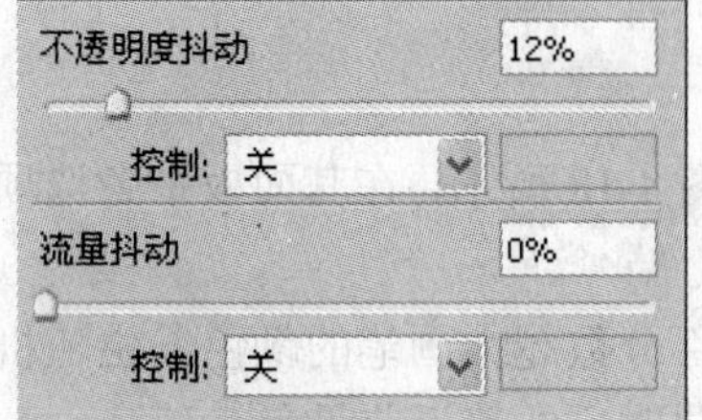

图 4-20 其他动态画笔选项面板

（8）其他动态画笔选项，主要是控制不透明抖动和流量抖动，如图 4-20 所示。

1）不透明度抖动。此选项用于控制画笔的随机不透明度效果。

2）流量抖动。此选项用于控制用画笔绘制时的消减速度，百分数越大，消褪越明显。

（9）附加参数。在该参数区域中，选择适当的选项可以创建出一些特殊的效果，下面分别讲解各个选项的作用。

1）杂色。勾选该选项时，画笔边缘越柔和，杂色效果就越明显，也就是当画笔“硬度”数值为0%时杂色效果最明显，“硬度”数值为100%时效果最不明显。

2）湿边。勾选该选项后，在进行绘图时将沿着画笔的边缘增加油彩量，从而创建出水彩画的效果。

3）喷枪。勾选该选项后，在与画笔工具选项条上选中喷枪按钮的作用是相同的。

4）平滑。勾选该选项后，在绘图过程中可能产生较平滑的曲线，尤其在使用压感笔的时候，选择该选项得到的平滑效果更为明显，但需要注意的是，此时可能会出现轻微的滞后现象。

5）保护纹理。勾选该选项后，将对所有具有纹理的画笔预设应用相同的图案和比例。选择此选项后，在使用多个纹理画笔笔尖绘画时，可以模拟出一致的画布纹理。

4.1.2 铅笔工具

铅笔工具，通过其绘制出来的图案类似于生活中用铅笔所绘制出来的图案，铅笔工具所绘制出来的笔触边缘是有棱角的，实际上铅笔可以认为是画笔的一种特殊形式，因此大部分面板选项都相同。铅笔工具选项栏如图 4-21 所示，利用铅笔工具绘制图像的效果如图 4-22 所示。

图 4-21 “铅笔工具”选项栏

图 4-22 铅笔绘制图像效果

4.1.3 颜色替换工具

颜色替换工具可以使用选取的前景色再改变目标颜色，从而快速地完成整幅图像或者图像上的某个选区中的色相、颜色、饱和度和明度的改变。选择“颜色替换工具”后的选项栏如图 4-23 所示。

图 4-23 “颜色替换工具”选项栏

使用颜色替换工具，可以改变图像中的颜色、饱和度和明度，但是不会改变图像中的纹理，这一点和画笔工具有明显的区别。

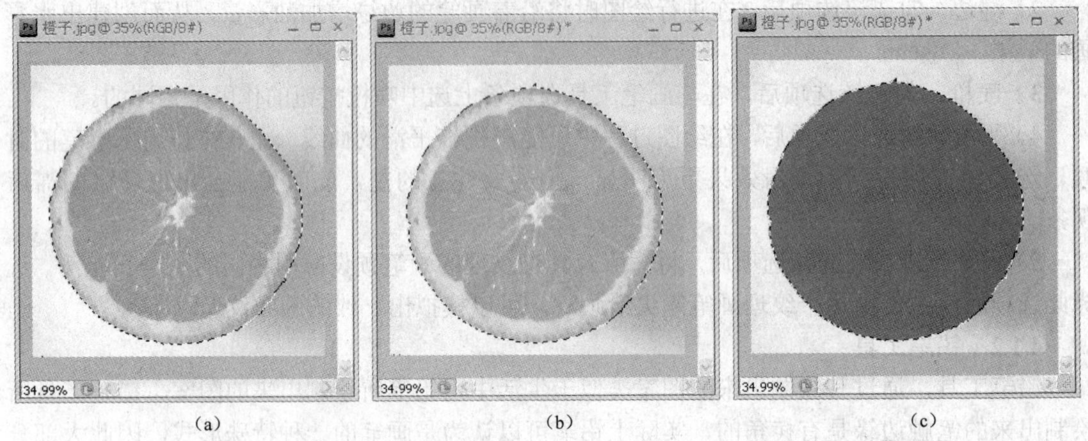

（a） （b） （c）

图 4-24 颜色替换工具和画笔工具涂抹效果对比

（a）素材文件；（b）使用颜色替换工具效果；（c）使用画笔工具效果

本节要点：详细介绍画笔工具，并对画笔的各种选项参数进行了深入说明。

上机实例：制作明信片——一起去看红叶。

1. 制作目的

熟练利用画笔工具，根据具体的实际情况设置画笔选项，达到好的效果。

2. 制作步骤

（1）单击菜单栏“文件”→“新建”，新建一个宽 16 厘米和高 10 厘米名为“明信片”的文件，参数设置如图 4-25 所示。

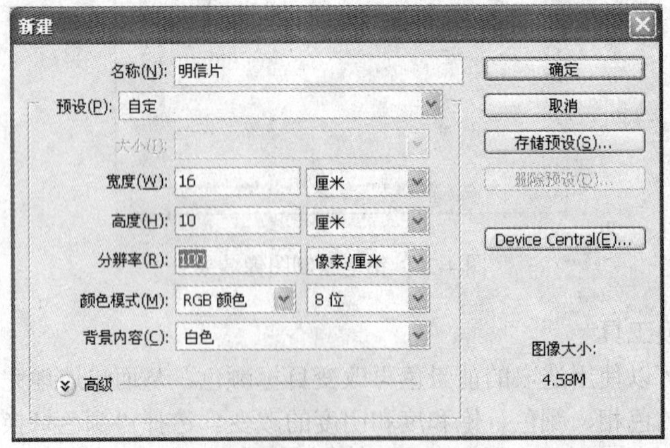

图 4-25 “新建”文件

（2）新建图层，在该图层中填充淡黄色 RGB（242,249,193）。为了准确画出明信片的外框线，建立两条水平参考线，水平距离分别是 0.2 厘米和 9.8 厘米；建立两条垂直参考线，垂直距离分别是 0.2 厘米和 15.8 厘米。将前景色设置为 RGB（218,9,63），绘制出明信片的外框线，如图 4-26 所示。

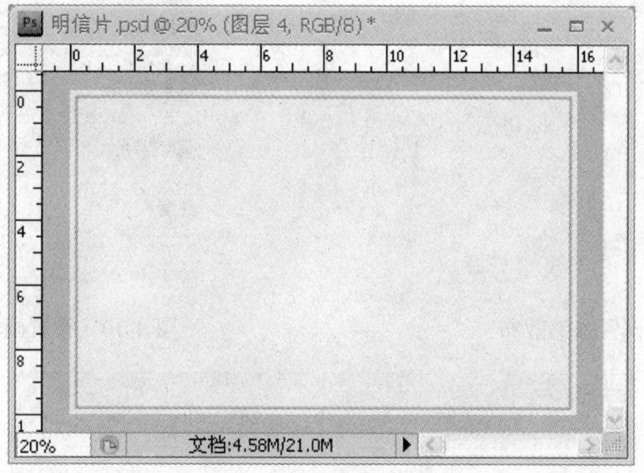

图 4-26 填充、建立参考线和绘制外框线

（3）设置画笔选项。设置笔尖形状如图 4-27 所示；设置画笔形状动态如图 4-28 所示；设置画笔散布选项如图 4-29 所示；设置画笔颜色动态如图 4-30 所示。然后新建图层，用画笔工具在新建图层中绘出如图 4-31 所示的效果。

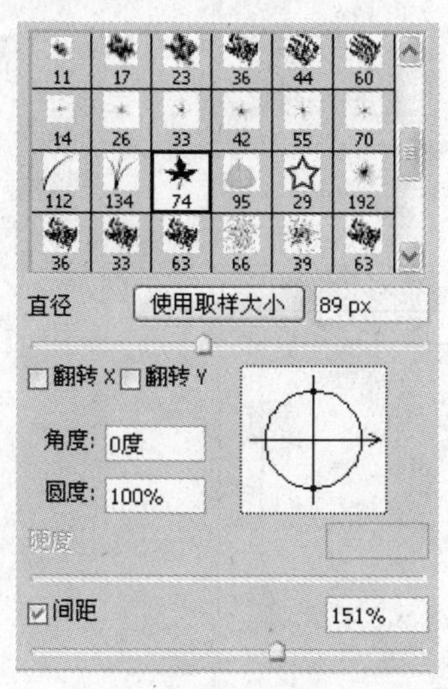

图 4-27 设置笔尖形状

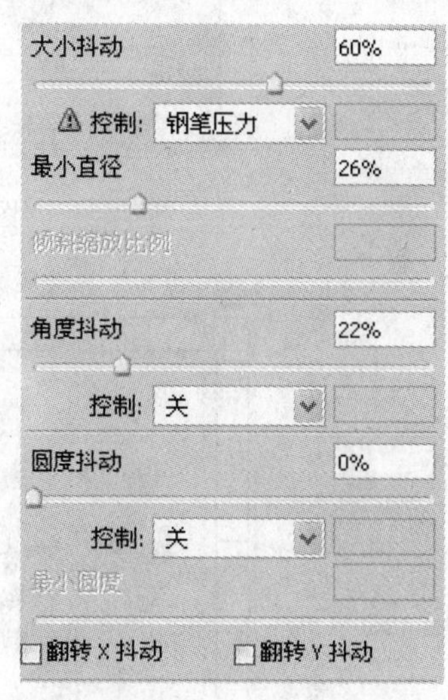

图 4-28 设置画笔形状动态

（4）将前景色设置为 RGB（218,9,63），选择铅笔工具，画笔直径为 5px，在图像的 3/5 处画一竖线，并打开素材“红叶.psd”文件，使用移动工具将文字移动到图像中，如图 4-32 所示。

（5）新建图层 5，使用铅笔工具在图层中画一水平线，然后再使用移动工具，并按 Alt 键，复制 5 条一样的水平线。选中水平线所在的 6 个图层，如图 4-33 所示，为了使这 6 条水平线垂直居中分布和右边对齐，选择“移动”工具选项栏中的“右对齐”按钮和“垂直居中分布”按钮，效果如图 4-34 所示。注意：在选中 6 个图层的方法是，单击图层同时按 Ctrl 键。

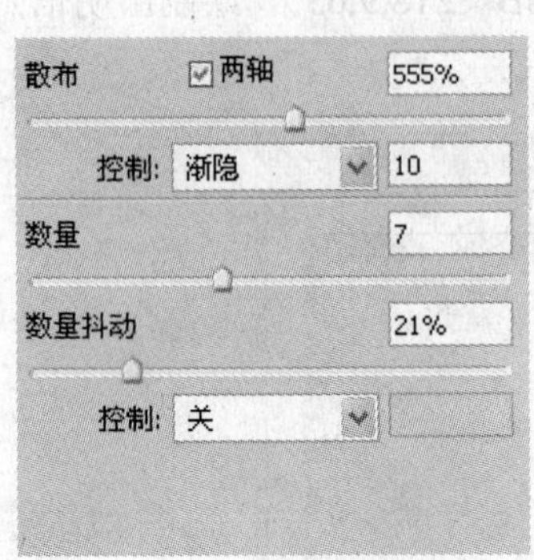

图 4-29　设置画笔散布

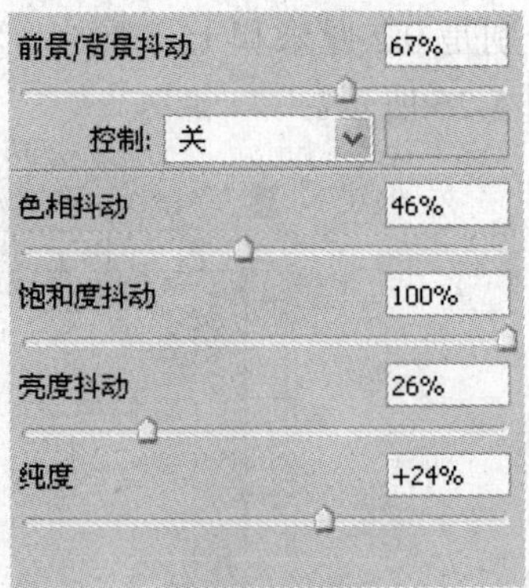

图 4-30　设置画笔颜色动态

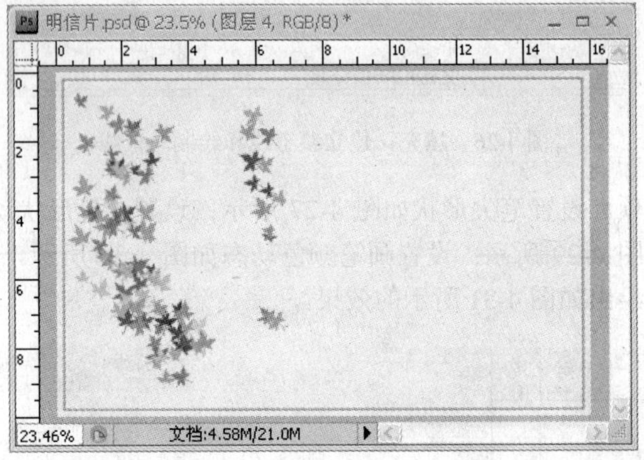

图 4-31　绘制枫叶效果

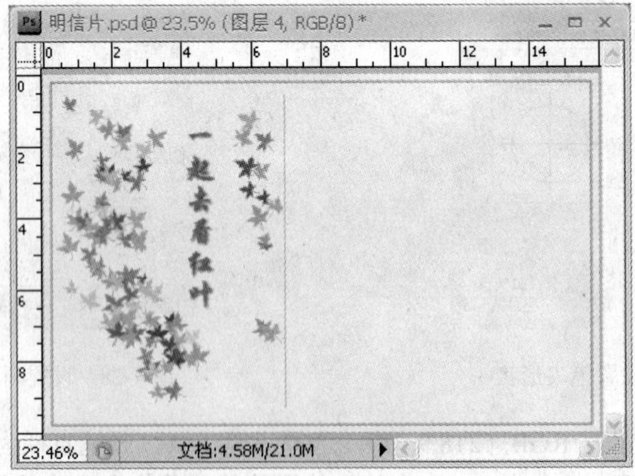

图 4-32　添加竖线和文字效果

（6）制作邮政编码框。将前景色设置为 RGB（114,163,28），使用“矩形选框工具”建立一个大小合适的方形选区，将选区描边，如图 4-35 所示。按照上一步操作过程，复制 5 个一样的描边方形框，并将分布均匀和对齐。然后在图像的右上角复制一样的 6 个方形，如图 4-36 所示。

图 4-33　选中 6 个图层

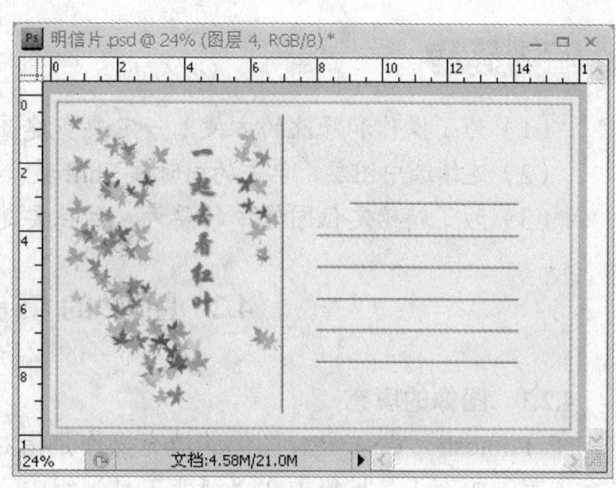

图 4-34　对齐和垂直均匀分布水平线

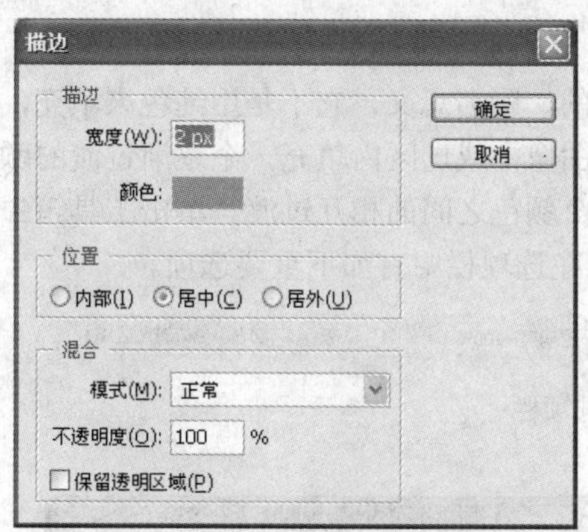

图 4-35　选区描边

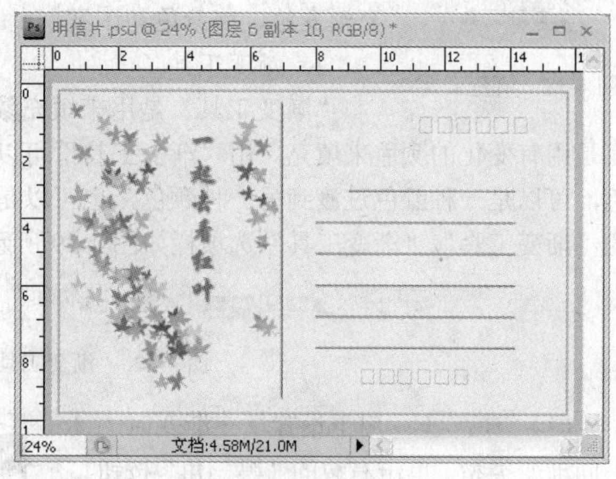

图 4-36　邮政编码框绘制

（7）打开素材文件“邮票.psd”和“邮政编码.psd”，分别移动至明信片中，调整其位置和大小，达到整体效果协调为止。效果如图 4-37 所示。

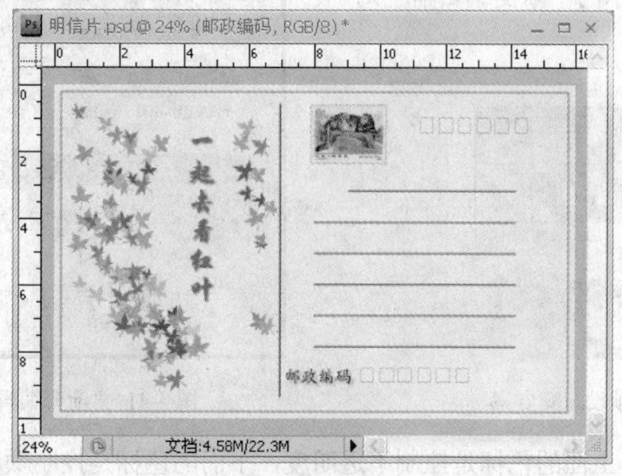

图 4-37　明信片最终效果图

操作小贴士

（1）为了操作和修改的方便，一定要多建图层，每个图层绘制不同内容。

（2）连续选中图层，单击的同时按 Shift 键；不连续选中图层，单击的同时按 Ctrl 键。

（3）为了精确定位图像中的要素，往往要建立参考线来调整其位置。

4.2 图像的填充与描边

4.2.1 图像的填充

在 Photoshop CS4 中，图像的填充操作是指对被编辑的图像文件的整体或局部使用色彩进行覆盖。填充工具被集中在“渐变工具”组中，有“渐变工具”和“油漆桶工具”两种工具如图 4-38 所示，使用该工具组中的工具可以在当前的图像或选区中填充渐变色、前景色和图案。

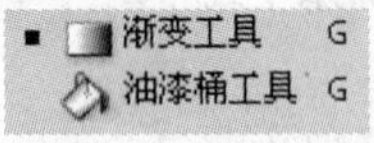

渐变工具 G
油漆桶工具 G

图 4-38 填充工具

1. 渐变工具

“渐变工具”是用来填充颜色的，顾名思义，它不是用纯色来填充，而是用有变化的颜色来填充。用“渐变工具”可以在图像中或选区内填充一个逐渐过渡的颜色，可以是一种颜色过渡到另一种颜色，也可以是多个颜色之间的相互过渡。单击工具箱中的“渐变工具”，“渐变工具”选项栏如图 4-39 所示，在选项栏中有如下重要选项。

图 4-39 “渐变工具”选项栏

（1）。用于设置填充渐变时的不同渐变类型。单击右边的“黑三角”按钮就会出现如图 4-40 所示的预设渐变方案，用户可以选择其中的预设方案。

单击“黑三角”按钮右边的区域，就会出现如图 4-41 所示的“渐变编辑器”对话框。

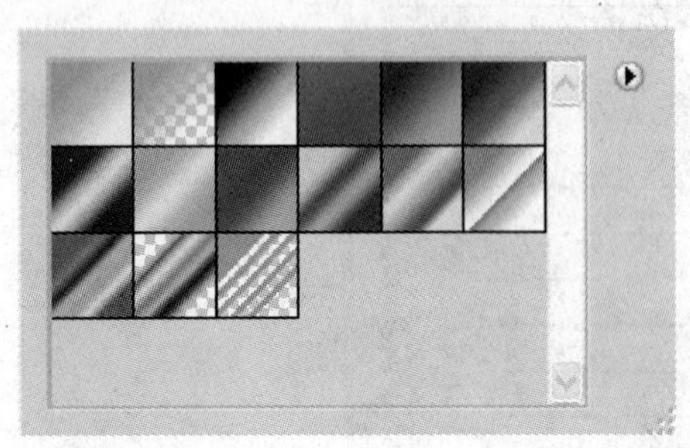

图 4-40 预设渐变方案

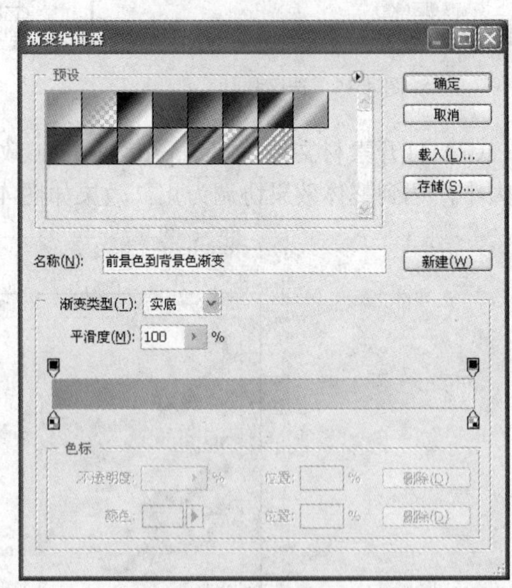

图 4-41 “渐变编辑器”对话框

在其对话框中，上面的色标是控制不透明度，下面的色标是控制颜色的色标，如图 4-42 所示。

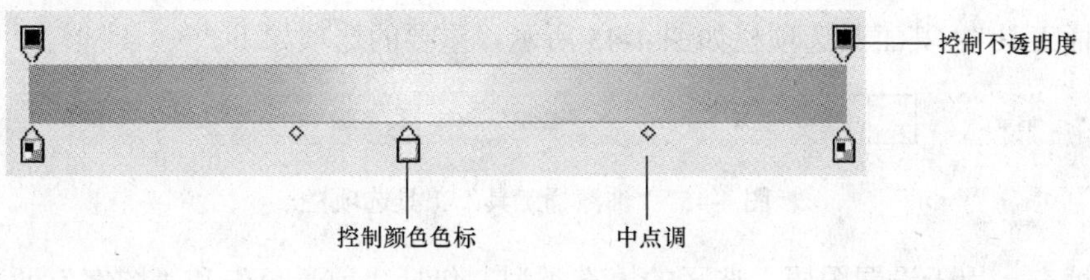

图 4-42 色标控制区

1）双击颜色色标可以通过“颜色调板”改变颜色；单击相邻两颜色色标之间的区域，就可以增加颜色色标。

2）移动色标就可以改变其位置，也可以在位置文本框中设置其精确位置位置(C): 57 %。

3）选中并移动“小菱形”就可以调整中点（渐变将在此处显示起点颜色和终点颜色的均匀混合）的位置，及调整相邻两颜色的混合程度；也可以在位置文本框中设置其精确值位置(C): 57 %。

4）删除颜色色标，可以选中色标，再单击“删除”按钮 删除(D) ；也可以选中颜色色标按鼠标左键，往下方移动就可以。

5）控制不透明度色标的操作与颜色色标的操作基本一样。

6）渐变类型中的杂色渐变。它包含了所指定的颜色范围内随机分布的颜色如图 4-43 所示。

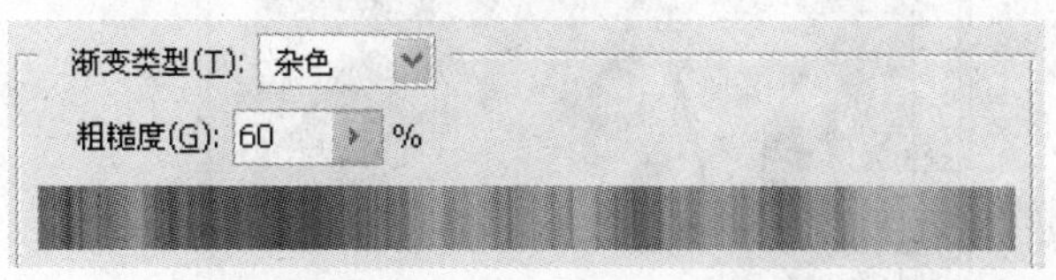

图 4-43 杂色渐变

7）平滑度。平滑度用来设置颜色过渡时的平滑均匀度，数值越大过渡越平稳。

（2）渐变样式 。用于设置渐变颜色的形式，单击工具选项栏上渐变的样式按钮，从左至右先依次是“线性渐变”、“径向渐变”、“角度渐变”、“对称渐变”和“菱形渐变”，填充效果如图 4-44 所示。

图 4-44 渐变类型效果

（3）模式。用来设置填充渐变色和图像之间的混合模式。

（4）不透明度。不透明度用来设置填充渐变颜色的透明度。数值越小填充的渐变色越透明。

（5）反向。如果选择了此复选框，则反转渐变色的先后顺序。

（6）仿色。如果选择了此复选框，可以使渐变颜色之间的过渡更加柔和。

（7）透明区域。如果选择了此复选框，则渐变色中的透明设置以透明蒙版形式显示。

2. 油漆桶工具

使用“油漆桶工具”可以在当前图层或者指定的选区中使用前景色或者图案来填充，单击“油漆桶工具”，其工具选项栏如图 4-45 所示，重要的选项如下。

图 4-45 “油漆桶工具”工具选项栏

（1）填充。用于设置图层、选区的填充类型，包括“前景色”和“图案”两种选项。选择“前景”选项后，填充的颜色与工具箱中的“前景”色一致，如图 4-46 所示。选择“图案”选项后，可以用预设的图案填充，如图 4-47 所示。

图 4-46 用前景色填充

图 4-47 用图案填充

（2）模式。下拉列表中的选项为填充颜色的各种模式。

（3）容差。用于填充时设置填充色的范围，取值范围为 0~255。在文本框中输入的数值越小，颜色范围就越接近；输入的数值越大，选取的颜色范围就越广。

（4）连续的。用于设置填充时的连贯性。

（5）所有图层。勾选该复选框，可以将多图层的图像看做单图层图像一样填充，不受图层限制。

4.2.2 图像的描边

可以使用“描边”命令在图像或选区周围绘制边框。描边效果通过“编辑”菜单中的“描边”实现，也可以通过快捷菜单实现，弹出的对话框如图 4-48 所示。

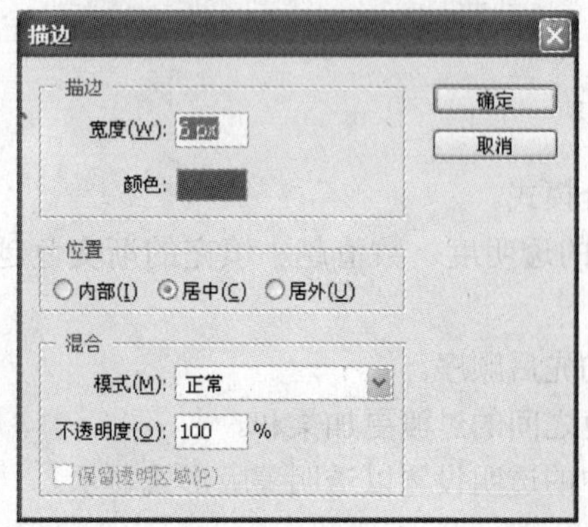

图 4-48 “描边”对话框

在对话框中，描边的位置可以设置为“内部”，如图 4-49（a）所示；“居中”为如图 4-49（b）所示和“居外”为如图 4-49（c）所示。

本节要点：详细介绍渐变工具，渐变工具往往用在绘制一些特殊的立体效果，例如绘制鸡蛋、圆柱体等。

（a）

（b）

（c）

图 4-49　描边效果对比图

上机实例 1：制作栩栩如生的鸡蛋。

1. 制作目的

熟练利用渐变填充工具，制作物体的背光和高光，让鸡蛋栩栩如生。

2. 制作步骤

（1）单击菜单栏“文件”→“新建”，新建一个宽 15 厘米和高 13 厘米名为“明信片”的文件，参数设置如图 4-50 所示。

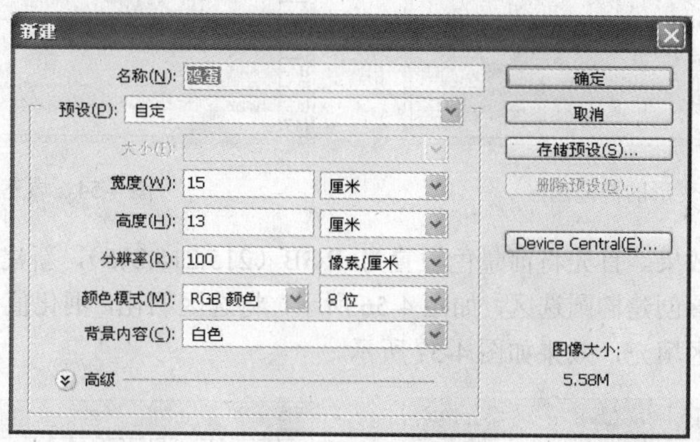

图 4-50　“新建”对话框

（2）将背景填充为 RGB（214,246,186），如图 4-51 所示。

（3）绘制鸡蛋。鸡蛋的主颜色为 RGB（208,170,142），将渐变工具的色标设置为如图 4-52 所示的颜色和位置。

（4）新建图层 1，在图层 1 创建一个椭圆选区，然后适当变形，如图 4-53 所示。使用渐变工具将椭圆选区填充，注意高光区和背光区的绘制，填充起点选择鸡蛋的右上方，终点在左下方椭圆选区的外面一点，效果如图 4-54 所示。

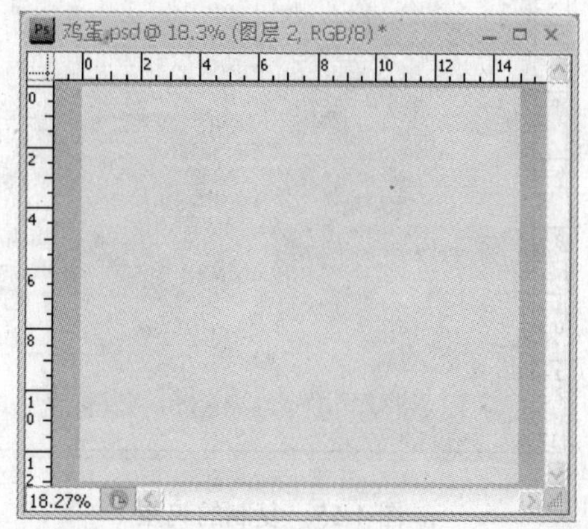

图 4-51　背景填充效果

（5）使用移动工具移动刚绘制的鸡蛋，并按

Alt 键，复制一个一模一样的鸡蛋，并且适当改变其大小和位置，将图层 1 副本移动至图层 1 下面，效果如图 4-55 所示。

图 4-52 色标设置

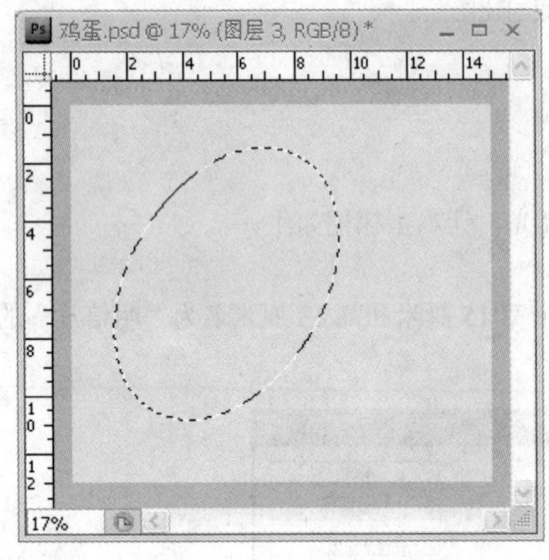

图 4-53 变形的椭圆选区

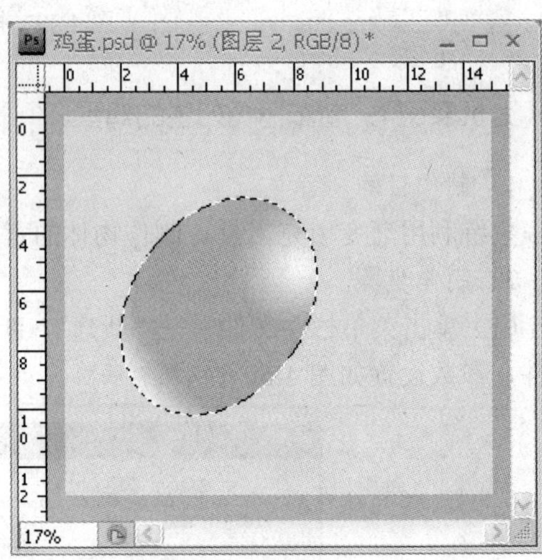

图 4-54 填充效果

（6）制作阴影效果。首先将前景色设置为 RGB（215,215,215），新建图层 2，在图层 2 中在鸡蛋下面的位置创建椭圆选区，如图 4-56 所示，将选区羽化，羽化值设置为 50px。再使用油漆桶工具将选区填充，效果如图 4-57 所示。

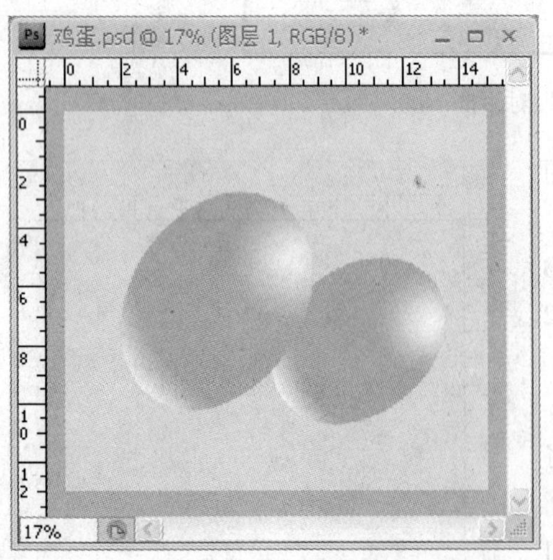

图 4-55 复制的鸡蛋

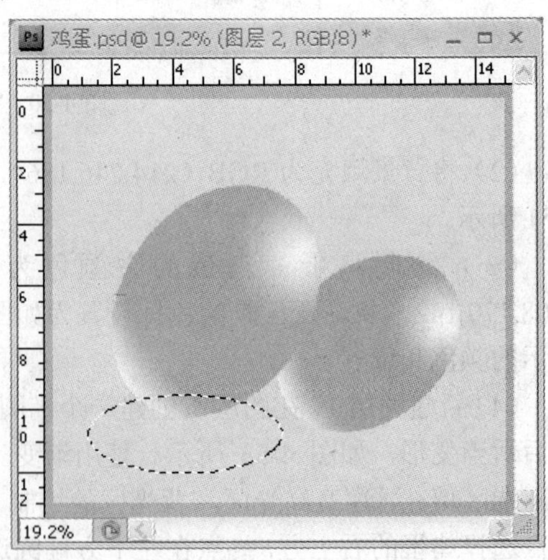

图 4-56 创建椭圆选区

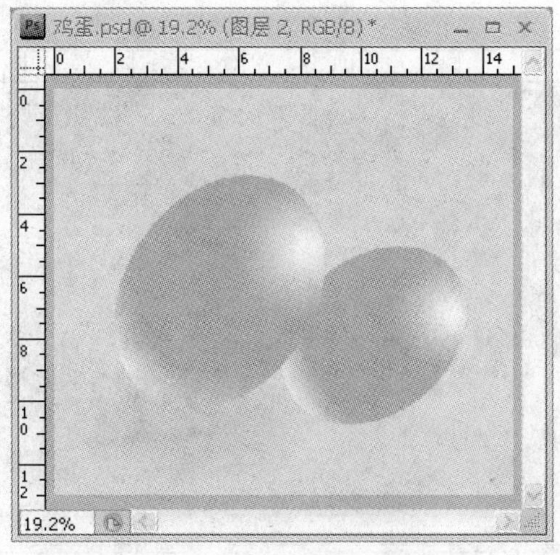

图 4-57　油漆桶填充效果

（7）用同样的方法制作第二个鸡蛋的阴影效果。同时调整图层的位置如图 4-58 所示，使阴影效果在鸡蛋的下面，最终的效果如图 4-59 所示。

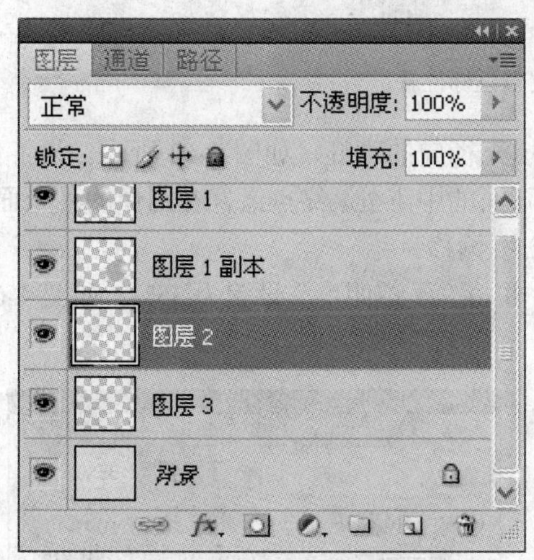

图 4-58　调整图层的位置

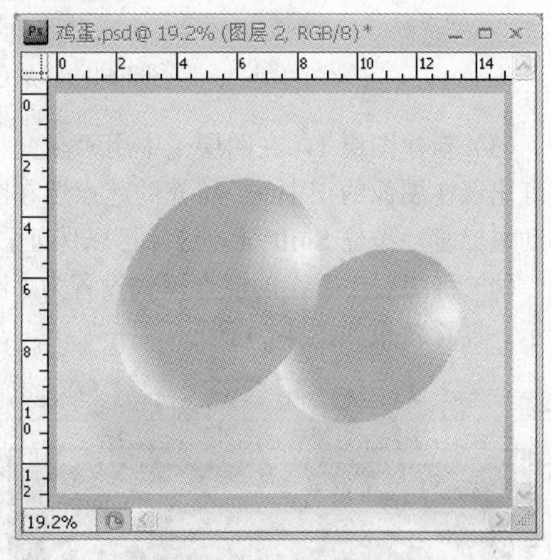

图 4-59　鸡蛋的阴影效果

上机实例 2：制作彩虹效果。

1. 制作目的

熟练利用彩虹预设填充样式，制作彩虹效果。

2. 制作步骤

（1）打开素材文件“沙漠骆驼.jpg”，复制背景图层，如图 4-60 所示。

（2）在工具箱里单击“渐变工具”，单击选项栏中的列表框左边的区域，就会弹出“渐变编辑器”对话框，在其中选择“色谱预设”样式，并调整颜色色标，如图 4-61 所示。

图 4-60　打开素材文件

图 4-61　添加色标和调整色标位置

（3）新建图层 1，在图层 1 中用“渐变工具”填充径向的彩虹，如图 4-62 所示。为了使彩虹出现在图像的正中间，填充的起点选在图像最下面的中点处，终点最好在图像的最上面，移动鼠标时，按住 Shift 键，这样可以保证彩虹重心不偏移。

（4）将图层 1 所在的混合模式设置为“滤色”，并将“不透明度”设置为 35%，如图 4-63 所示。设置效果如图 4-64 所示。

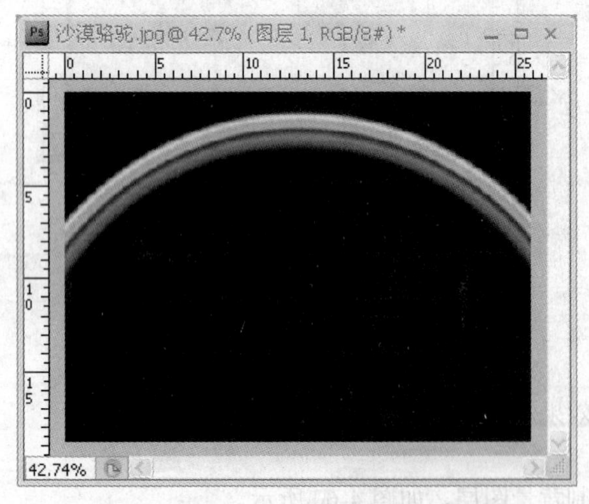

图 4-62　填充彩虹效果

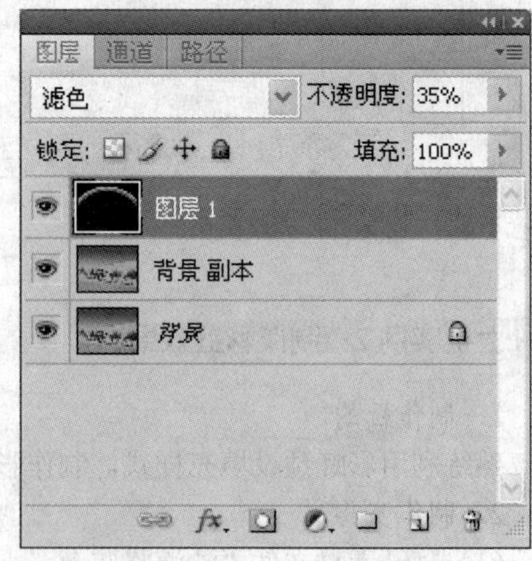

图 4-63　设置图层模式和不透明度

（5）由于彩虹是远景，因此应将沙丘前的彩虹擦掉。最后效果如图 4-65 所示。

图 4-64 设置后的效果

图 4-65 最后效果

上 机 作 业

1．利用提供的素材文件，制作如图 4-66 所示的图像效果，注意小方形之间的间隔要均匀。

图 4-66 电影胶片效果图像

2．绘制如图 4-67 所示的立体图形，注意阴影效果的绘制。

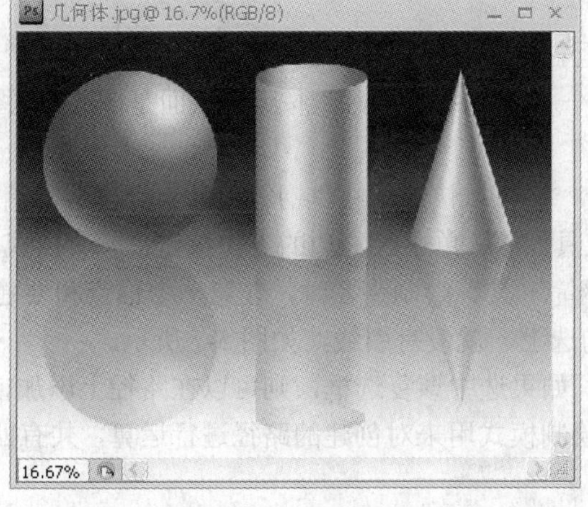

图 4-67 立体图形

第5章 路径与形状

路径是由多个节点组成的矢量线条，是绘制的图形以轮廓线显示。放大或缩小图形对其没有影响，这就是我们经常说的矢量图形。在 Photoshop 中可以创建各种各样的路径，也就是说可以绘制各种各样的矢量图形。

5.1 路径绘制工具

路径绘制工具主要是钢笔工具和自由钢笔工具，如图 5-1 所示。钢笔工具绘制的曲线是贝塞尔曲线（Bezier），它分别是由节点、控制点和控制线组成的，如图 5-2 所示。

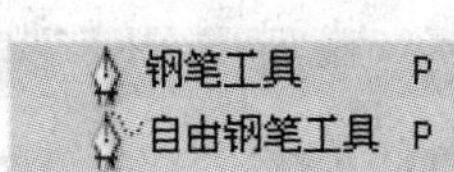

图 5-1　路径绘制工具

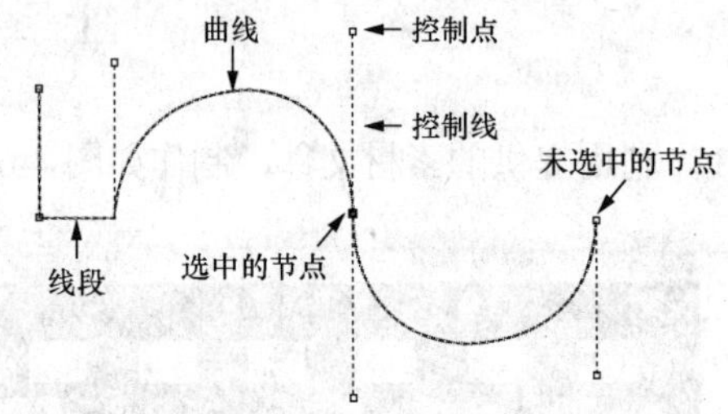

图 5-2　贝塞尔曲线的组成

5.1.1　钢笔工具

"钢笔工具"可以用来绘制多个节点的直线或者曲线。单击工具箱中的"钢笔工具"，其工具选项栏如图 5-3 所示，选项栏中各选项意义如下。

自动添加/删除

图 5-3 "钢笔工具"工具选项栏

（1）。从左至右的功能分别是创建"形状图层"、"路径"和"填充像素"三个按钮。在创建路径的时候，一定要选择"路径"按钮。下面是图 5-4～图 5-6 分别选择不同的按钮得到的效果图。

（2）。可以快速地在"钢笔工具"、"自由钢笔工具"以及"形状工具"之间切换。选择"钢笔工具"，单击最右边的下拉按钮，就会出现"橡皮带"的钢笔选项，勾选此复选框后，用"钢笔工具"绘制路径时，在第一个锚点和要建立的第二个锚点之间会出现一条引线。如果不勾选上，就没有引线，如图 5-7 所示。

（3）自动添加/删除。如果选中该复选框，则可以在路径上添加或者删除锚点。

（4）。路径绘制模式用来对创建的路径进行运算，共有四种路径处理模式，具体操作与选区类似。

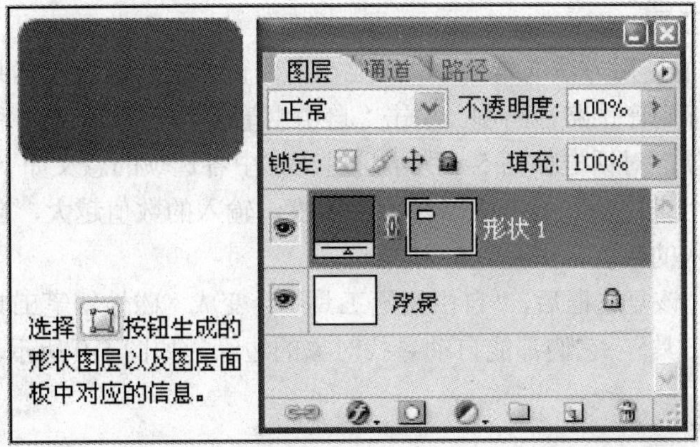

图 5-4　选择“形状图层”按钮绘制的矩形

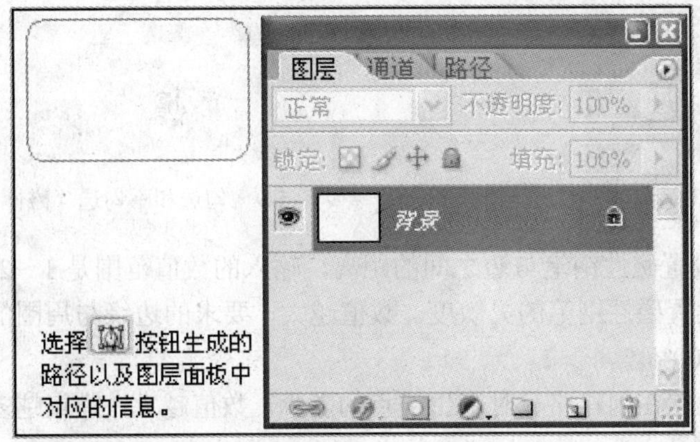

图 5-5　选择“路径”按钮绘制的矩形

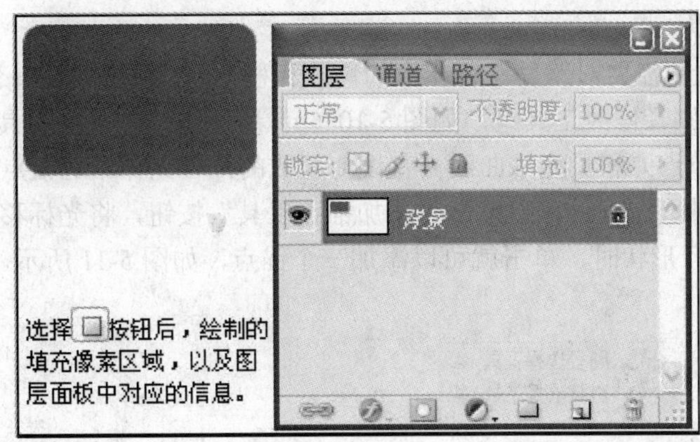

图 5-6　选择“填充像素”按钮绘制的矩形

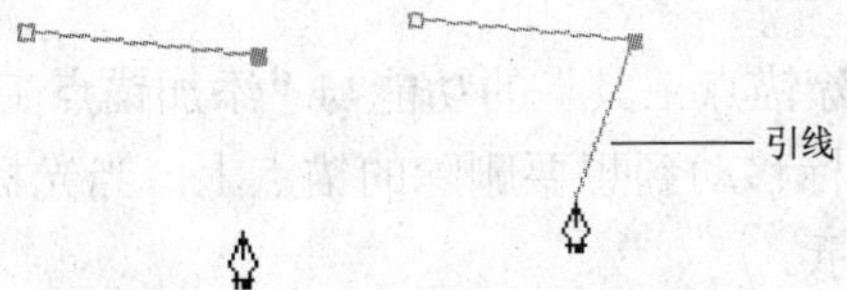

图 5-7　不勾选和勾选“橡皮带”选项对比图

5.1.2　自由钢笔工具

“自由钢笔工具”的使用方法非常简单，只要在工作窗口按住鼠标左键并拖动鼠标就可得到曲线路径，松开鼠标则停止路径绘制。单击“自由钢笔工具”工具选项栏中 图标，就可以弹出“自由钢笔选项”对话框如图 5-8 所示，对话框中各选项的意义如下。

（1）曲线拟合。用来控制光标产生路径的灵敏度，输入的数值越大，自动生成的锚点越少，路径越简单。输入的数值范围是 0.5～10px。

（2）磁性的。勾选该复选框后，“自由钢笔工具”会变成“磁性钢笔工具”，“磁性钢笔工具”类似“磁性套索工具”，它们都能自动寻找对象的边缘，如图 5-9 所示。

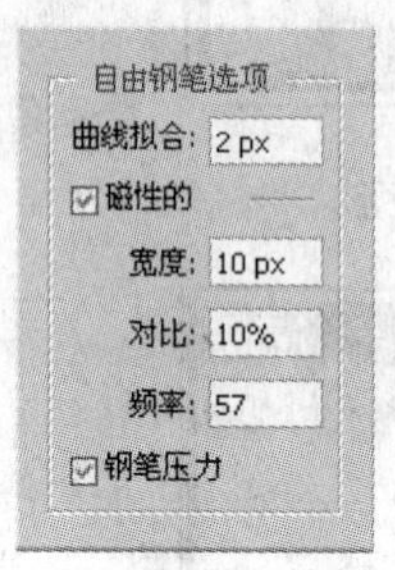

图 5-8 “自由钢笔选项”对话框

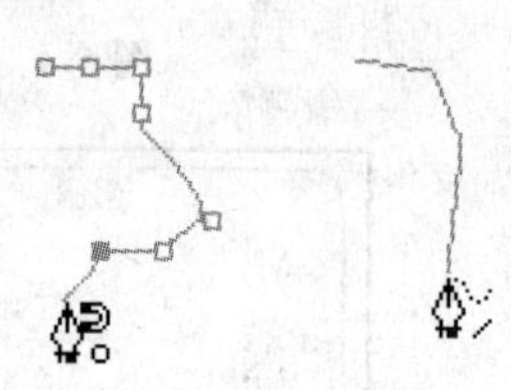

图 5-9　勾选和不勾选“磁性的”选项对比图

1）宽度。用来设置磁性钢笔与边之间的距离，输入的数值范围是 1～256。

2）对比。用来设置磁性钢笔的灵敏度。数值越大，要求的边缘与周围的反差越大。输入的数值范围是 1%～100%。

3）频率。用来设置在创建路径时产生锚点的多少。数值越大，锚点越多。输入的数值范围是 0～100。

4）钢笔压力。增加钢笔压力，会使钢笔在绘制路径时变细。

5.1.3　路径的编辑

绘制好路径后，往往需要对路径进行相应的修改和移动。对路径的编辑有下面两组工具，如图 5-10（a）所示是路径修改工具组，如图 5-10（b）所示是路径选择工具组。

路径是由锚点（节点）和贝塞尔曲线（直线）组成的，首先介绍对锚点编辑的工具。

（1）添加锚点工具。在工具箱中单击“添加锚点工具”按钮，将光标移到要添加锚点的路径上，在光标变成 形状时，单击就可以添加一个锚点，如图 5-11 所示。

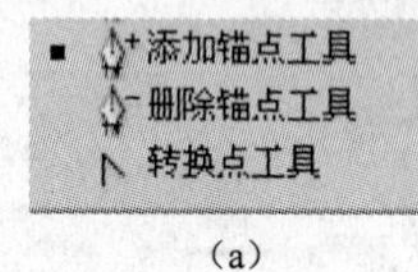

（a）

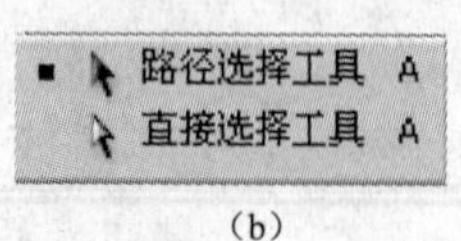

（b）

图 5-10　路径编辑工具

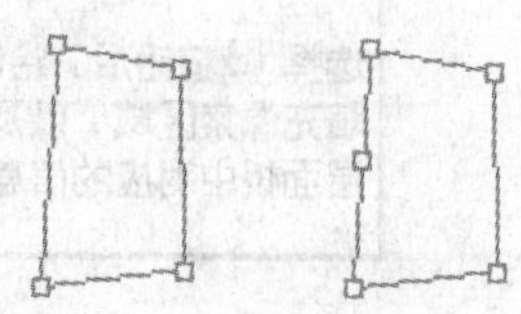

图 5-11　在路径上添加锚点

（2）删除锚点工具。“删除锚点工具”的功能与“添加锚点工具”相反。在工具箱中选中“删除锚点工具”按钮，把光标移动到想要删除的锚点上，当光标变成 形状时，单击即可将该锚点删除，如图 5-12 所示。

（3）转换点工具。使用“转换点工具”是通过将路径上的锚点在角点和平滑点之间互相转换，实现路径在直线和平滑曲线间的转换。在工具箱中选中“转换点工具”，在路径的平滑点上单击可将平滑点转换为角点；拖曳路径上的角点可将角点转换为平滑点，并可以通过控制线来控制曲率，如图 5-13 所示。

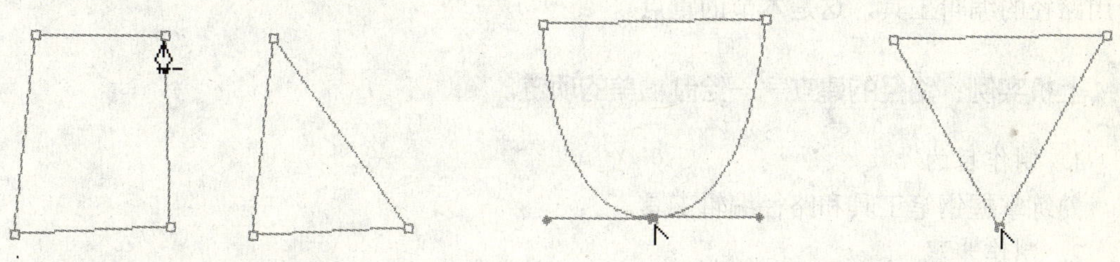

图 5-12 在路径上删除锚点　　图 5-13 角点与平滑点相互转换

接着，介绍路径选择工具。

（1）路径选择工具。使用工具箱中的“路径选择工具”可以快速选择一个或几个路径并对其进行移动、组合、排列、分布和变换等操作（按住 Shift 键可以同时选中几个路径），其工具选项栏如图 5-14 所示，各选项的意义如下。

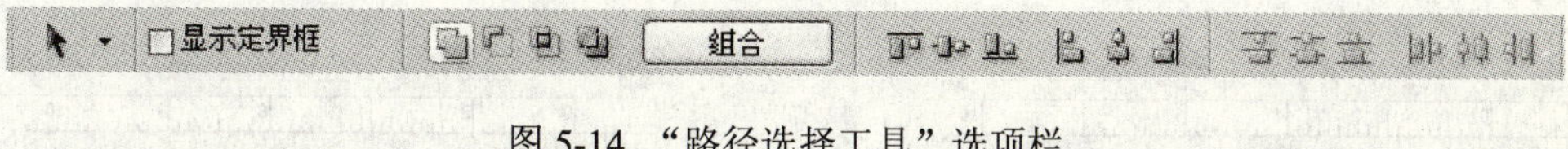

图 5-14 “路径选择工具”选项栏

1）显示定界框。如果勾选该复选框，将会在该路径外围显示变形控制框，可以用来对路径进行变形处理。

2）组合。选择一种路径的运算方式，然后单击“组合”按钮，系统将按照各路径之间的运算关系对路径进行合并运算，并且合并为一个路径对象。进行组合之前，一定要选中两个或两个以上的路径对象，如图 5-15 所示。

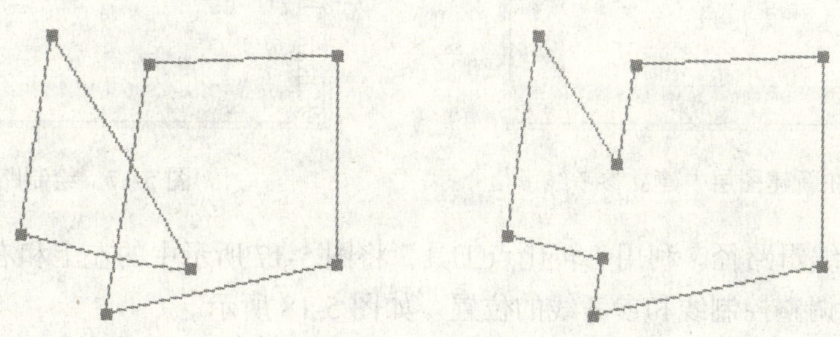

图 5-15 选中两个路径并进行合并组合

3）对齐。选择两个或两个以上的路径后，可以对它们进行排列对齐。包括顶部对齐、垂直中心对齐、底部对齐、左对齐、水平中心对齐、右对齐 6 种方式。

4）分布。选择了 3 个或 3 个以上的路径后，可以对它们进行均匀分布。包括按顶分布、垂直居中分布、按底分布、按左分布、水平居中分布、按右分布 6 种方式。

（2）直接选择工具。使用方法是在工具箱中单击按钮，然后在路径上单击需要修改的某个锚点，通过鼠标的拖动就可以改变锚点的位置或者形态。

对路径的编辑，除了上面介绍的两组工具，也可以对路径像对选区一样的“变换”，即对路径进行“缩放”、“旋转”和“斜切”等变换。

本节要点：主要介绍了绘制路径及适量图形的钢笔工具和自由钢笔工具，对其选项栏中的重要选项做了详细的说明和对比。绘制满意的路径还需要对路径做适当的修改，如何灵活使用路径的编辑工具，这是本节的重点。

上机实例：路径的建立——绘制精美的项链。

1. 制作目的

熟练掌握钢笔工具和路径编辑工具。

2. 制作步骤

（1）单击菜单栏“文件”→“新建”，新建一个宽 10 厘米和高 10 厘米，名为“珍珠项链”的文件。

（2）新建一个图层，准备在新图层中绘制“心形”路径。为了精确绘制出“心形”路径，在新建图层中建立了如图 5-16 所示的参考线。

（3）利用“钢笔工具”在图层 1 中绘制如图 5-17 所示的路径，注意在绘制水平线时按住 Shift 键。

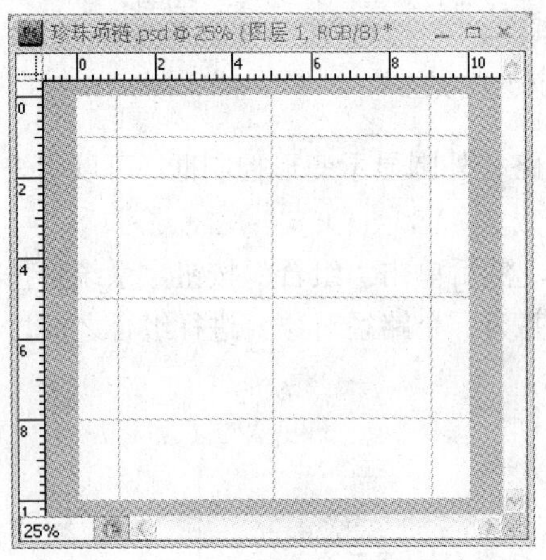

图 5-16 在新建图层中建立参考线

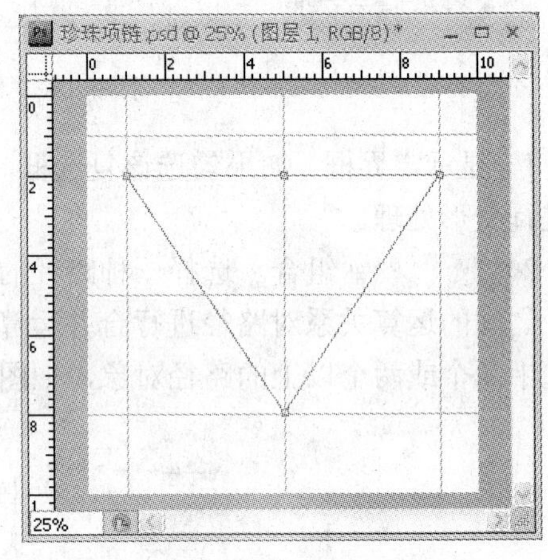

图 5-17 绘制路径

（4）修改和编辑路径。利用“转化点工具”将图 5-17 所示中的左上和右上的锚点，修改成平滑点，注意调整控制线和参考线的位置，如图 5-18 所示。

（5）将前景色调整为 RGB（171,13,237），在工具箱中选择“钢笔工具”并将“画笔笔尖形状”设置如图 5-19 所示，然后利用前景色描边路径，如图 5-20 所示。

（6）在路径上添加珍珠颗粒。在工具箱中选择“钢笔工具”并将“画笔笔尖形状”设置为如图 5-21 所示，然后利用前景色描边路径，如图 5-22 所示。

（7）添加珍珠的高光区。将前景色设置为 RGB（0,0,0），将“画笔笔尖形状”设置为如图 5-23 所示，然后利用前景色描边路径，如图 5-24 所示。

（8）打开素材文件“卡通人物.jpg”，将做好的项链给素材人物带上，如图 5-25 所示。制作过程可以参考第 2 章的方法。

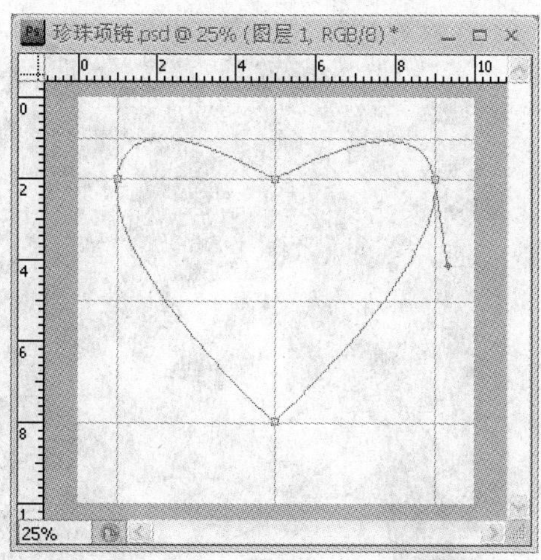

图 5-18　路径编辑成心形路径

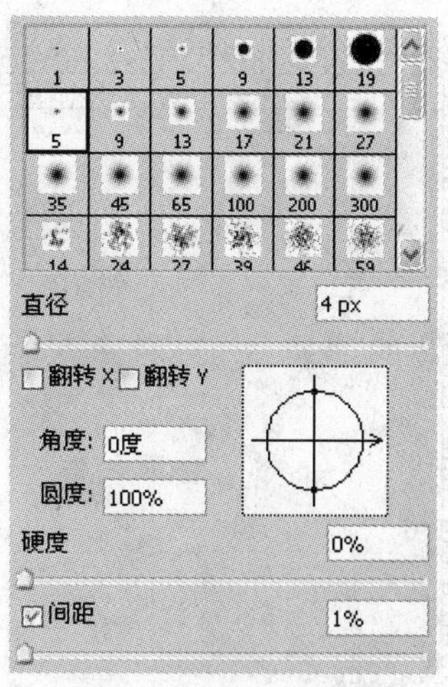

图 5-19 “笔尖形状”设置

图 5-20　路径描边

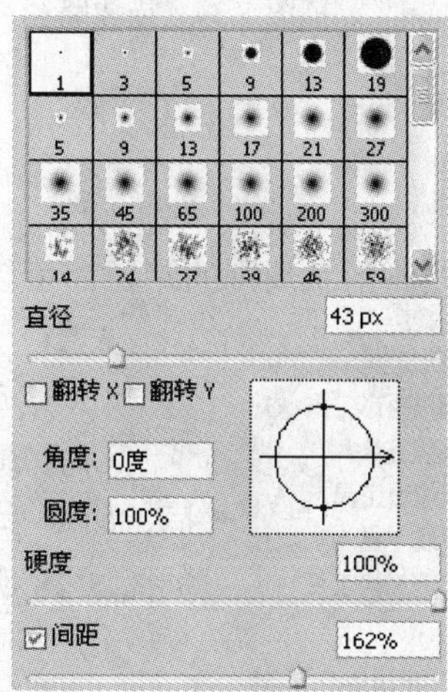

图 5-21 “笔尖形状”设置

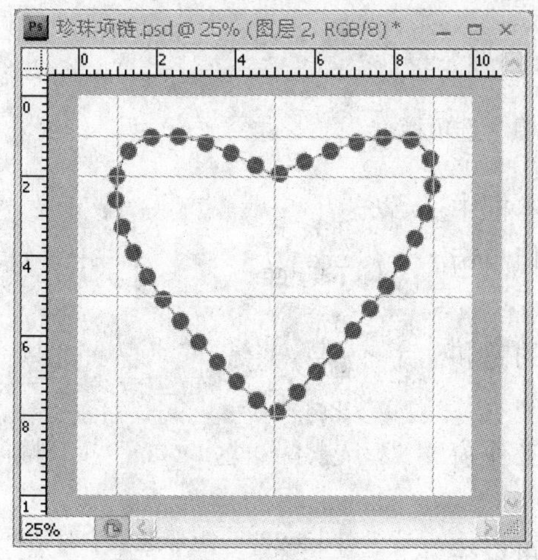

图 5-22　描边路径

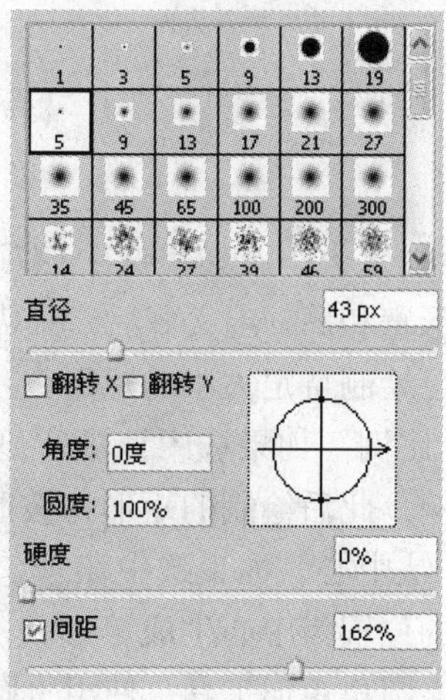

图 5-23 “笔尖形状”设置

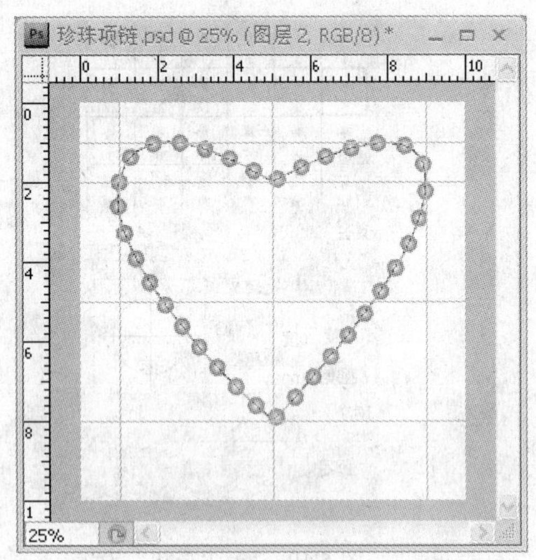

图 5-24 描边路径

图 5-25 为素材人物戴上项链

5.2 形 状 工 具

要绘制形状规则的路径，可以借助于形状工具组，形状工具组如图 5-26 所示。

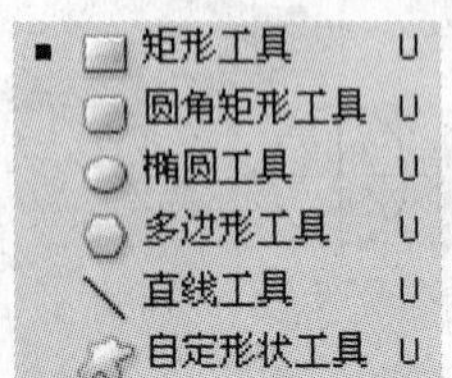

图 5-26 形状工具组

5.2.1 创建形状

1. 矩形工具和圆角矩形工具

（1）矩形工具。“矩形工具”选项栏和“钢笔工具”选项栏基本相同，如图 5-27 所示，但是在“矩形选项”对话框中选项是大不一样的，如图 5-28 所示，各选项的意义如下。

1）不受约束。如果选中该项，则可以绘制任意尺寸的矩形，不受宽、高的限制。

2）方形。如果选中该项则绘制出的是正方形。

图 5-27 “矩形工具”选项栏

3）固定大小。如果选中该项，则可以在文本框中输入矩形宽和高。定义好后，只需在当前工作窗口单击鼠标即可绘制特定大小的矩形。

4）比例。如果选中该项，则可以定义矩形的宽和高的比例，此后绘制的矩形将按照此比例生成。

5）从中心。如果选中该项，则将以鼠标在工作窗口单击的位置为中心生成矩形。

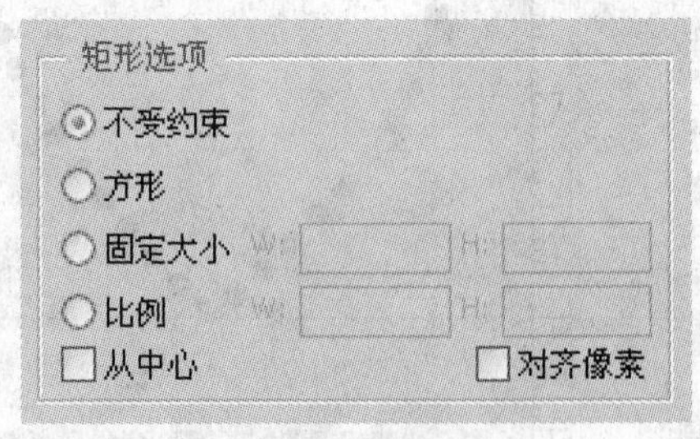

图 5-28 “矩形选项”对话框

（2）圆角矩形工具。使用“圆角矩形工具”可以绘制具有平滑边缘的矩形，并通过设置工具选项栏中如图 5-29 所示的“半径”值来调整 4 个圆角的半径，输入的值越大，4 个角就越圆滑，如图 5-30 所示是半径为 10px 的圆角矩形。

图 5-29 “圆角矩形工具”选项栏

2. 椭圆工具

在“椭圆选项”对话框中各选项的意义基本和“矩形选项”对话框相同，如图 5-31 所示。

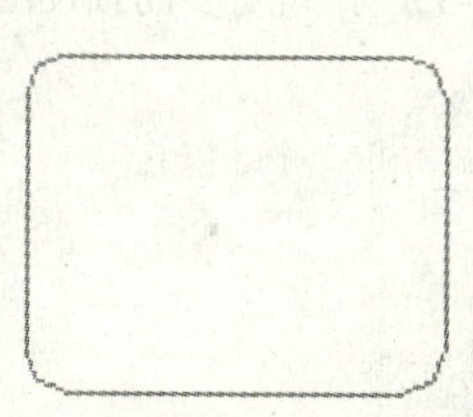

图 5-30 半径为 10px 的圆角矩形

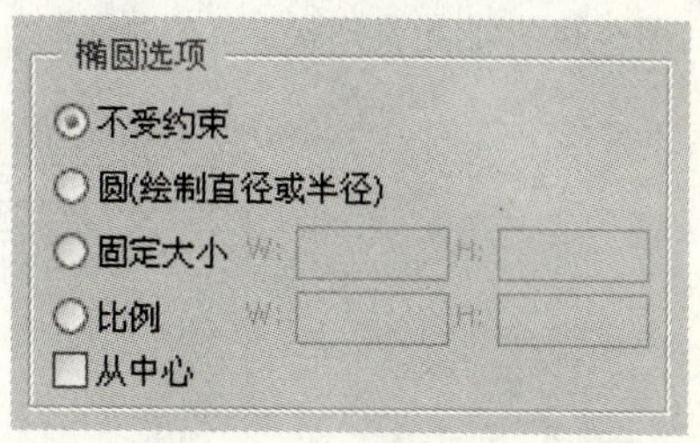

图 5-31 “椭圆选项”对话框

3. 直线工具

“直线工具”可以用来绘制不同粗细的直线或带有箭头的线段，在工具箱中单击直线工具按钮，其“直线工具”选项栏如图 5-32 所示，单击就会弹出如图 5-33 所示的“箭头”对话框，对话框中各选项的意义如下。

图 5-32 “直线工具”选项栏

图 5-33 “箭头”对话框

（1）粗细选项。设定绘制线段或箭头的粗细，数值越大，直线越粗。

（2）起点与终点。通过勾选复选框来设置箭头的方向。

（3）宽度和长度。设置箭头的宽度和长度与线宽的倍率。数值越大，箭头的宽度或长度越大。

（4）凹度。设置箭头的凹凸度，数值为正数时，箭头尾部向内凹；数值为负数时，箭头尾部向外凸。

5.2.2 自定义形状

“自定义形状工具”可以在图像中绘制一些特殊的图形和自定义图案。系统预置了很多形状，如图 5-34 所示。如果需要更多的预设图形，可以单击按钮，在出现的对话框选择“全部”，在“自定义形状工具”对话框就会出现更多的预设图形，如图 5-35 所示。

使用预设的图形创建路径，也可以使用路径的编辑工具对图形进行修改。如图 5-36 所示，在图中可以添加或减少锚点，也可以使用“直接选取工具”对锚点进行移动操作。

本节要点：主要介绍了形状工具，利用形状工具可以很容易创建复杂路径，路径的编辑和修改尤为重要。

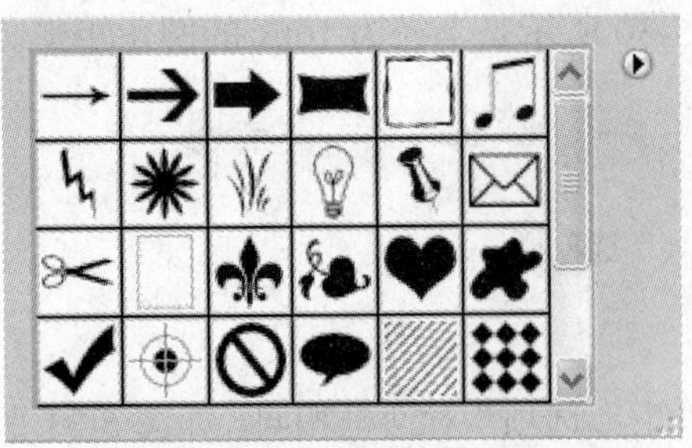

图 5-34 “自定义形状工具”对话框

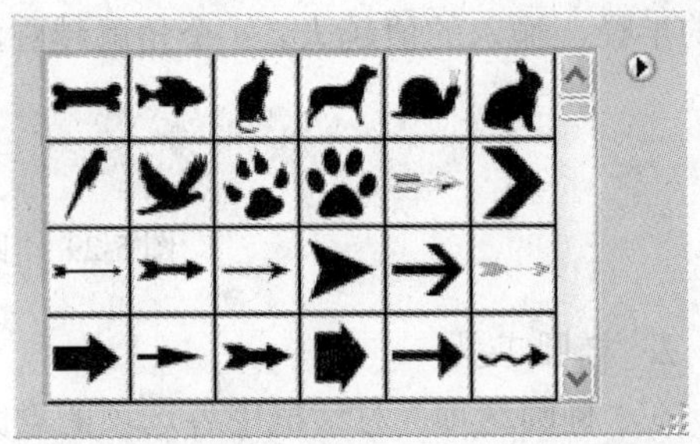

图 5-35 出现更多的预设图形

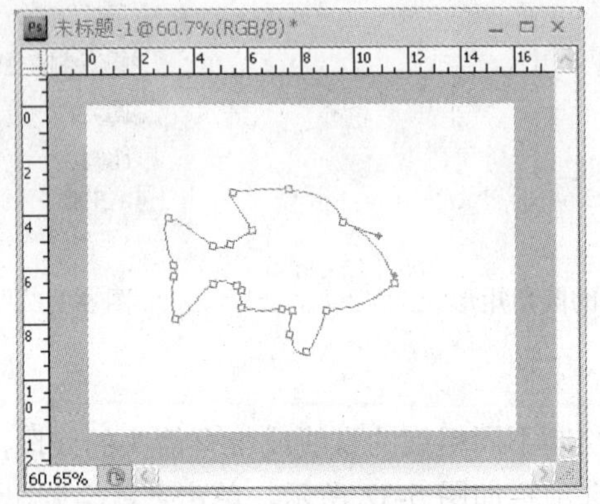

图 5-36 修改形状路径

上机实例：利用形状工具——绘制闪闪的红星。

1. 制作目的

熟练掌握形状工具和路径编辑工具。

2. 制作步骤

（1）单击菜单栏“文件”→“新建”，新建一个宽 10 厘米和高 10 厘米名为“闪闪的红星”的文件，参数设置如图 5-37 所示。

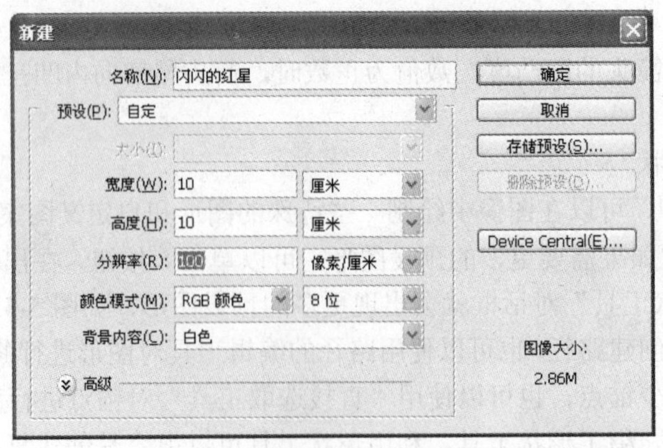

图 5-37 新建文件

（2）为了方便确定五角星的位置，在背景图层中建立如图 5-38 所示的参考线。

（3）新建图层 1，在新建图层中绘制五角星。在“多边形工具”选项栏中设置边为 5，“多边形选项”对话框中参数设置如图 5-39 所示，为了使五角星的中心刚好和图像的中心重合，开始绘制的“十字”图标要和参考线的中心重合，绘制的五角星路径如图 5-40 所示。

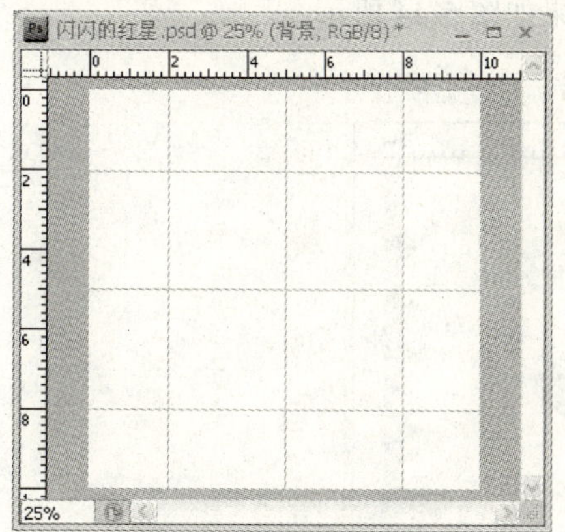

图 5-38 建立参考线

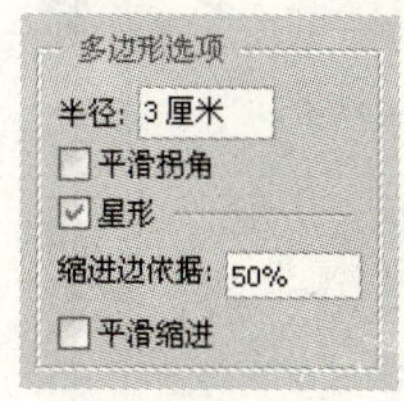

图 5-39 “多边形选项”对话框

（4）将前景色设置为 RGB（242,16,69），将路径填充，填充效果如图 5-41 所示。

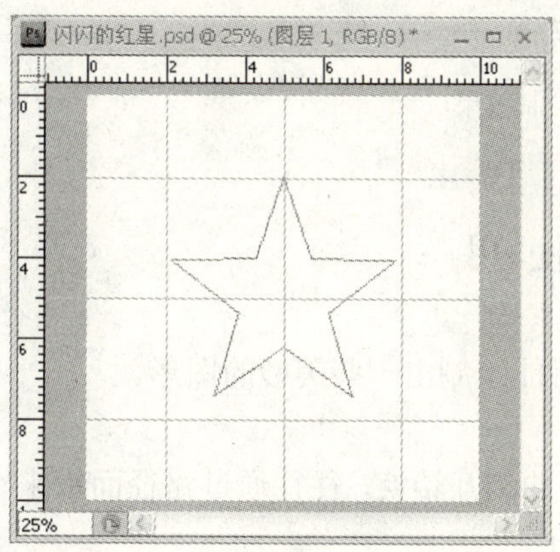

图 5-40 五角星路径绘制效果

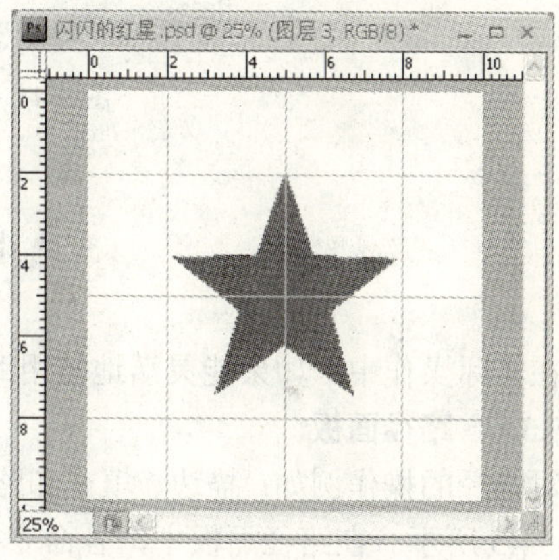

图 5-41 五角星填充效果

（5）为了使五角星有立体效果，将前景色设置为 RGB（213,51,85），并且绘制一个三角形子路径，并且填充前景色，如图 5-42 所示。最后填充的效果如图 5-43 所示。

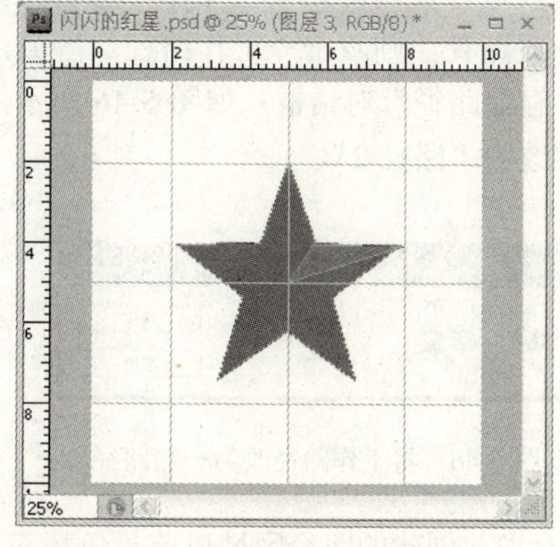

图 5-42 绘制三角形路径填充

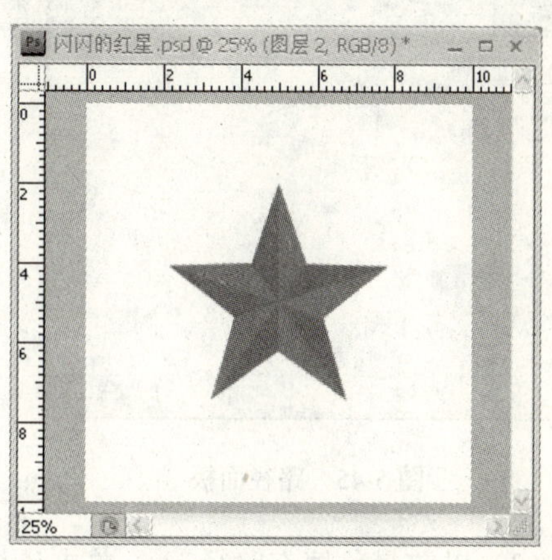

图 5-43 五角星效果

（6）绘制五角星发出的光芒。使用直线工具，“粗细”为 5px，绘制出 12 条直线，围绕在五角星的周围，并填充为 RGB（223,236,10），效果如图 5-44 所示。

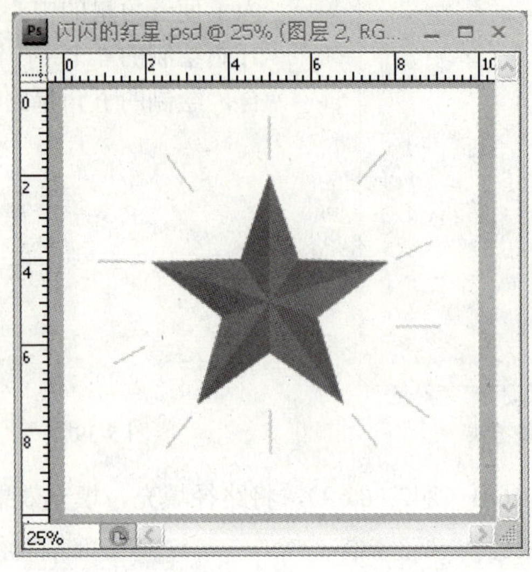

图 5-44　闪闪的红星绘制效果

5.3 路径的使用

在实际操作中，如果能灵活地使用路径工具，就能绘制出一些美妙的图形。

5.3.1 路径面板

对路径的操作例如：描边、填充和路径以及选区的相互转换，往往通过路径面板来实现，如图 5-45 所示。在路径面板中，各命令按钮含义如下。

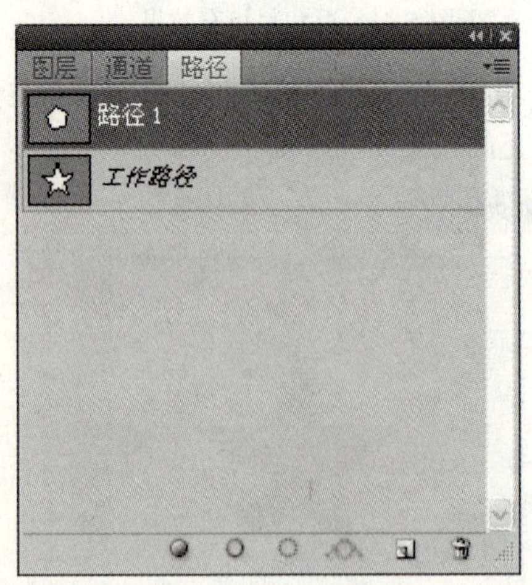

（1）路径。用于存放当前文件中创建的路径，在存储文件时路径会被储存到该文件中。

（2）工作路径。一种用来定义轮廓的临时路径，不可以进行复制。如果在操作中想将工作路径改为一般路径，则双击“工作路径”区域，在弹出的“存储路径”对话框，如图 5-46 所示，将路径名称改为“路径 2”。

图 5-45　路径面板

图 5-46　将工作路径改为一般路径

（3）以前景色填充路径。单击该按钮，可以对当前创建的路径区域以前景色填充。

（4）用画笔描边路径。单击该按钮，可以对当前创建的路径描边。

（5）将路径作为选区载入。单击该按钮，可以将当前路径转换为选区。

（6）从选区生成路径。单击该按钮，可以将选区转换为路径（图像中有选区时此按钮才可用）。

（7）创建新路径。单击该按钮，可以在图像中新建路径。

（8）删除路径。选定要删除的路径，单击该按钮，可以删除当前选择的路径。

（9）菜单按钮。单击该按钮，可以打开“路径”调板的下拉菜单。如图5-47所示，也可以通过菜单命令对路径进行同样的操作。

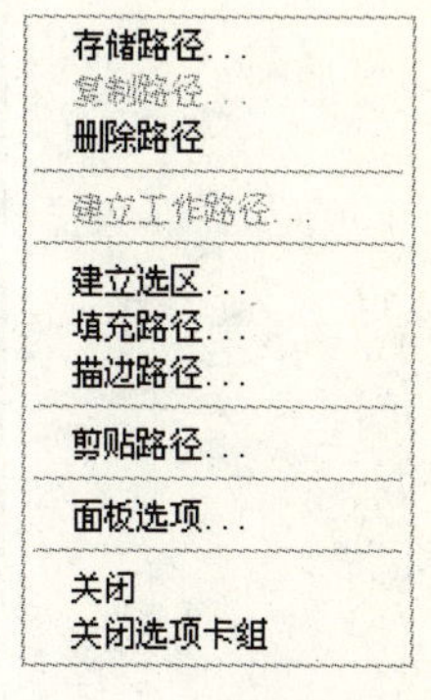

图5-47 路径操作菜单

5.3.2 路径与选区

路径与选区是可以相互转化的，但是它们在操作中有着明显的不同。

（1）路径是矢量图形，而选区不是。

（2）利用路径工具可以创建复杂的图形，而选区工具做不到。因为路径编辑工具可以对路径的节点进行很细致的修改，而选区编辑工具也做不到。

（3）路径可以用画笔或其他工具描边，而选区的描边形式非常单一。路径和选区的描边对话框如图5-48、图5-49所示。

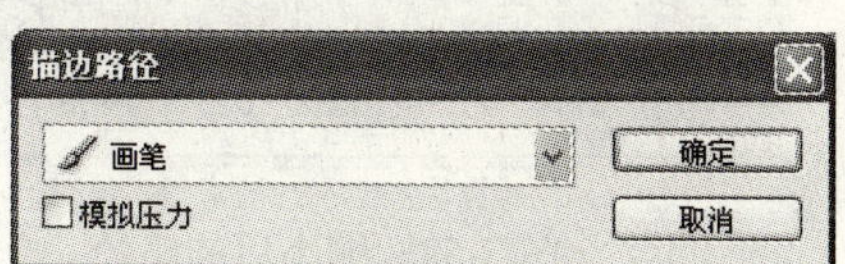

图5-48 “描边路径”对话框

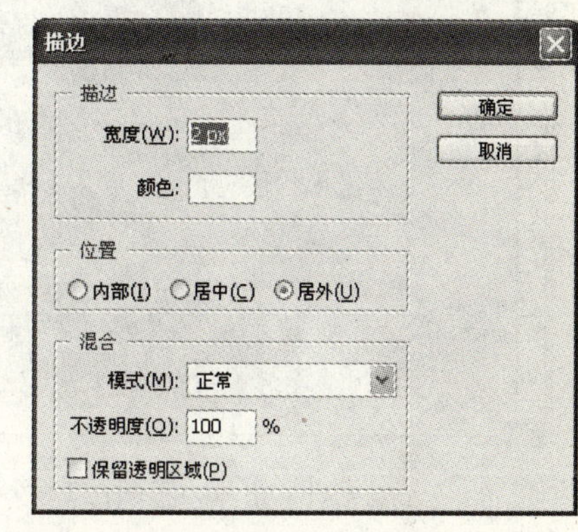

图5-49 “描边”对话框

本节要点：掌握选区和路径的区别，在实际操作中使用路径工具要比使用选区工作方便很多。

上机实例：利用路径描边——制作精美邮票。

1. 制作目的

熟练掌握路径工具。

2. 制作步骤

（1）单击菜单栏“文件”→“新建”，新建一个宽12厘米和高10厘米名为“精美邮票”的文件，参数设置如图5-50所示。

（2）将前景色调整为RGB（17,137,213），然后填充背景图层，如图5-51所示。

（3）新建图层1，全选（按快捷键Ctrl+A）图层1区域创建选区，将创建的选区转换成路径，转换的方法可以通过单击鼠标右键选择“建立工作路径”命令或通过路径面板上的按钮来实现，变换路径（按快捷键Ctrl+T），等比例从中间缩小路径（按住Alt+Shift），如图5-52所示。

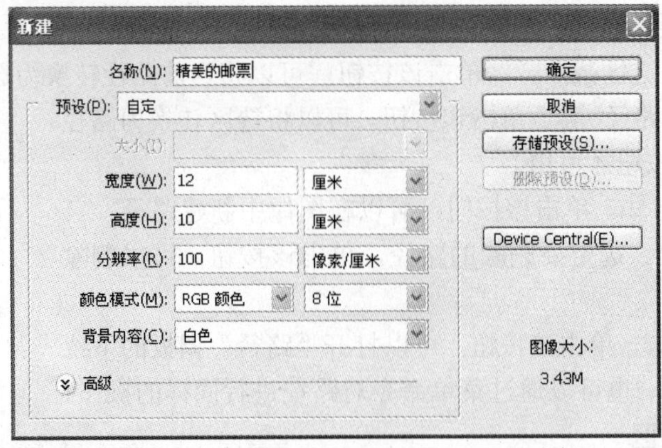

图 5-50 新建文件

图 5-51 填充背景图层

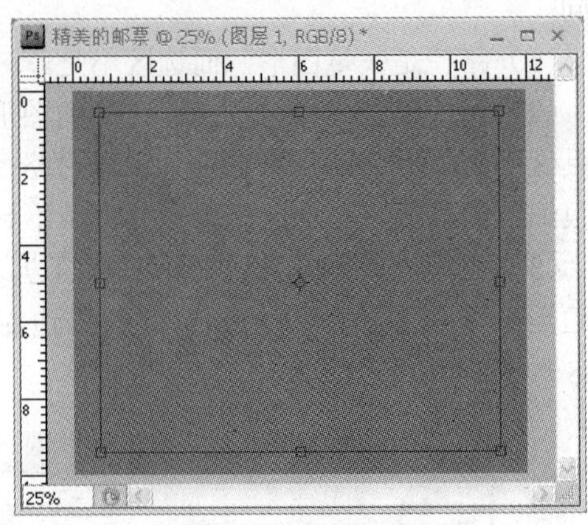

图 5-52 缩小后的路径

（4）用“路径选择工具”选中路径，将路径填充为白色。然后将前景色设置为黑色，将路径描边，如图 5-53 所示。

（5）将路径隐藏（按快捷键 Ctrl+H），用魔棒工具选中白色区域，然后反选，按 Delete 键清除黑色画笔描边的区域，使邮票的边沿有锯齿效果，如图 5-54 所示。

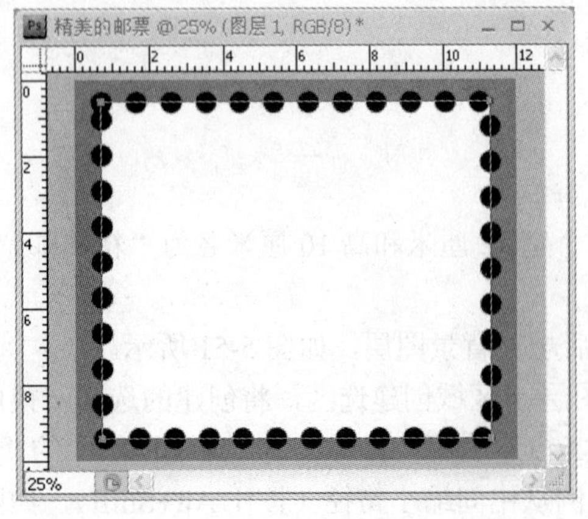

图 5-53 路径填充和描边

图 5-54 锯齿形效果

（6）显示并选中路径（按快捷键 Ctrl+H）或者在路径面板中选择，将路径等比例缩小并填充为 RGB（226，248，121），如图 5-55 所示。

（7）将前景色设置为 RGB（140,142,131），画笔设置为如图 5-56 所示，然后对路径描边，如图 5-57 所示。

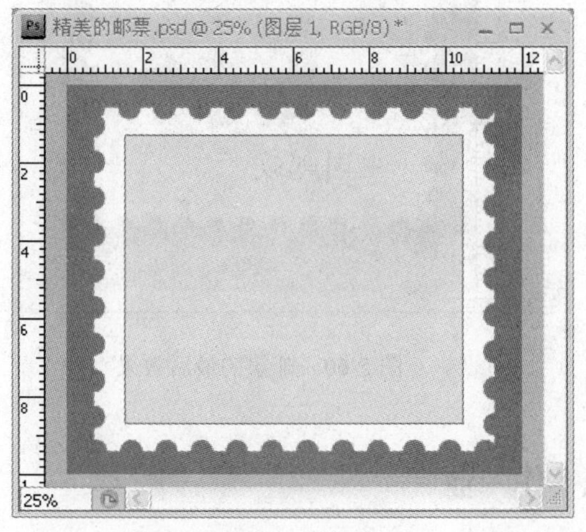

图 5-55 缩放路径

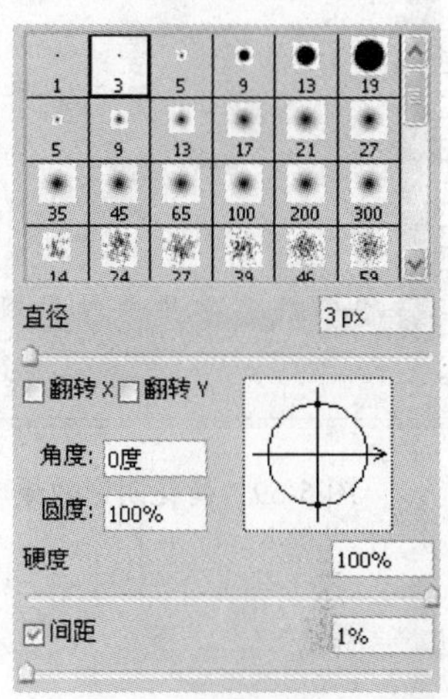

图 5-56 画笔参数设置

（8）打开素材中的“荷花.psd”，将荷花移动到邮票中，调整其大小。添加荷花的阴影效果，首先选中荷花，移动时按 Alt 键，这样就会复制荷花图像，并且复制的荷花在图层 2 副本中，如图 5-58 所示。将图层 2 的荷花移动，使两朵荷花错开一定位置，并设置图层 2 的不透明度为 14%，效果如图 5-59 所示。

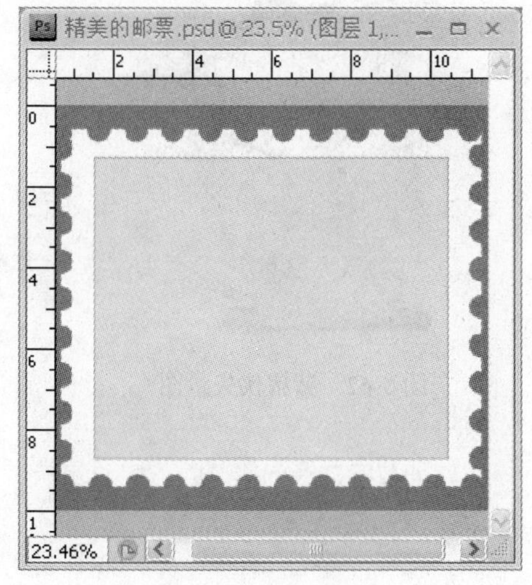

图 5-57 描边效果

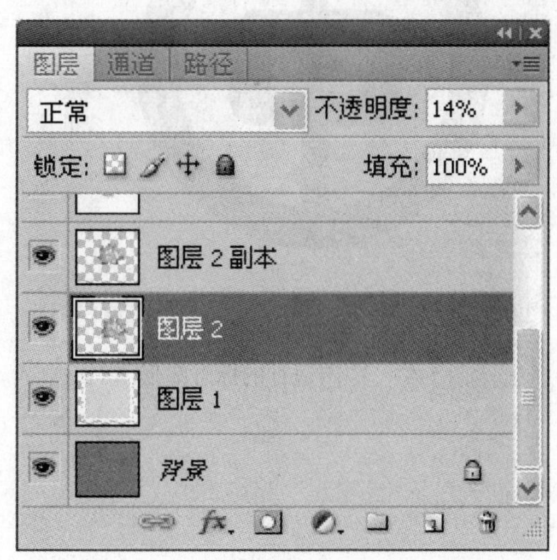

图 5-58 图层不透明度设置

（9）添加文字，完成邮票的最后效果，如图 5-60 所示。

图 5-59 荷花阴影效果

图 5-60 邮票的最后效果

上 机 作 业

1．使用路径工具绘制如图 5-61 所示的矢量图形。

图 5-61 中国银行的标志图形

2．绘制如图 5-62 所示的矢量图形，绘制过程有些难度，要灵活应用路径和选区，掌握选区的渐变填充技巧。

图 5-62 猪猪侠矢量图

第6章 图　　层

Photoshop图层就如同堆叠在一起的透明纸，每一层透明纸上都有相应的内容。如果要修改图像中的内容，只需要在相应的图层中修改就可以，而不会影响其他图层中的内容，这样图像处理就更加方便。

6.1 图层面板和图层类型

6.1.1 图层面板

对图层的有关操作是通过图层面板来实现的，如图6-1所示。图层面板可以用来选择图层、新建图层、删除图层、隐藏图层等。图层面板可以通过菜单“窗口”→“图层”就可以打开。

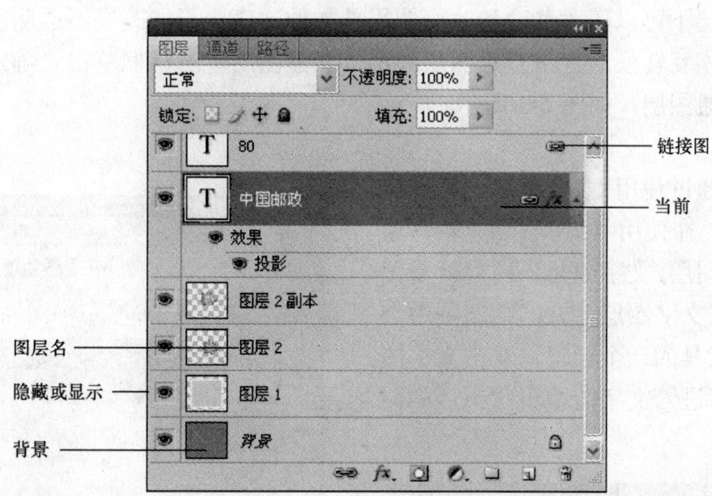

图6-1 图层面板

（1）眼睛图标。用来显示和隐藏图层。当图标显示为👁时，表示当前图层处于显示状态；当图标不显示👁时，则表示当前图层处于隐藏状态，任何图像编辑对此图层不产生影响。单击眼睛图标👁可以随时切换显示和隐藏状态。

（2）图层名称。为了识别方便，每个图层都可以定义一个名称来区分。默认名称为“图层1、图层2”，双击图层名称可以更改图层的名称。

（3）当前图层。在图层面板中以深蓝色显示的图层就是当前图层。一幅图像只有一个当前图层，通常编辑也只对当前图层有效。在图层面板中单击任意一个图层，该图层就变为当前图层。

（4）链接图层。有链接图标的图层为链接图层，它们之间有互相链接的关系，当进行图层移动、旋转或变换操作时，链接图层也随之发生变化。如单独操作独立图层就要先解除链接。

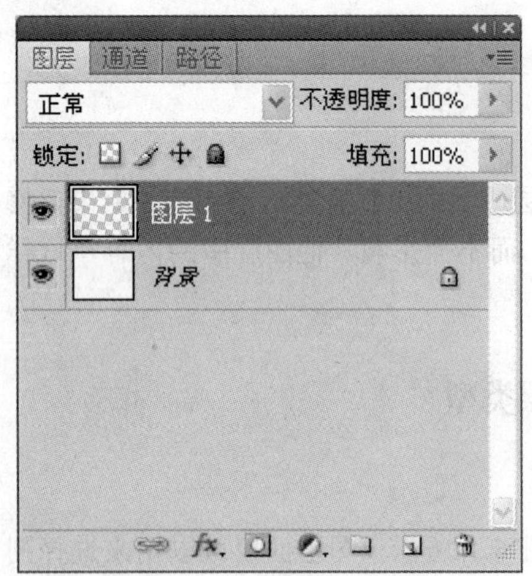

图 6-2 新建的普通图层“图层 1”

6.1.2 图层类型

Photoshop CS4 中可以创建各种各样的图层，例如背景图层、蒙版图层、文字图层等。

1. 普通图层

普通图层是在图层中应用最多的图层。选择“图层”→“新建”命令，或直接在“图层”面板下方单击按钮，即可创建普通图层。

新建的普通图层通常是透明的，在把背景层隐藏后看到图层显示为灰白色方格，表示为透明区域，如图 6-2 所示。可以通过工具箱中的工具和菜单中的各种图像编辑命令在普通图层上进行编辑和使用。

2. 背景图层

背景图层是位于所有图层的最下方，是不透明的图层。背景图层不可以随意移动和改变图层叠加的次序，不能改变不透明度。但背景图层和普通图层可以相互转换。双击背景图层弹出“新建图层”对话框单击“确定”按钮即可使背景图层转为普通图层，如图 6-3 所示。

3. 文本图层

文字图层是通过使用“文字工具”而产生的一种特殊图层。在使用“文字工具”时，系统会自动创建该图层，文字的输入内容就是图层的名称，并且在文字图层前方的缩略图中有一个“T”文字工具的一个标记，双击文字图层“T”标记，可进入文字的编辑状态，如图 6-4 所示。

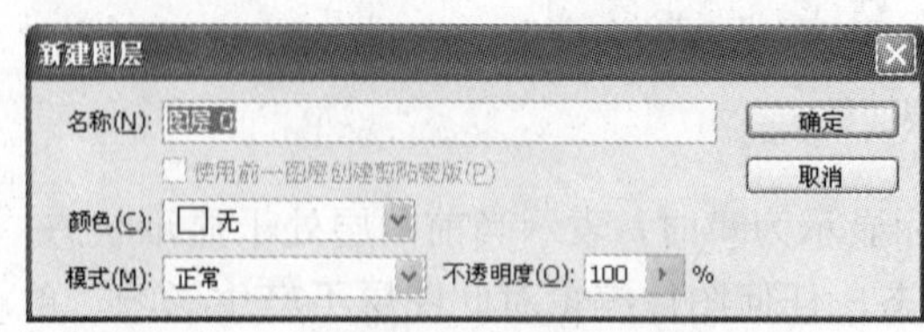

图 6-3 将背景图层转为普通图层

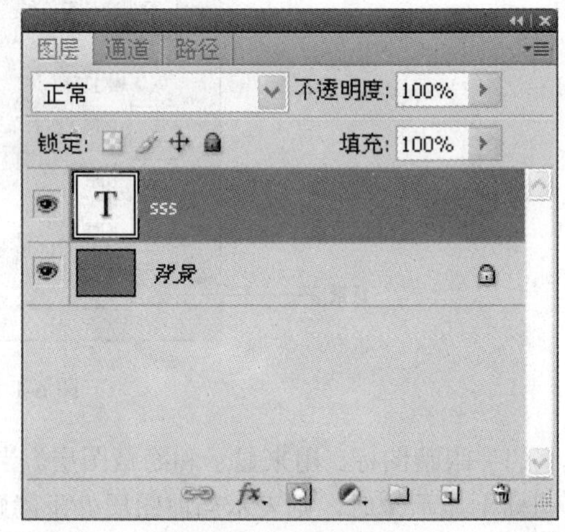

图 6-4 文字图层

文字图层是含有该图层的文字内容和文字格式信息的图层，在对该图层的添加效果时有时需要将文字图层转换为普通图层来编辑，系统会强制弹出对话框，如图 6-5 所示。要将文字图层栅格化，也就是说转换为普通图层，单击“确定”按钮就可以。也可选择“图层”→“栅格化”→“文字”命令，可以把当前的文字图层转换为普通图层。

4. 形状图层

形状图层是使用工具箱中的形状工具，且在“形状工具”选项栏中选择按钮后，在图像中创建图形后，就会在图层面板中自动建立的图层，在图层前面缩略图的右边是图层的矢量蒙版缩略图，如图 6-6 所示。

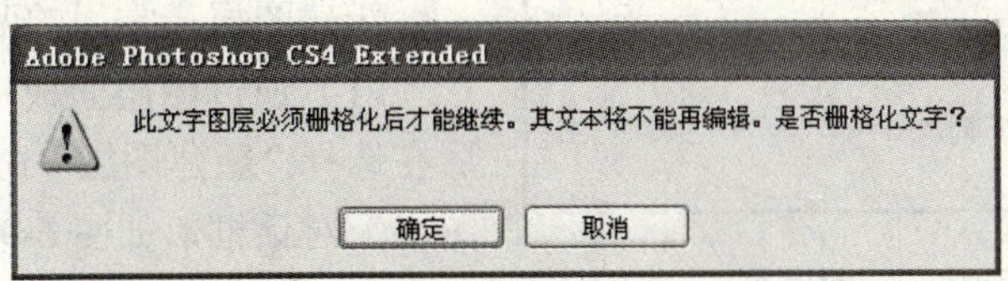

图 6-5　文字图层栅格化

5. 调整与填充图层

调整图层可将颜色和色调调整应用于图像，而不会永久更改像素值。比如可以创建“色阶”或“曲线”调整图层，而不是直接在图像上调整“色阶”或“曲线”。颜色和色调调整存储在调整图层中，并应用于它下面的所有图层。如果需要可以随时扔掉更改并恢复原始图像，如图 6-7 所示。

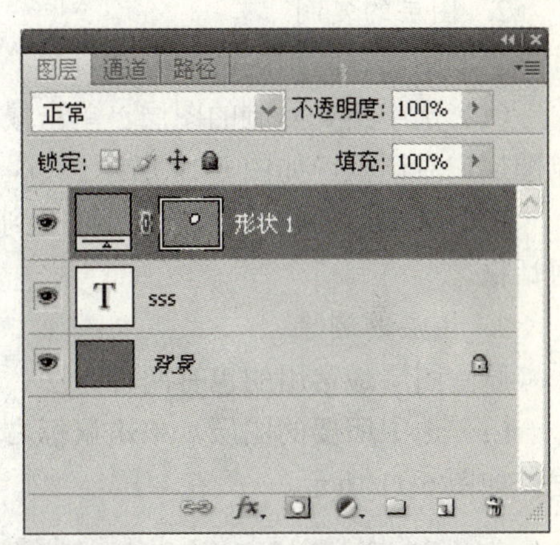

图 6-6　形状图层

填充图层可以用纯色、渐变或图案填充图层。与调整图层不同，填充图层不影响它们下面的图层，如图 6-8 所示。

调整与填充图层的创建，通过单击图层面板中的◐.按钮，在出现的选项中，选择相应的类型就行。

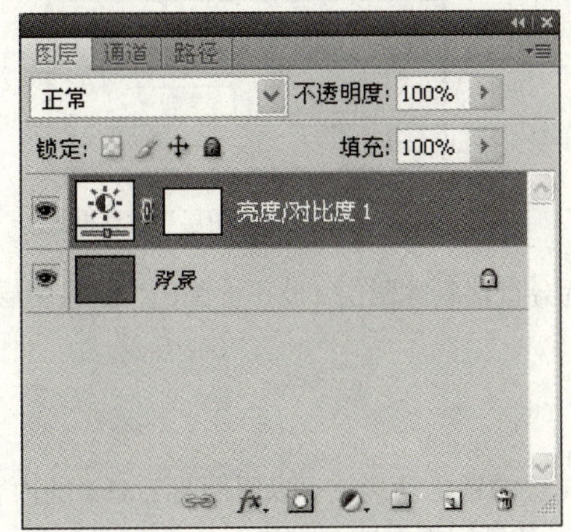

图 6-7　调节图层

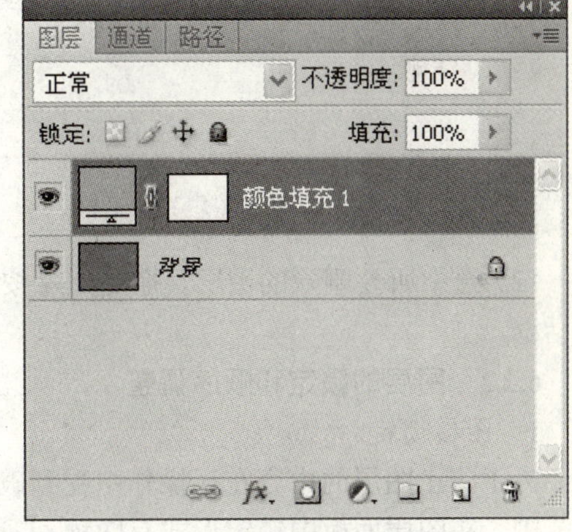

图 6-8　填充图层

6.2　图层的基本操作

图层的基本操作有图层的复制、删除、锁定、链接、编组等，可以通过图层面板的按钮或图层菜单完成。

6.2.1　图层的创建、复制和删除

1. 图层的创建

新建图层最常用的两种方法如下。

（1）通过图层面板中的菜单按钮，然后在选择“新建图层”命令，就会弹出“新建图层”对话框，如图 6-9 所示。

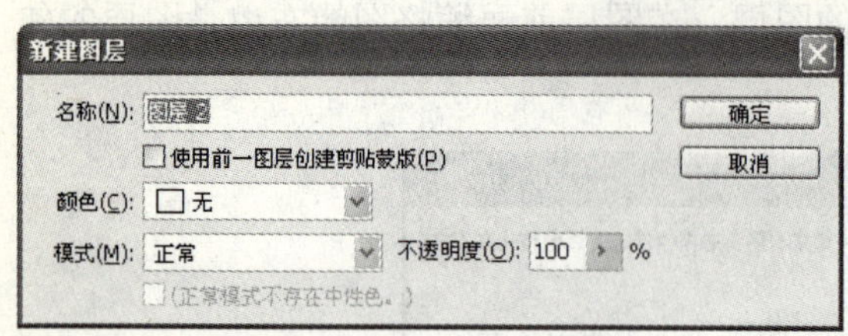

图 6-9 “新建图层”对话框

（2）单击图层面板中的按钮，就会在面板中直接建立新的图层，不会弹出“新建图层”对话框。

2. 图层的复制

复制图层最常用的两种方法。

（1）选中所要复制的图层，单击鼠标右键，在快捷菜单中选中复制图层，就会弹出“复制图层”对话框，如图 6-10 所示。

（2）选中所要复制的图层，拖曳到按钮，会直接复制图层，就不会弹出“复制图层”对话框。

3. 图层的删除

删除图层最常用的也有两种方法。

（1）选中所要的图层，单击鼠标右键，在快捷菜单中选中图层，就会弹出“图层”对话框，如图 6-11 所示。

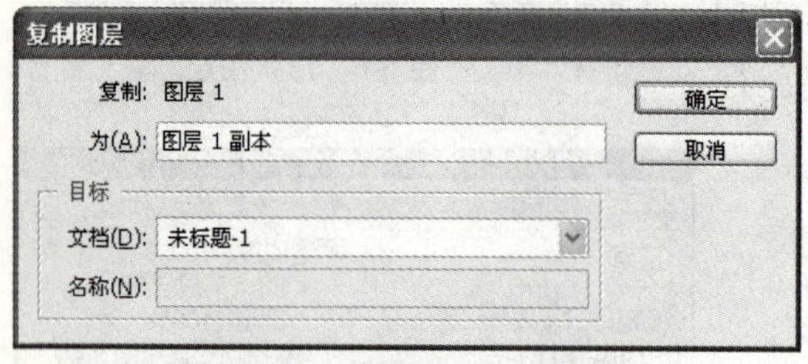

图 6-10 “复制图层”对话框

图 6-11 “删除图层”对话框

（2）选中所要删除的图层，拖曳到按钮，就会直接删除图层，就不会弹出“删除图层”对话框。

6.2.2　图层的锁定和顺序调整

1. 图层锁定

为了防止图层的内容在误操作中受到破坏，图层的锁定功能就可以限制图层编辑的内容和范围，在图层面板中锁定形式有四种，各锁定按钮的意义如下。

（1）锁定透明像素。选择图层后，单击“锁定透明像素”按钮，则图像中透明部分被锁定，只能编辑和修改不透明区域的图像。图 6-12 是没有锁定的填充效果，图 6-13 是锁定透明像素的填充效果。

（2）锁定图像像素。选择图层后，单击“锁定图像像素”按钮，则不论是透明区域和非透明区域都被锁定，无法进行编辑和修改，但对背景层无效。图 6-13 是锁定的像素，无法进行填充。

（3）锁定位置。选择图层后，单击“锁定位置”按钮，图像则不能执行移动、旋转和自

由变形等操作，其他的绘图和编辑工具可以继续使用。

（4）锁定全部。选择图层后，单击“锁定全部”按钮，则图层全部被锁定，也就是不可以执行任何图像编辑的操作。

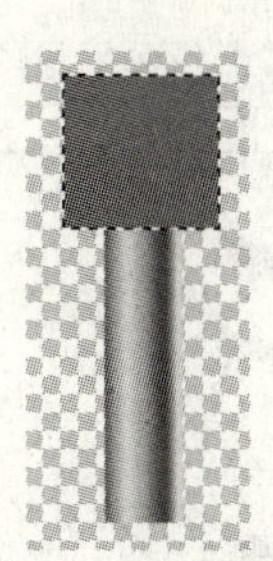

图 6-12　没锁定的填充效果

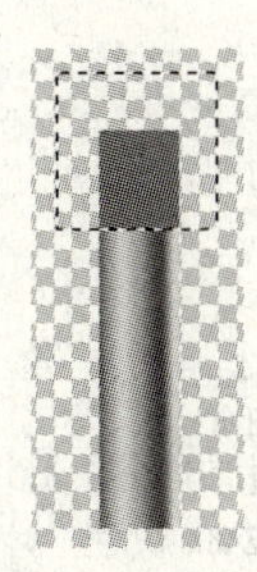

图 6-13　锁定透明像素的填充效果

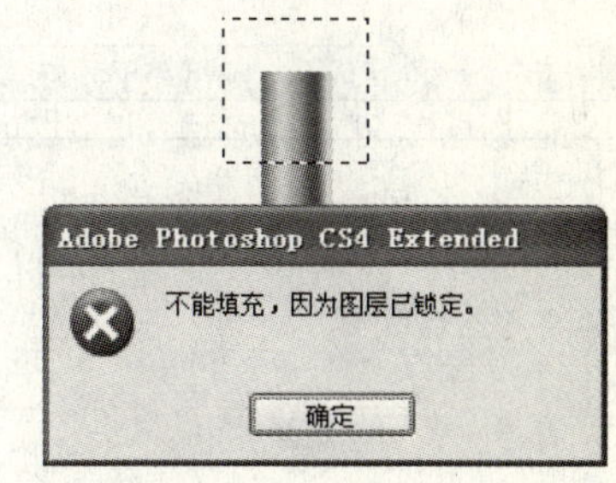

图 6-14　锁定图像像素进行填充

操作小贴士

如果想取消锁定，只需要在“锁定”按钮上再次单击就可以了。

2. 图层顺序调整

在图像中，图层的叠放顺序会直接影响到图像的效果。叠放在最上方的不透明图层总是将下方的图层遮住。可以选择菜单栏“图层”→“排列”命令，从级联菜单中选择所需要调整的位置，或使用鼠标直接在“图层”面板中拖曳来改变图层的叠放顺序。

6.2.3　图层的链接与合并

1. 图层的链接

图层的链接可以帮助多个图层或图层组同时进行位置、大小等的调整。

（1）建立图层链接。在图层面板中，按住 Ctrl 键，单击要链接的图层，将要链接的图层选中，在图层面板下方单击链接按钮，则可以把所需的图层链接起来，如图 6-15 所示。

（2）取消图层链接。如果要取消链接，则可以选择链接图层，单击链接图标。

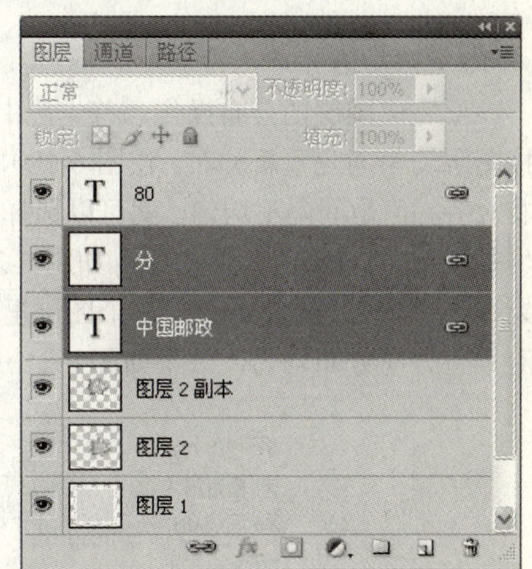

图 6-15　图层的链接

2. 图层的合并

在 Photoshop CS4 中图层的编辑和操作虽然很方便，并且图层没有数量的限制，但一幅图像中图层数量越多，那么图像文件也就越大。为了让图像的容量减小，则可以通过合并一些不需要修改的图层来实现。图层的合并可以通过选择菜单栏中的“图层”→“向下合并”或“合并可见图层”或“拼合图像”命令；也可以通过鼠标右键单击，在出现的快捷菜单中选择图层合并相应的命令就可以。

6.2.4　链接图层的对齐与分布

1. 图层的对齐

在编辑图像时，多个图层经常要进行对齐操作如图 6-16 所示，要将图中的 3 只动物对齐。

首先要选中 3 只动物所在的图层，按 Ctrl 键选中三图层，选择菜单栏中的“图层”→“对齐”相关命令，如图 6-17 所示，如果选择“右边”选项，三个图层里的图像就会右对齐，效果如图 6-18 所示。

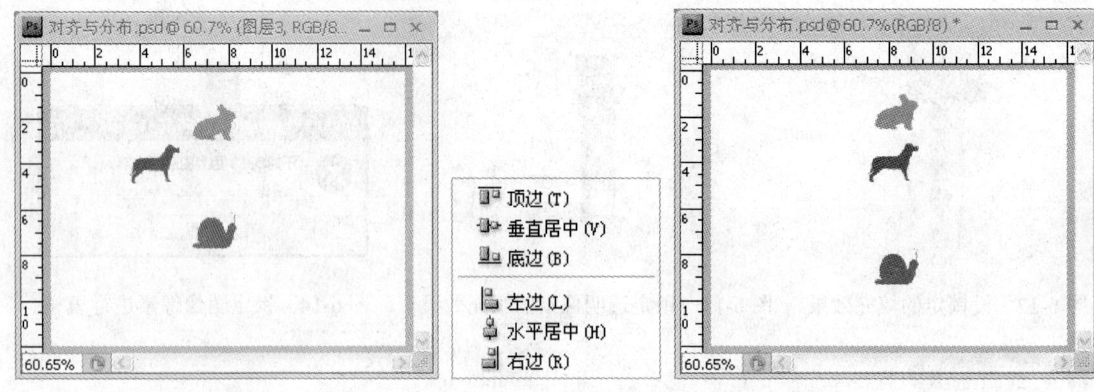

图 6-16 需要对齐的图层　　图 6-17 对齐选项　　图 6-18 “右边”对齐效果

当然也可以通过“移动工具”选项栏上的命令按钮来完成图层的对齐操作，如图 6-19 所示。

图 6-19 “移动工具”选项栏上的对齐按钮

2. 图层的分布

要完成图层的分布操作，首先选中 3 个或 3 个以上的图层，然后通过分布操作，可将链接图层均匀间隔重新分布。在图 6-18 中，3 只动物右对齐，但是间隔不均匀，就可以选择菜单栏中的“图层”→“分布”相关命令，如图 6-20 所示，如果选择“垂直居中”命令，3 个图层里的图像就会沿垂直方向分布均匀，效果如图 6-21 所示。

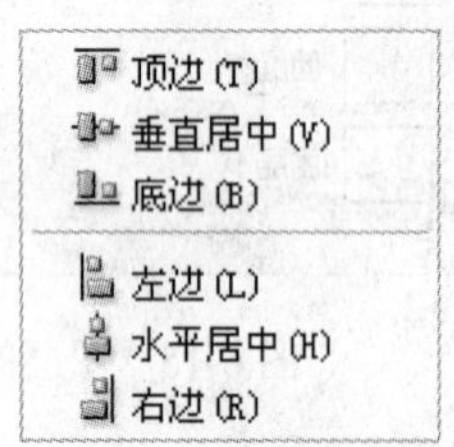

图 6-20 分布选项

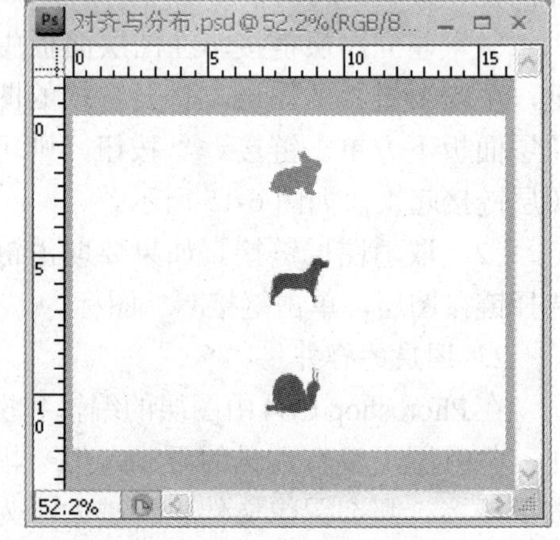

图 6-21 “垂直居中”分布效果

6.2.5 图层的编组与取消编组

当图层比较多的情况下，可以将多个图层进行编组，以方便管理，图层组中的图层可以被统一进行移动或变换。完成图层的编组操作可以通过如下两种方法来完成，当然操作之前，一定要选中两个或两个以上的图层。

（1）选择菜单栏中的“图层”→“图层编组”命令，按快捷键 Ctrl +G。

（2）单击图层面板菜单的“从图层创建新组”命令。

图 6-22 和图 6-23 是编组前和编组后的对比。

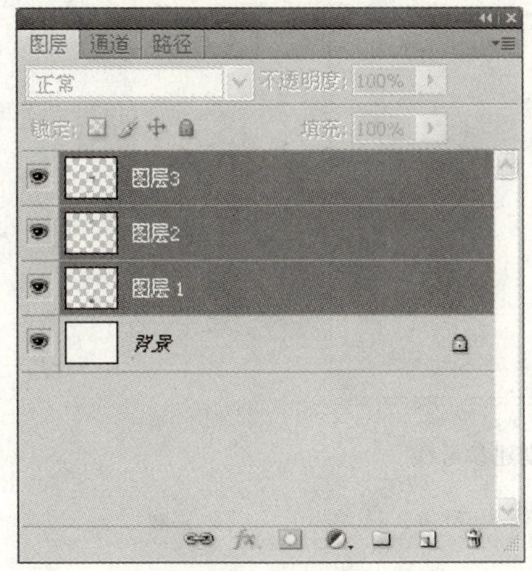

图 6-22 编组前

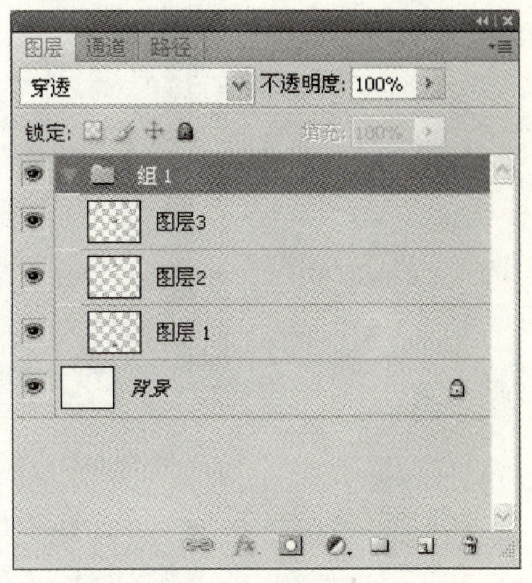

图 6-23 编组后

取消编组的操作比较简单，在图层面板中用鼠标右键单击组名，在快捷菜单中选中“删除组”命令，就会弹出“删除组”对话框，如图 6-24 所示，选中相应的按钮就可以。

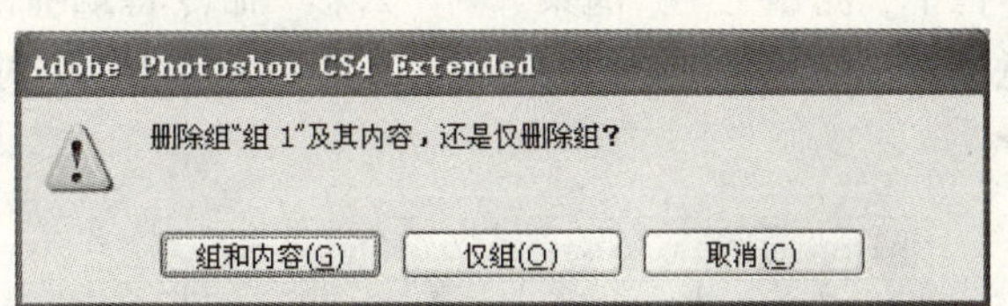

图 6-24 “删除组”对话框

本节要点：主要介绍了图层的基本操作，图层的创建、删除、合并和编组等。

上机实例：图层的使用——绘制燃烧的香烟。

1. 制作目的

熟练掌握图层的基本操作。

2. 制作步骤

（1）单击菜单栏“文件”→“新建”，新建一个宽 10 厘米和高 10 厘米名为“燃烧的香烟”的文件，参数设置并且建立参考线，如图 6-25 所示。

（2）新建图层，将图层名改为“烟身”。在新建图层中建立宽为 80px、高为 840px 的矩形选区，符合香烟的实际尺寸大小。用渐变色填充，两边的色块颜色一样，如图 6-26 所示，中间是白色。填充效果如图 6-27 所示。

（3）新建图层，将图层名改为“烟嘴”。建立矩形选区，烟嘴高为 2.5cm，宽度和烟身一样。将前景色设置为 RGB（224,135,16），背景色设置为 RGB（202,208,43），将矩形选区填

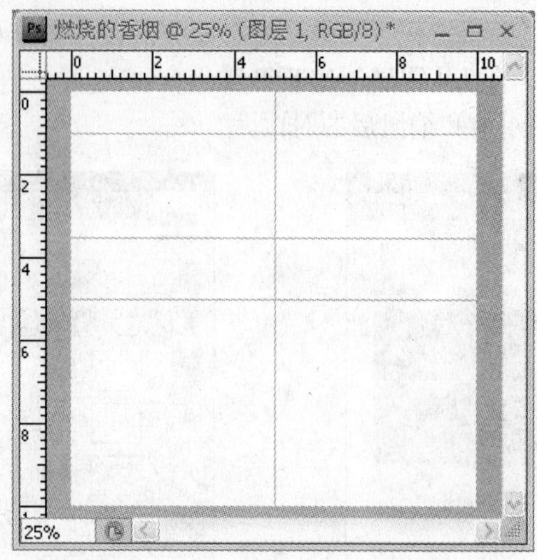

图 6-25 新建文件及创建参考线

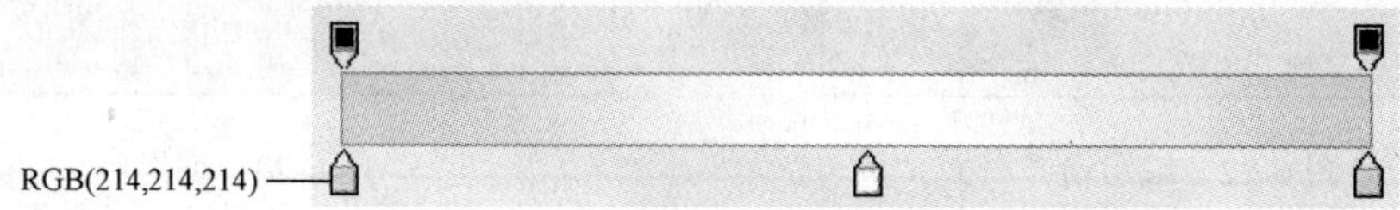

图 6-26 渐变填充滑块

充为前景色，使用菜单栏中“滤镜”→“渲染”→“云彩”命令将烟嘴部分云彩化，如图 6-28 所示。然后再使用滤镜工具“杂色”→“添加杂色”，在“添加杂色”对话框中设置数量为 7，如图 6-29 所示。

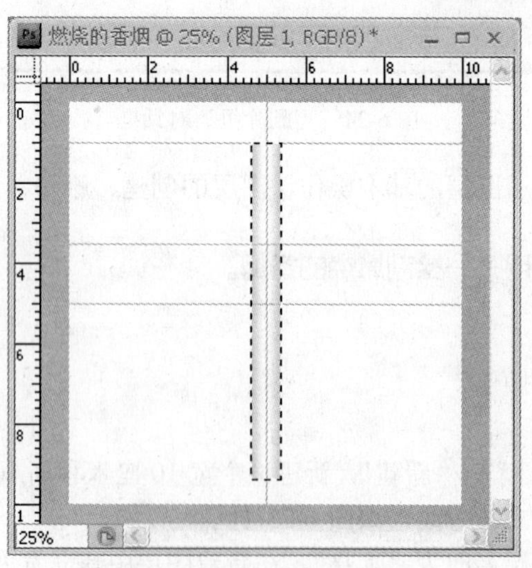

图 6-27 矩形填充效果

（4）新建图层，将图层名改为“金边”。在该图层中建立两个小矩形，填充为 RGB（240,238,36），如图 6-30 所示。

（5）新建文字图层，添加文字，效果如图 6-31 所示。

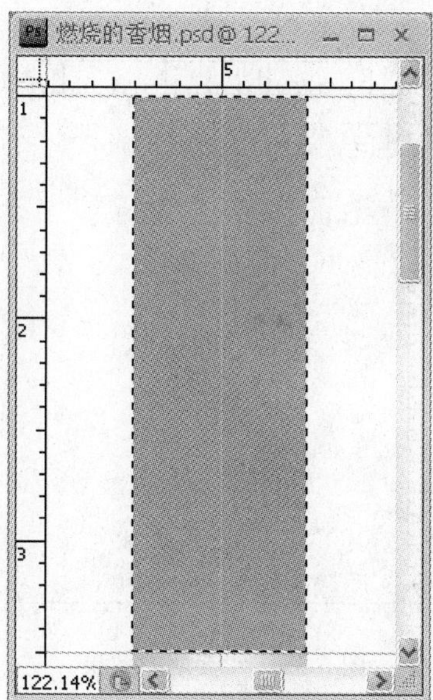

图 6-28　云彩化效果

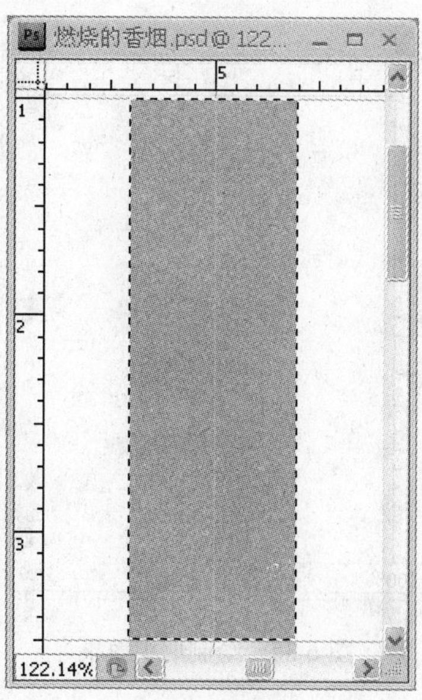

图 6-29　添加杂色效果

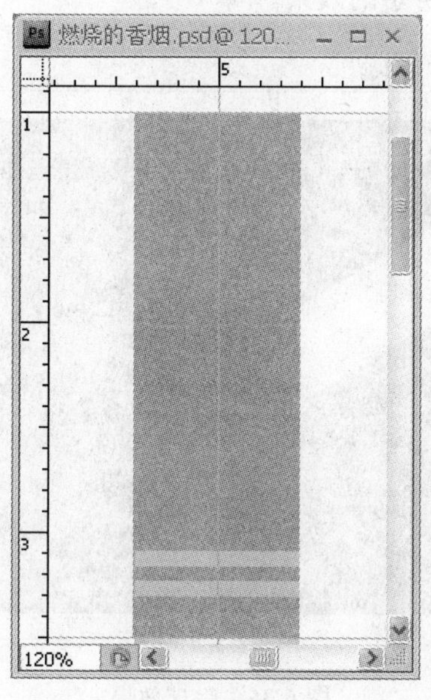

图 6-30　金边效果

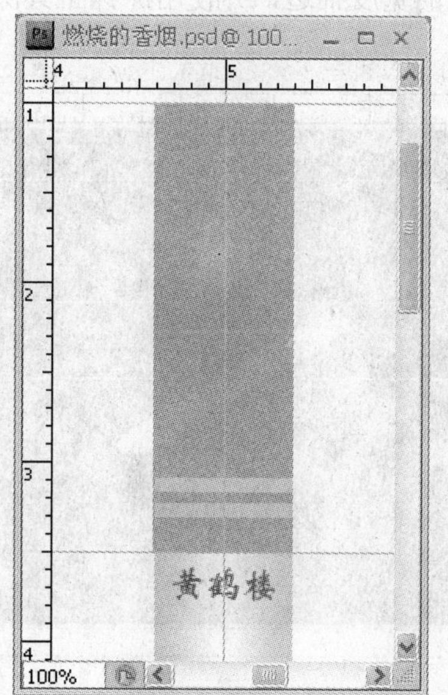

图 6-31　添加文字

（6）新建图层，将图层名改为“烟头”。在图层中建立一个椭圆选区，并填充为 RGB（165,71,1），然后使用滤镜工具“杂色”→“添加杂色”，在“添加杂色”对话框中设置数量为 40，效果如图 6-32 所示。

（7）这样，一支烟的效果绘制完成了，如图 6-33 所示。

（8）将文件保存为“香烟.psd”，除背景图层外，将其他图层合并改名为“烟身”，并将背景图层颜色填充为黑色。在“烟身”图层中，利用套索工具，制作不规则的选区，并删除部分烟身，如图 6-34 所示。

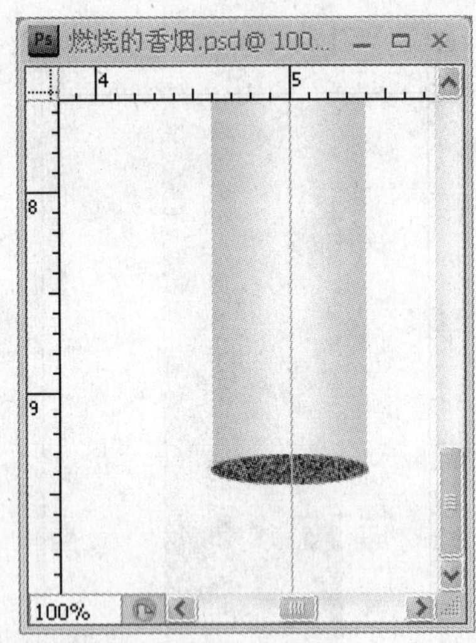

图 6-32　绘制烟头效果

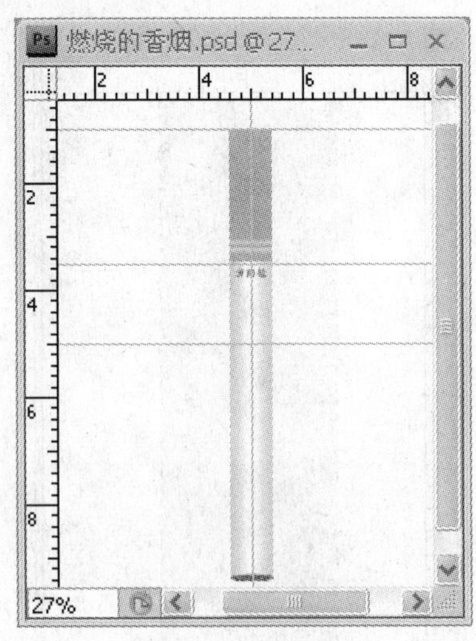

图 6-33　一支烟的效果

（9）单击工具箱中的■按钮，将前景色设置为黑色，背景色设置为白色。将选区用黑色和 5px 的宽度描边，并使用涂抹工具涂抹成如图 6-35 所示的效果。

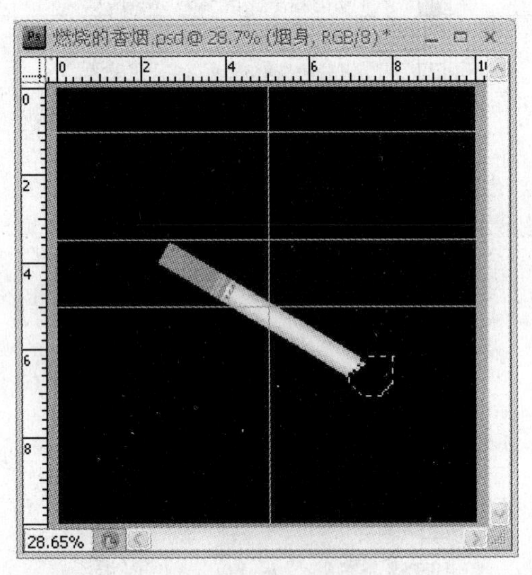

图 6-34　删除烟身部分效果

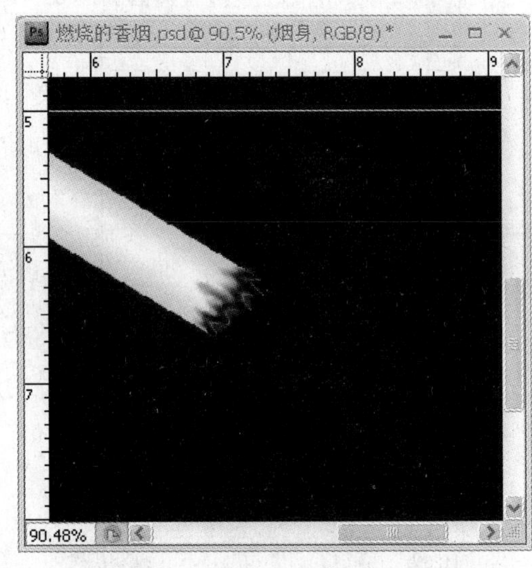

图 6-35　涂抹效果

（10）新建图层并命名为“红烟头”，在图层中绘制路径如图 6-36 所示。将前景色设置为 RGB（250,75,75），并填充路径，使用滤镜工具“杂色”→“添加杂色”，在“添加杂色”对话框中设置数量为 15，效果如图 6-37 所示。

（11）新建图层并命名为“烟灰”，将前景色设置为 RGB（245,245,245），画笔选择参数如图 6-38 所示，画笔在烟头上点几下，注意不要把下面的红色烟头完全覆盖住，要露出点点红色，如图 6-39 所示。

（12）新建图层并命名为“烟”，将前景色设置为白色，用直径大小为 21px 的画笔在该图层上画出如图 6-40 所示的线条，对线条实现高斯模糊，半径为 12px，如图 6-41 所示。

图 6-36　绘制路径

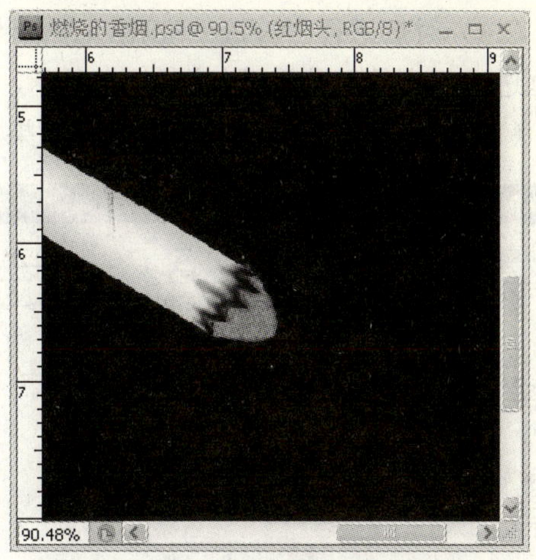

图 6-37　红色烟头的绘制效果

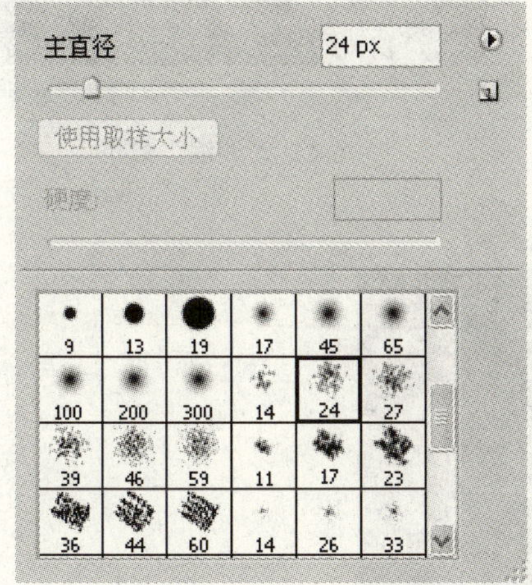

图 6-38　画笔参数设置

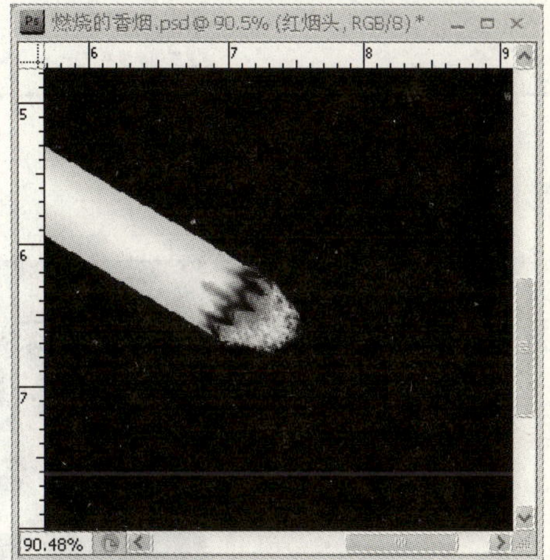

图 6-39　烟灰绘制效果

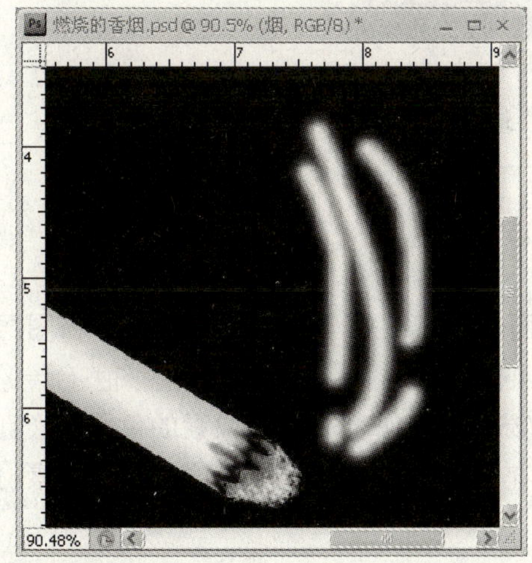

图 6-40　画笔画出的线条

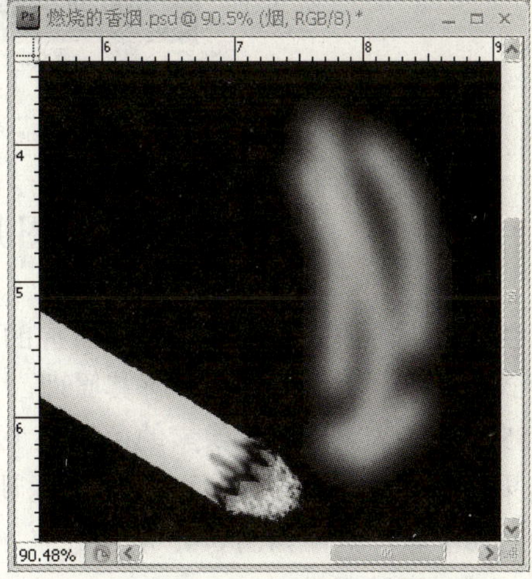

图 6-41　高斯模糊效果

（13）对烟进行“波浪”变化，在“滤镜”菜单中选择“扭曲”→“波浪”，在弹出的对话框进行相应的参数设置如图 6-42 所示，最后效果如图 6-43 所示。

（14）“燃烧的香烟”制作完毕，效果如图 6-44 所示。

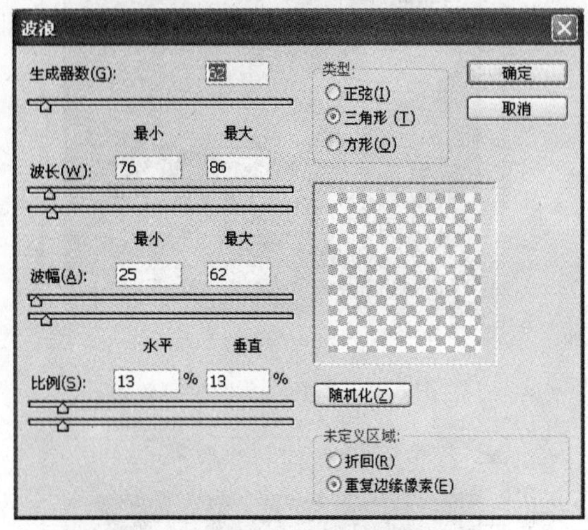

图 6-42 “波浪”对话框参数设置

图 6-43 “波浪”效果

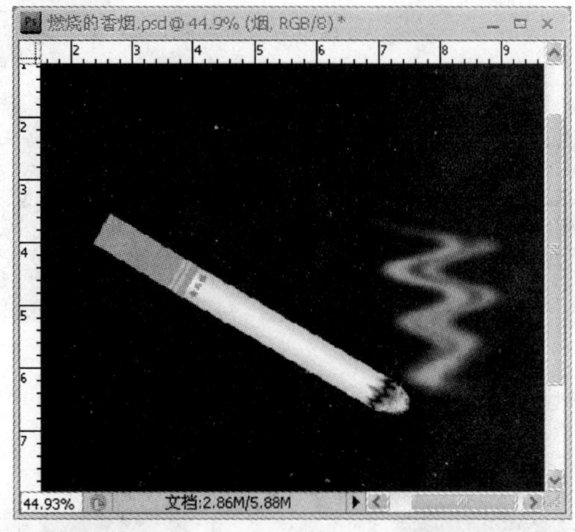

图 6-44 “燃烧的香烟”最后效果

6.3 图层的混合模式

图层的混合模式是图层中最难掌握的内容。下面从数字图像学原理出发，来解释图层混合模式的效果。为了更好地理解其原理，首先约定 *A* 代表了上面图层像素的色彩值（*A*=像素值/255），*B* 代表下面图层像素的色彩值（*B*=像素值/255），*C* 代表了混合像素的色彩值（真实的结果像素值应该为 255*C）。为了简化计算起见，在公式中没有涉及透明度参数。在素材文件中有两个取样点，如图 6-45 所示。

6.3.1 变暗模式

（1）计算公式：$B<=A$: $C=B$

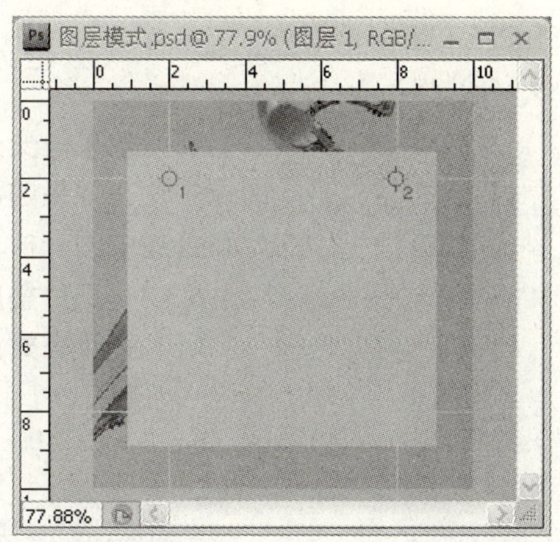

图 6-45　取两个取样点

B>*A*: *C*=*A*

（2）解释：该模式通过比较上下层像素后取相对较暗的像素作为输出。注意，每个不同颜色通道的像素都是独立地进行比较，色彩值相对较小的作为输出结果，下层表示叠放次序位于下面的那个图层，上层表示叠放次序位于上面的那个图层。

两个取样点的颜色值变化，按公式混合值为

A1（239,215,13）
B1（185,108,68）　⟶　C1（185,108,13）

A2（239,215,13）
B2（189,168,128）　⟶　C2（189,168,13）

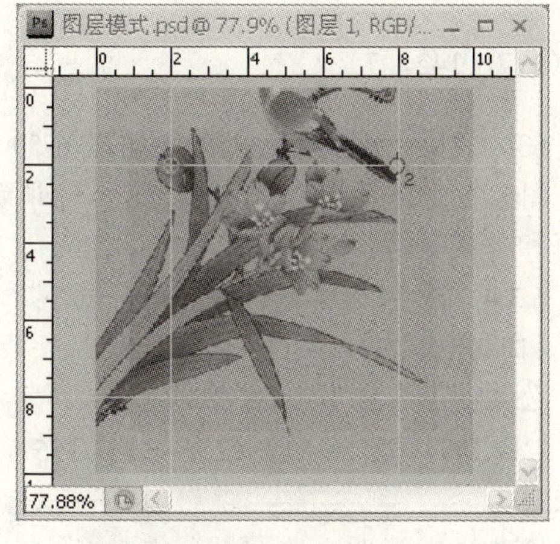

图 6-46　变暗效果

（3）效果：变暗的效果如图 6-46 所示，图像中的混合像素色彩值如图 6-47 所示，正好和公式中的一样。

6.3.2　变亮模式

（1）计算公式：　*B*<=*A*: *C*=*A*

B>*A*: *C*=*B*

#1		#2	
R:	185	R:	189
G:	108	G:	168
B:	13	B:	13

图 6-47　图像中变暗效果的混合值

（2）解释：该模式和前面的模式刚好相反，取的是色彩值较大的（也就是较亮的）作为输出结果。

两个取样点的颜色值变化，按公式混合值为

A1（239,215,13）
B1（185,108,68）　⟶　C1（239,215,68）

A2（239,215,13）
B2（189,168,128） ——→ C2（239,215,128）

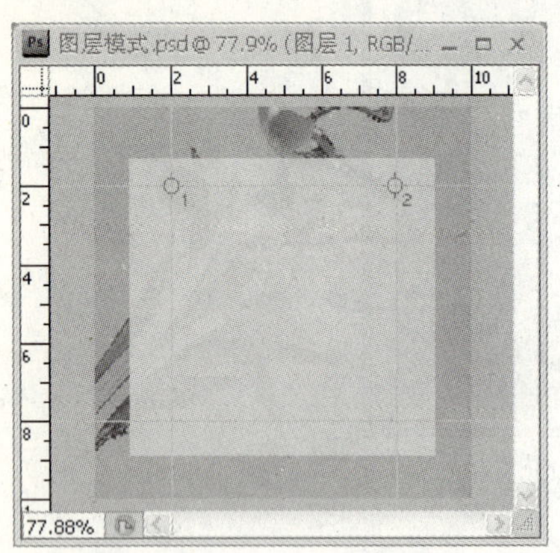

图 6-48 变亮效果

（3）效果：变亮的效果如图 6-48 所示，图像中变亮效果的混合值如图 6-49 所示，正好和公式中的一样。

6.3.3 正片叠底

（1）计算公式：*C*=*A***B*

#1R:	239	#2R:	239
G:	215	G:	215
B:	68	B:	128

图 6-49 图像中变亮效果的混合值

（2）解释：可以形容成两个幻灯片叠加在一起然后放映，透射光需要分别通过这两个幻灯片，从而被削弱了两次，结果色总是较暗的颜色。任何颜色与黑色正片叠底产生黑色。任何颜色与白色正片叠底保持不变。

两个取样点的颜色值变化，按公式混合值为

$$C1(R) = 239*185/255 = 173$$

同样也计算 *G* 和 *B* 的值，最后计算的结果如下。

A1（239，215，13）
B1（185，108，68） ——→ C1（173，91，3）

A2（239，215，13）
B2（189，168，128） ——→ C2（177，142，7）

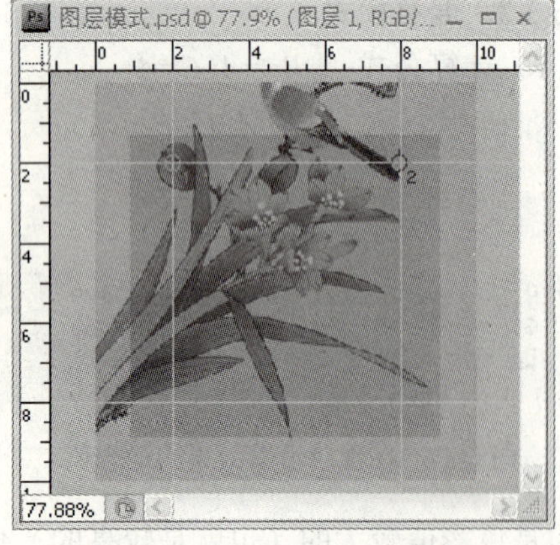

图 6-50 变亮效果

（3）效果：正片叠底的效果如图 6-50 所示，图像中变亮效果的混合值如图 6-51 所示，正好和公式中的一样。

6.3.4 滤色

（1）公式：*C*=1–（1–*A*）*（1–*B*）

公式变形为

C1=255–（255–A1）（255–B1）/255

#1R:	173	#2R:	177
G:	91	G:	142
B:	3	B:	7

图 6-51 图像中变亮效果的混合值

（2）解释：该模式和上一个模式刚好相反，上下层像素的标准色彩值反相相乘后输出，输出结果比两者的像素值都将要亮（就好像两台投影仪分别对其中一个图层进行投影后，再投射到同一个屏幕上）。

两个取样点的颜色值变化，按公式混合值为

A1（239，215，13）
B1（185，108，68） ⟶ C1（251，232，78）
A2（239，215，13）
B2（189，168，128） ⟶ C2（251，241，134）

（3）效果：滤色的效果图如图 6-52 所示，图像中滤色效果的混合值如图 6-53 所示，正好和公式中的一样。

6.3.5　减淡模式

（1）公式：$C=B/(1-A)$

公式变形为 C1=B1/（255−A1）*255

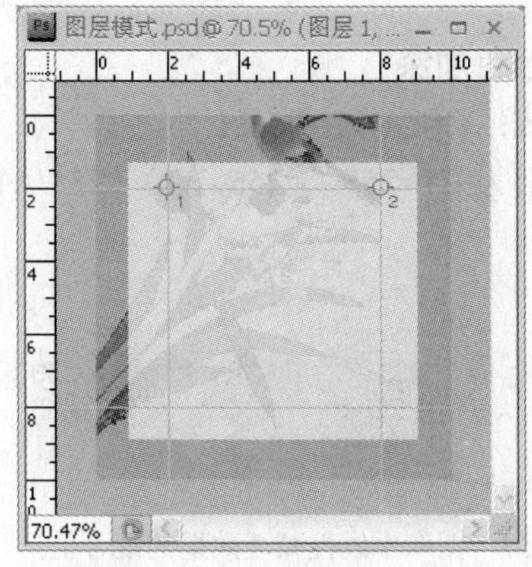

图 6-52　滤色效果

#1 R:	251	#2 R:	251
G:	232	G:	241
B:	78	B:	134

图 6-53　图像中滤色效果的混合值

（2）解释：该模式下，上层的亮度决定了下层的暴露程度。如果上层越亮，下层获取的光越多，也就是越亮。如果上层是纯黑色，也就是没有亮度，则根本不会影响下层。如果上层是纯白色，则下层除了像素为 255 的地方暴露外，其他地方全部为白色（也就是 255，不暴露）。结果最黑的地方不会低于下层的像素值。

两个取样点的颜色值变化，按公式混合值为

A1（239，215，13）
B1（185，108，68） ⟶ C1（255，255，72）
A2（239，215，13）
B2（189，168，128） ⟶ C2（255，255，135）

（3）效果：正片叠底的效果如图 6-54 所示，图像中减淡效果的混合值如图 6-55 所示，正好和公式中的一样。

6.3.6　线性减淡模式

（1）公式：$C=A+B$

（2）解释：将上下层的色彩值相加，结果将更亮。

两个取样点的颜色值变化，按公式混合值为

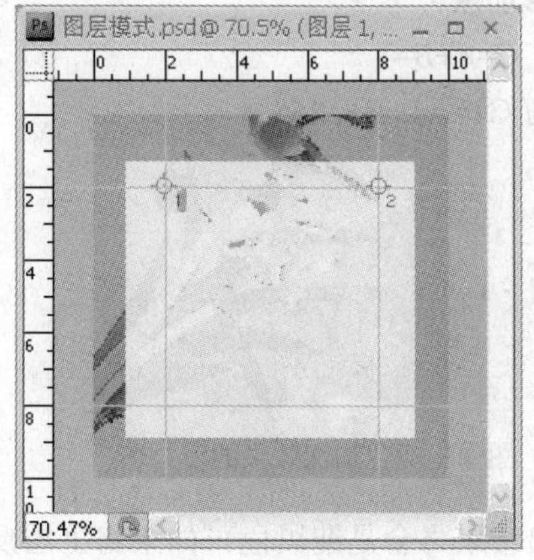

图 6-54　减淡效果

#1 R:	255	#2 R:	255
G:	255	G:	255
B:	72	B:	135

图 6-55　图像中减淡效果的混合值

A1（239，215，13）
B1（185，108，68） ⟶ C1（255，255，72）
A2（239，215，13）
B2（189，168，128） ⟶ C2（255，255，135）

（3）效果：线性减淡的效果如图 6-56 所示，图像中的混合像素色彩值如图 6-57 所示，正好和公式中的一样。

6.3.7 颜色加深

（1）公式：$C=1-(1-B)/A$

公式变形为 C1=255–（255–B1）*255/A1

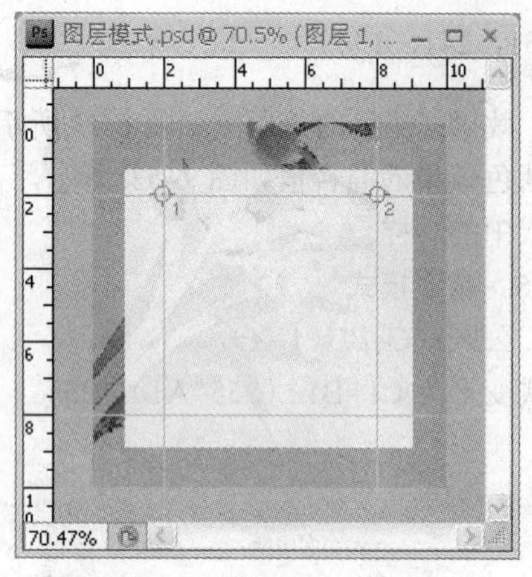

图 6-56 线性减淡效果

#1R:	255	#2R:	255
G:	255	G:	255
B:	81	B:	141

图 6-57 图像中线性减淡效果的混合值

（2）解释：如果上层越暗，则下层获取的光越少，如果上层为全黑色，则下层越黑，如果上层为全白色，则根本不会影响下层。结果最亮的地方不会高于下层的像素值。

两个取样点的颜色值变化，按公式混合值为

A1（239,215,13）
B1（185,108,68） ⟶ C1（180,81,0）
A2（239,215,13）
B2（189,168,128） ⟶ C2（185,152,0）

（3）效果：颜色加深的效果如图 6-58 所示，图像中颜色加深效果的混合值如图 6-59 所示，正好和公式中的一样。

6.3.8 线形加深

（1）公式：$C=A+B-1$

公式变形为 C1=A1+B1–255

图 6-58 颜色加深效果

#1R:	180	#2R:	185
G:	81	G:	152
B:	0	B:	0

图 6-59 图像中颜色加深效果的混合值

（2）解释：如果上下层的像素值之和小于 255，输出结果将会是纯黑色。如果将上层反相，结果将是纯粹的数学减。

两个取样点的颜色值变化，按公式混合值为

A1（239,215,13）
B1（185,108,68） → C1（169,68,0）

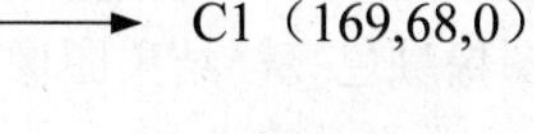

A2（239,215,13）
B2（189,168,128） → C2（173,128,0）

（3）效果：颜色加深的效果如图 6-60 所示，图像中线性加深效果的混合值如图 6-61 所示，正好和公式中的一样。

图 6-60 线性加深效果

#1R:	169	#2R:	173
G:	68	G:	128
B:	0	B:	0

图 6-61 图像中线性加深效果的混合值

6.3.9 叠加

（1）公式：

$B<=0.5: C=2*A*B$

变形为 C1=2*A1*B1/255

$B>0.5: C=1-2*(1-A)*(1-B)$

变形为 C1=255−2*（255−A1）*（255−B1）/255

（2）解释：上层决定了下层中间色调偏移的强度。如果上层为 50%的灰，则结果将完全为下层像素的值。如果上层比 50%灰暗，则下层的中间色调将向暗地方偏移，如果上层比 50%灰亮，则下层的中间色调将向亮地方偏移。

两个取样点的颜色值变化，按公式混合值为

A1（239,215,13）
B1（185,108,68） → C1（246,182,7）

A2（239,215,13）
B2（189,168,128） → C2（247,228,14）

（3）效果：颜色叠加的效果图如图 6-62 所示，图像中叠加效果的混合值如图 6-63 所示，正好和公式中的一样。

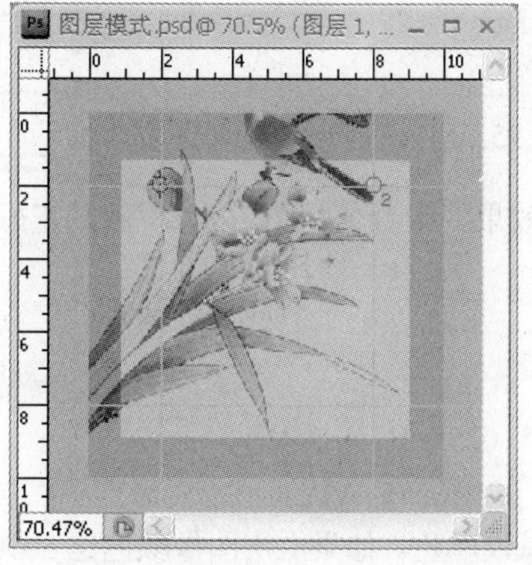

图 6-62 叠加效果

6.3.10 柔光

（1）公式：$A<=0.5: C=(2*A-1)*(B-B*B)+B$

公式变形为 C1=（2A−255）*（B1*255−B1*B1）/255/255+B1

#1R:	246	#2R:	247
G:	182	G:	228
B:	7	B:	14

图 6-63 图像中叠加效果的混合值

$A>0.5$:　$C=(2*A-1)*(\mathrm{sqrt}(B)-B)+B$　（注：sqrt 是开平方）

（2）解释：此模式可以产生柔光效果，可根据上层颜色的明暗程度来决定颜色变亮还是变暗。当上层图像颜色比下层图像颜色亮，结果图像则变亮；当上层图像颜色比下层图像颜色暗，结果图像将变暗。

两个取样点的颜色值变化，按公式混合值为

A1（239,215,13）
B1（185,108,68）　→　C1（213,148,23）
A2（239,215,13）
B2（189,168,128）　→　C2（216,195,71）

（3）效果：柔光的效果如图 6-64 所示，图像中柔光效果的混合值如图 6-65 所示，正好和公式中的一样。

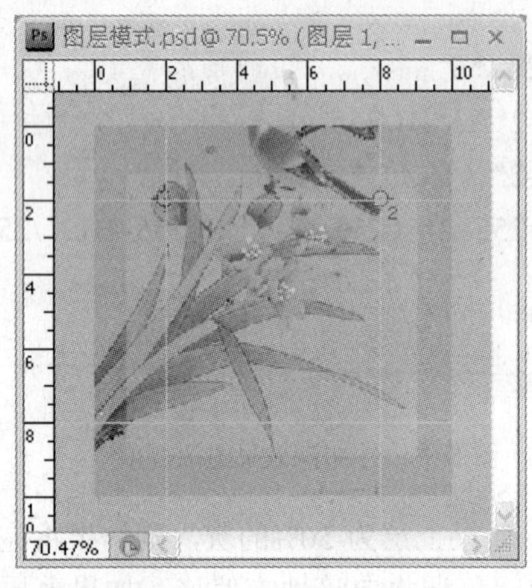

图 6-64　柔光效果

#1 R:	213	#2 R:	216
G:	148	G:	195
B:	23	B:	71

图 6-65　图像中柔光效果的混合值

6.3.11　强光

（1）公式：$A<=0.5$: $C=2*A*B$

公式变形为 $C1=2*A1*B1/255$

$A>0.5$: $C=1-2*(1-A)*(1-B)$　公式变形为 $C1=255-2*(255-A1)*(255-B1)/255$

（2）解释：此效果与耀眼的聚光灯照在图像上相似。如果混合色（光源）比 50%灰色亮，则图像变亮，就像过滤后的效果。这对于向图像添加高光非常有用。如果混合色（光源）比 50%灰色暗，则图像变暗，就像正片叠底后的效果。

两个取样点的颜色值变化，按公式混合值为

A1（239,215,13）
B1（185,108,68）　→　C1（213,148,23）
A2（239,215,13）
B2（189,168,128）　→　C2（216,195,71）

（3）效果：强光的效果如图 6-66 所示，图像中强光效果的混合值如图 6-67 所示，正好和公式中的一样。

6.3.12　亮光

（1）公式

$A<=0.5$: $C=1-(1-B)/2*A$　公式变形为 $C1=255-255*(255-B1)/2/A$

$A>0.5$: $C=B/(2*(1-A))$　公式变形为 $C1=255*B1/(2*(255-A1))$

（2）解释。此模式是通过增加或减少对比度来加深和减淡颜色。如果上层图像颜色比 50%灰度亮，则通过降低对比度来加亮图像，反之，则加深图像。

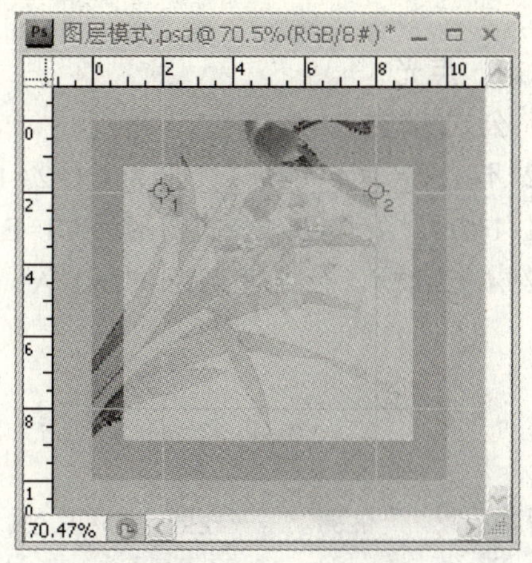

图 6-66　强光效果

#1R:	246	#2R:	246
G:	208	G:	227
B:	7	B:	13

图 6-67　图像中强光效果的混合值

两个取样点的颜色值变化，按公式混合值为

A1（239,215,13）
B1（185,108,68）　——→　C1（255,255,0）
A2（239,215,13）
B2（189,168,128）　——→　C2（255,255,0）

（3）效果。亮光的效果如图 6-68 所示，图像中亮光效果的混合值如图 6-69 所示，正好和公式中的一样。

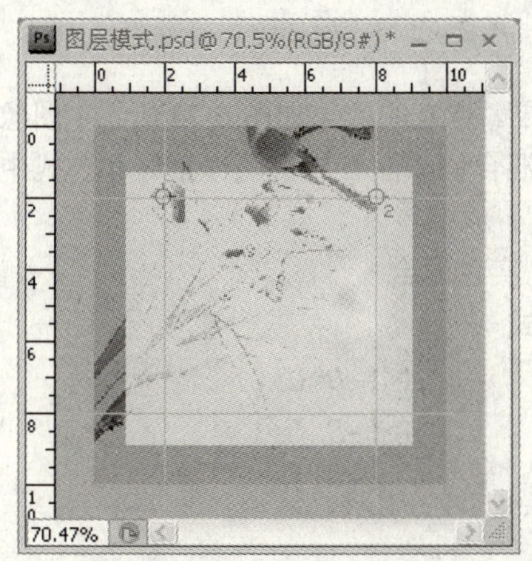

图 6-68　亮光效果

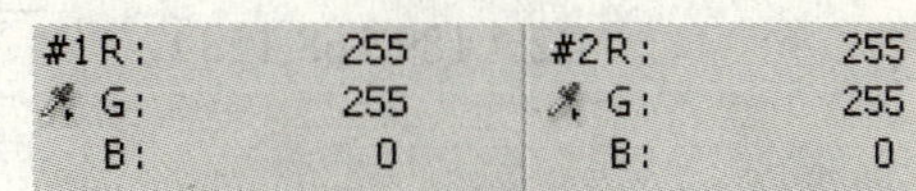

#1R:	255	#2R:	255
G:	255	G:	255
B:	0	B:	0

图 6-69　图像中亮光效果的混合值

6.3.13　线形光

（1）公式：$C=B+2*A-1$

公式变形为 C1=B1+2A−255

（2）解释。此模式根据上层图像颜色增加或减少亮度来加深或减淡颜色。如果上层图像颜色比 50%的灰度亮，结果图像将增加亮度。反之，则图像将变暗。

两个取样点的颜色值变化，按公式混合值为

A1（239,215,13）
B1（185,108,68）　——→　C1（255,255,0）
A2（239,215,13）
B2（189,168,128）　——→　C2（255,255,0）

（3）效果。线性光的效果如图 6-70 所示，图像中线性光效果的混合值如图 6-71 所示，正好和公式中的一样。

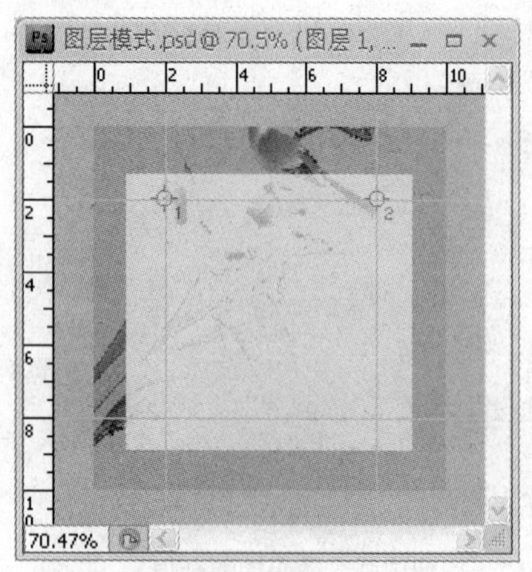

6.3.14 点光

（1）公式

B<2**A*–1: *C*=2**A*–1 公式变形为 C1=2A1–255

2**A*–1<*B*<2**A*: *C*=*B* 公式变形为 C1=B1

B>2**A*: *C*=2**A* 公式变形为 C1=2*A1

#1R:	255	#2R:	255
G:	255	G:	255
B:	0	B:	0

图 6-70 线性光效果　　图 6-71 图像中线性光效果的混合值

（2）解释。此模式根据上层图像颜色来替换颜色。如果上层图像颜色比 50%的灰色亮，那么就会替换比上层图像暗的像素，而不改变比上一层颜色亮的像素。反之，如果上层图像颜色比 50%的灰色暗，则替换比上层图像亮的像素，而不改变上层图像暗的像素。

两个取样点的颜色值变化，按公式混合值为

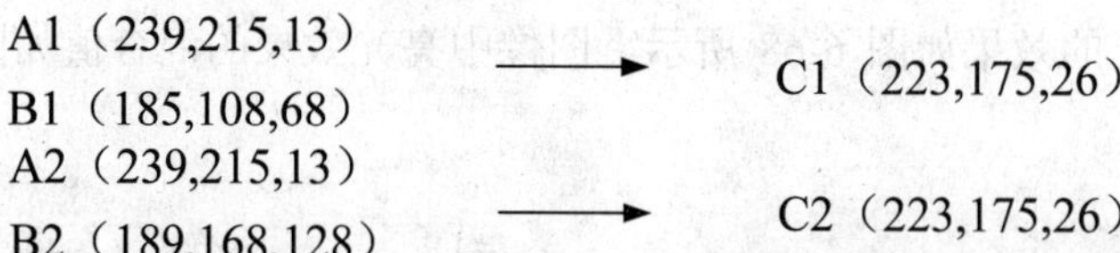
A1（239,215,13）
B1（185,108,68） ——→ C1（223,175,26）
A2（239,215,13）
B2（189,168,128） ——→ C2（223,175,26）

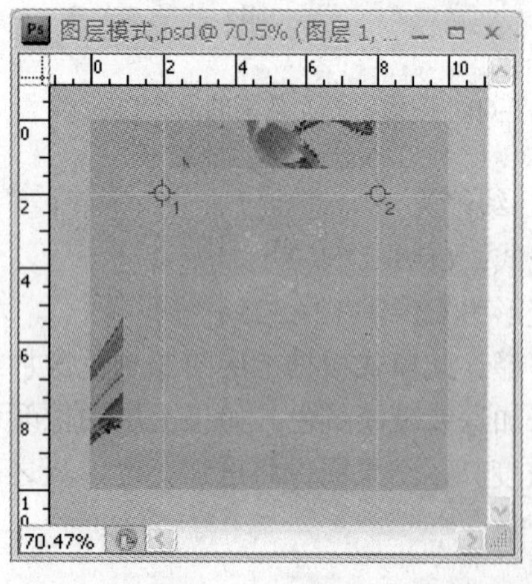

（3）效果。点光的效果如图 6-72 所示，图像中点光效果的混合值如图 6-73 所示，正好和公式中的一样。

6.3.15 实色混合

（1）公式

A<1–*B*: *C*=0

A>1–*B*: *C*=1

#1R:	223	#2R:	223
G:	175	G:	175
B:	26	B:	26

图 6-72 点光效果　　图 6-73 图像中点光效果的混合值

（2）解释。将所有像素更改为原色：红色、绿色、蓝色、青色、黄色、洋红、白色或黑色。

两个取样点的颜色值变化，按公式混合值为

A1（239,215,13）
B1（185,108,68） ——→ C1（255,255,0）

A2（239,215,13）　——→　C2（255,255,0）
B2（189,168,128）

（3）效果。实色混合的效果如图 6-74 所示，图像中实色混合效果的混合值如图 6-75 所示，正好和公式中的一样。

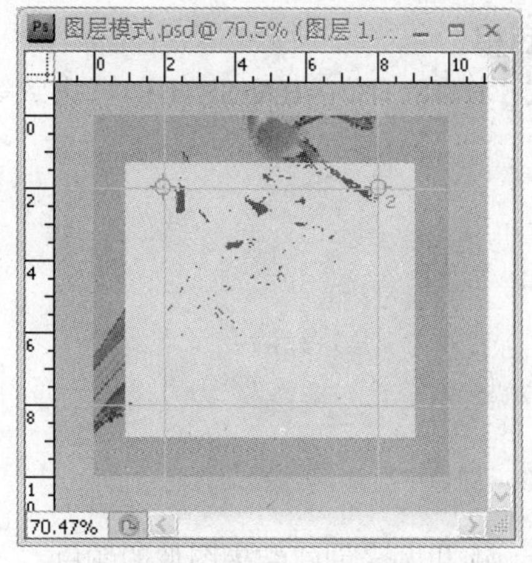

图 6-74　实色混合效果

6.3.16　差值

（1）公式：$C=|A-B|$

注：| | 是绝对值。

（2）解释。此模式是一种比较的混合模式，上层图层颜色与下层图层颜色的亮度值互减，取值时以亮度较高的颜色减去亮度较低的颜色。

#1R:	255	#2R:	255
G:	255	G:	255
B:	0	B:	0

图 6-75　图像中实色混合效果的混合值

两个取样点的颜色值变化，按公式混合值为

A1（239,215,13）　——→　C1（54,107,55）
B1（185,108,68）
A2（239,215,13）　——→　C2（50,47,115）
B2（189,168,128）

（3）效果。差值的效果如图 6-75 所示，图像中的混合像素色彩值如图 6-76 所示，正好和公式中的一样。

图 6-76　差值混合效果

6.3.17　排除

（1）公式：$C=A+B-2*A*B$

公式变形为 C1=A1+B1−2*A1*B1/255

#1R:	54	#2R:	50
G:	107	G:	47
B:	55	B:	115

图 6-77　图像中差值混合效果的混合值

（2）解释。创建一种与“ 差值” 模式相似但对比度更低的效果。

两个取样点的颜色值变化，按公式混合值为

A1（239,215,13）　——→　C1（78,141,75）
B1（185,108,68）

A2（239,215,13）
B2（189,168,128） ——→ C2（74,99,127）

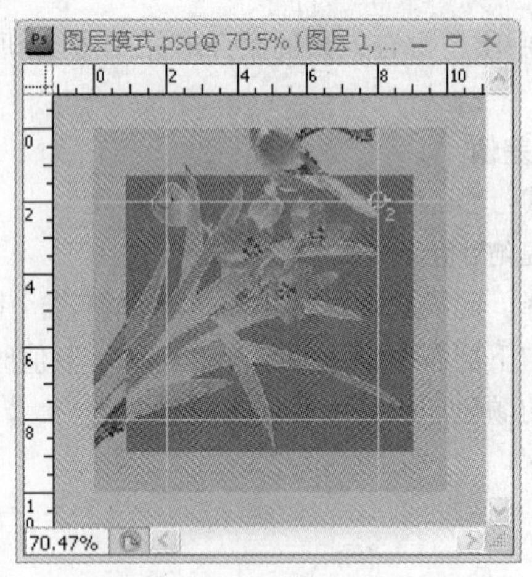

图 6-78 排除混合效果

（3）效果。排除的效果图如图 6-78 所示，图像中排除混合效果的混合值如图 6-79 所示，正好和公式中的一样。

6.3.18 色相

（1）公式：Hc1Sc1Bc1=HA1SB1BB1（大致等于）

#1R:	78	#2R:	74
G:	141	G:	99
B:	75	B:	127

图 6-79 图像中排除混合效果的混合值

（2）解释。用上层图像的色相值和下层图像的亮度、饱和度来创建结果图像的颜色。

为了便于理解公式的含义，将两个取样点的颜色模式转换为 HSB 格式，如图 6-80 和图 6-81 所示。

#1H:	54°	#2H:	54°
S:	95%	S:	95%
B:	94%	B:	94%

图 6-80 上面图层两个取样点的 HSB

#1H:	21°	#2H:	39°
S:	63%	S:	32%
B:	73%	B:	74%

图 6-81 下面图层两个取样点的 HSB

（3）效果。色相的效果如图 6-82 所示，图像中排除混合效果的混合值如图 6-83 所示，正好和公式中的一样。

图 6-82 排除混合效果

6.3.19 饱和度

（1）公式：Hc1Sc1Bc1=HA1SA1BB1（大致等于）

#1H:	54°	#2H:	54°
S:	80%	S:	34%
B:	58%	B:	71%

图 6-83 图像中排除混合效果的混合值

（2）解释。输出图像的亮度为下层，色调和饱和度保持为上层。输出图像的饱和度为上层，色调和亮度保持为下层。

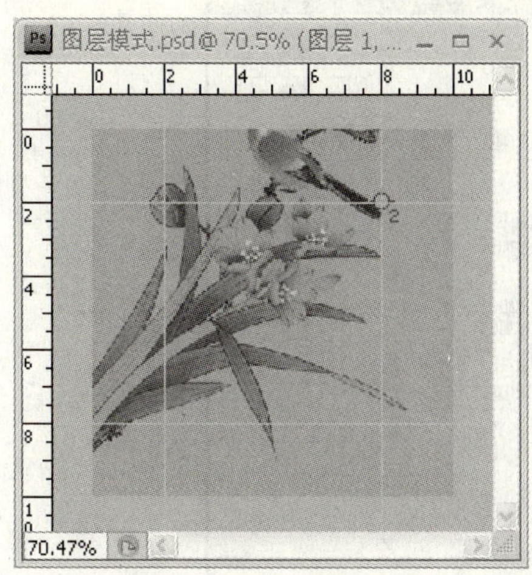

图 6-84 饱和度混合效果

（3）效果。饱和度的效果图如图 6-84 所示，图像中饱和度混合效果的混合值如图 6-85 所示，正好和公式中的一样。

6.3.20 溶解模式

溶解模式是在上方图层为半透明状态时，结果图像中的像素由上层图像中的像素和下一图层图像中的素随机替换为溶解颗粒的效果。不透明度越低产生的效果就越明显，如图 6-86 和图 6-87 所示。

#1			#2		
H:	20°		H:	39°	
S:	94%		S:	94%	
B:	94%		B:	95%	

图 6-85 图像中饱和度混合效果的混合值

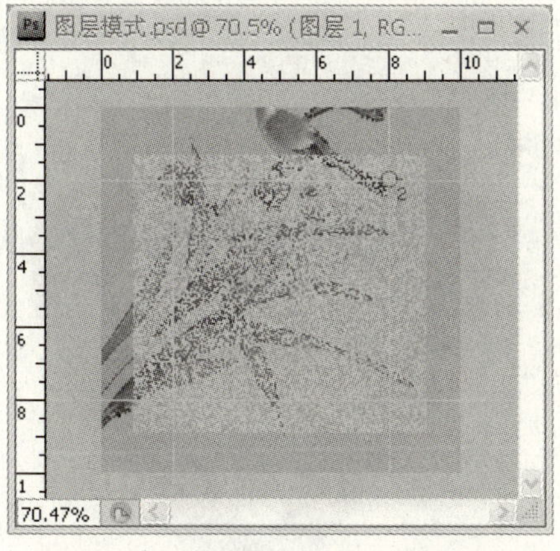

图 6-86 不透明度为 50%的溶解效果

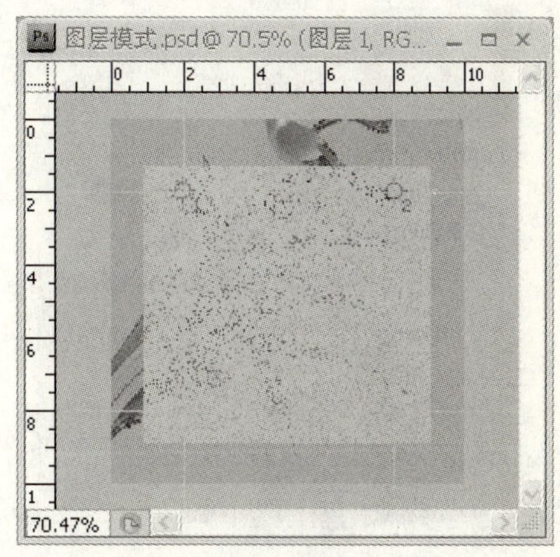

图 6-87 不透明度为 85%的溶解效果

6.4 图 层 样 式

图层样式种类很多，有投影、内阴影、外发光、内发光、斜面和浮雕、光泽、颜色叠加、图案叠加、渐变叠加、描边等图层效果，单击图层面板“添加图层样式”按钮fx，就会出现图层样式选项。

6.4.1 混合选项

在图层样式选项中，单击混合选项，就会弹出如图 6-88 所示的“样式混合”选项对话框。

1. 投影

投影效果是图层样式中使用比较频繁的一种，可以使平面图形产生立体感。在“图层样式”对话框的左侧勾选“投影”选项，其右侧会变为相应的投影选项，如图 6-89 所示。“投影”样式作用在图层后的效果如图 6-90 所示。“投影”样式中各项参数意义如下。

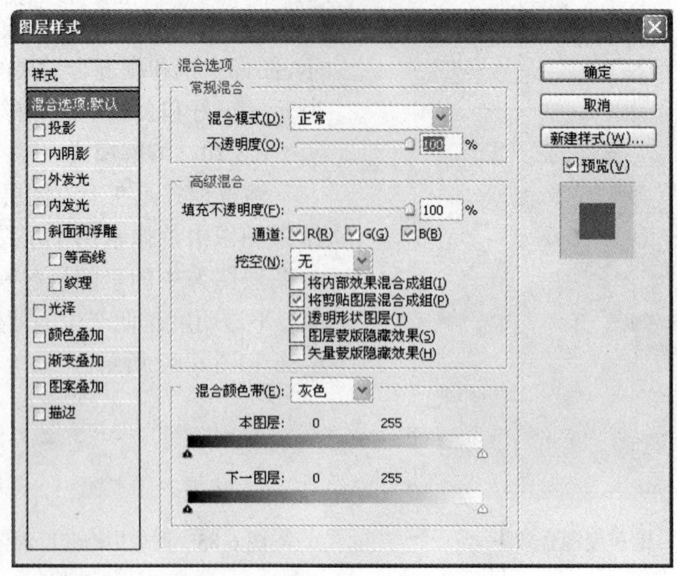

图 6-88 “图层样式”对话框

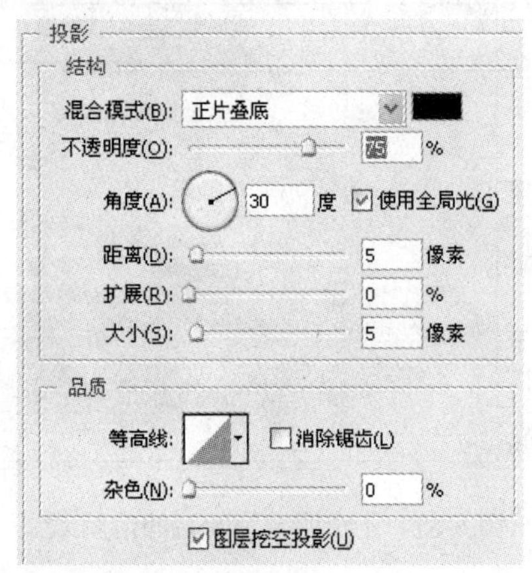

图 6-89 “投影”选项

图 6-90 投影效果

（1）混合模式。设置阴影与下方图层的色彩混合模式，右侧的菜单可以设置不同的混合模式。单击旁边的颜色可以重新定义阴影的颜色。

（2）不透明度。用来设置阴影的不透明度，值越大，阴影颜色越深。

（3）角度。用来设置光源的照射角度，用鼠标拖动圈内的指针或输入数值。选择“使用全局光”，可使所有的图层效果保持相同的光线照射角度。

（4）距离。设置图层与投影之间的距离。

（5）扩展。设置光线的强度，值越大，效果越强烈。

（6）大小。设置阴影边缘的柔化程度。

（7）等高线。产生不同的不透明度变化和不同的光环形状。

（8）杂色。在阴影的暗调中增加杂点，产生特殊的效果。

（9）图层挖空投影。在填充为透明时，使阴影变暗。

2. 内阴影

内阴影是在图层的内部边缘产生柔化的阴影效果，可以制作各种立体图形或字体，参数设置如图 6-91 所示。设置“内阴影”后的效果如图 6-92 所示。如图“内阴影”的设置与“投影”十分相似，唯有以下不同之处。

阻塞。可以设定阴影与图像之间内缩的大小。

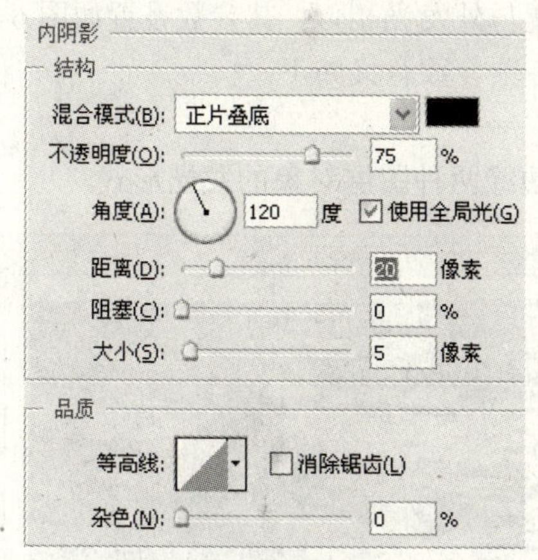

图 6-91 “内阴影”选项

图 6-92 内阴影效果

3. 外发光

外发光效果是在图像的边缘产生光晕效果，而使图像更加醒目，参数设置如图 6-93 所示。文字设置“外发光”后的效果如图 6-94 所示，“外发光”样式中各项参数意义如下。

（1）结构。混合模式、不透明度和杂色都与投影相似， 是用来设置光晕的颜色，右边的渐变光晕条可以弹出渐变编辑器来设置颜色。

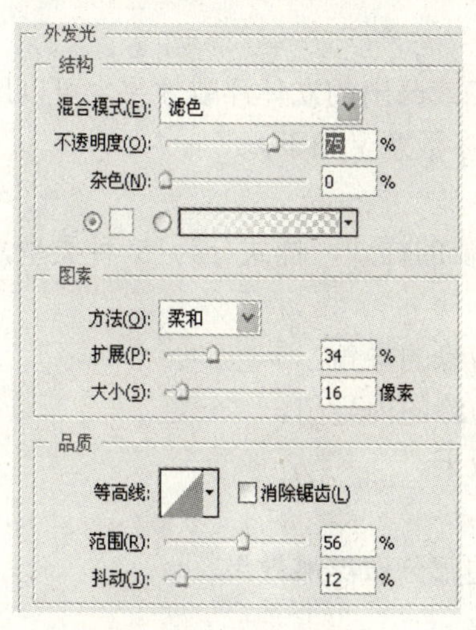

图 6-93 “外发光”选项

图 6-94 “外发光”效果

（2）图素。

1）方法。用来设置软化蒙版的方法，分为柔和和精确两种。

2）扩展。用来设置模糊之前的柔化程度。

3）大小。通过调节光晕的大小。

（3）品质：等高线与上相似。

1）范围。等高线运用的范围。

2）抖动。用于随机发光中的渐变。

4. 内发光

内发光效果是在图像的内部产生光晕效果，设置与外发光相似，其参数设置如图 6-95 所示。实现的效果如图 6-96 所示，“内发光”样式中各项参数意义如下。

（1）阻塞。设置模糊前减少图层蒙版。

（2）源。设置图层对象发光的来源，有居中和边缘两种图层对象的发光形式。

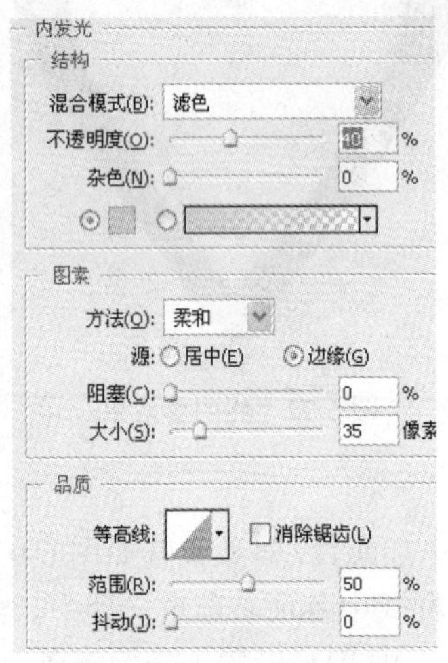

图 6-95 “内发光”选项

图 6-96 “内发光”效果

5. 斜面与浮雕

斜面与浮雕效果可以在图层上产生各种各样的凹陷或凸出的立体浮雕效果，可以用来制作各种特殊的字体和效果，“斜面与浮雕”样式中各项参数意义如下。

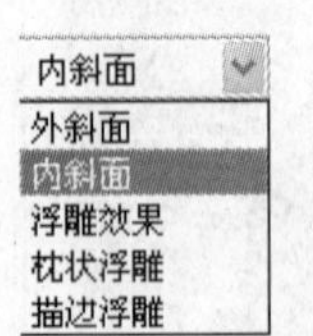

图 6-97　结构样式

（1）结构设置。

1）样式：用来设置斜面和浮雕的样式，样式分为 5 种类型，如图 6-97 所示。

外斜面：制作图层中图像外边缘的导角。

内斜面：制作图层图像内容边缘的内导角。

浮雕效果：制作图层的浮雕效果。

枕状浮雕：制作图层的边缘压入下层图层的效果。

描边浮雕：制作图层应用了描边功能，可以对描边部分做浮雕效果。

2）方法：用来表现浮雕面的方法，分为以下三种。

平滑：用于边缘过渡为柔和。

雕刻清晰：制作清晰、精确的生硬斜面。

雕刻柔和：不如雕刻清晰精确，但适合应用较大范围的边缘。

3）深度：用来设置图层阴影的强度。

方向：通过上下方向来改变高光和阴影的位置。

大小：用来控制阴影面积的大小。

软化：用来调节阴影的柔和程度。

（2）阴影设置。

角度：设定立体光源的角度。

高度：设定立体光源的高度。

光泽等高线：给阴影设置曲线，使选择的轮廓图明暗对比分布明确。

高光模式：设定立体化后高亮的模式，右边的颜色块可以设定亮部的颜色。下面用来设定亮部的不透明度。

阴影模式：设定立体化后暗调的模式，右边的颜色块可以设定暗部的颜色。下面用来设定暗部的不透明度。

（3）等高线设置。

在“图层样式”对话框左侧，单击等高线选项，对话框右侧变为“等高线”的设置。等高线对底纹有所变化。范围可以用通过数值来进行调节，如图 6-98 所示。

（4）纹理设置。

在“图层样式”对话框左侧，单击“纹理”选项，对话框右侧变为“纹理”的设置。用来在立体效果上添加各种凹凸的材质效果，如图 6-99 所示。

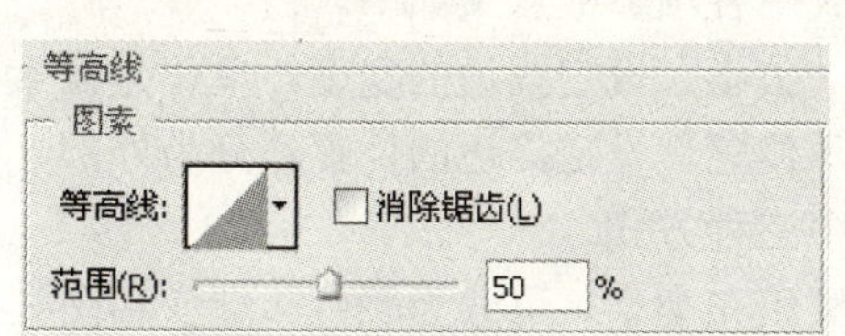

图 6-98 “等高线”参数设置

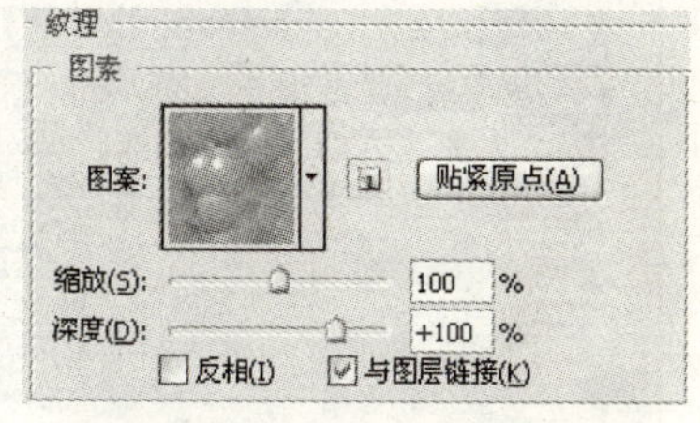

图 6-99 “纹理”参数设置

1）图案。用于设定纹理的图案。

2）贴紧原点。用于将纹理对齐图层或文档的左上角。

3）缩放。定义图案的缩放比例。

4）深度。设定纹理的强弱程度。

5）反相。勾选复选项可以对原来的浮雕效果进行反转。

6）与图层链接：勾选复选项可以使图案纹理与被作用的图层链接。

6. 颜色叠加

颜色叠加可以为图层中的图像叠加一种自定义颜色，“颜色叠加”样式中各项参数意义同前。叠加后的效果如图 6-100 所示。

7. 渐变叠加

渐变叠加可以为图层中的图像叠加一种自定义或预设的渐变颜色，“渐变叠加”样式中各项参数意义同前。叠加后的效果如图 6-101 所示。

8. 图案叠加

图案叠加可以为图层中的图像叠加一种自定义或预设的图案，“图案叠加”样式中各项参数意义同前。叠加后的效果如图 6-102 所示。

图 6-100 颜色叠加效果

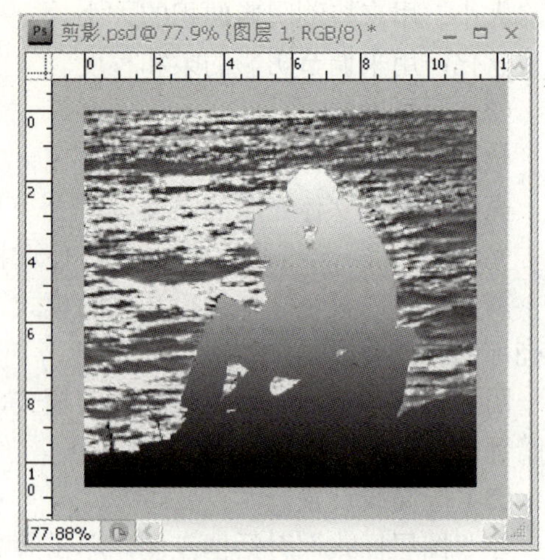

图 6-101 渐变叠加效果

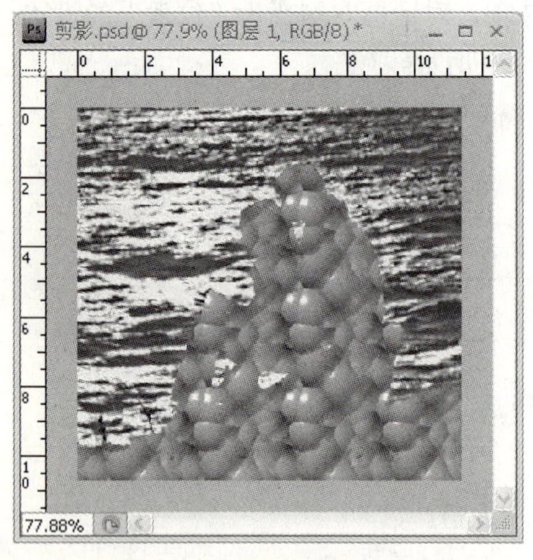

图 6-102 图案叠加效果

9. 描边

描边可以为当前图层中的图像添加内部、居中或外部单色、渐变或图案的效果，“描边”样式中各项参数意义如下。

大小。设定描边的宽度，单位是像素。

位置。设定描边的位置，分为外部、内部、居中三种方式。

填充类型。可分为颜色、渐变和图案三种。可以通过颜色选取来选择颜色、渐变或图案。

6.4.2 图层样式编辑

从图层面板中可以对图层样式进行编辑。单击图层右侧的小三角可以展开图层样式，将其全部显示出来，然后完成相应的图层样式编辑，具体的编辑操作如下。

1. 隐藏与显示图层样式

要隐藏相应的图层样式效果，可单击图层样式效果前的眼睛图标，需要显示时，再单击眼睛图标，即可显示图层效果。也可以选择“图层”→“图层样式”→“隐藏所有效果”命令，可以隐藏所有图层的效果。

2. 清除图层样式

清除图层样式可以采用单击图层右侧的小三角来展开图层样式，将其全部显示出来。然后拖曳需要清除的图层样式至调板底部的“删除”按钮上，即可删除图层样式。或右键单击该图层，可以从快捷菜单中选择“清除图层样式”命令来清除图层样式。

3. 缩放图层样式

通过使用“缩放效果”，能够缩放图层样式中的效果，而不会缩放应用了图层样式的对象。具体操作：选择“图层”→“图层样式”→“缩放效果”命令，可以弹出“缩放图层效果”对话框，如图 6-103 所示，在对话框中可以设置缩放比例。

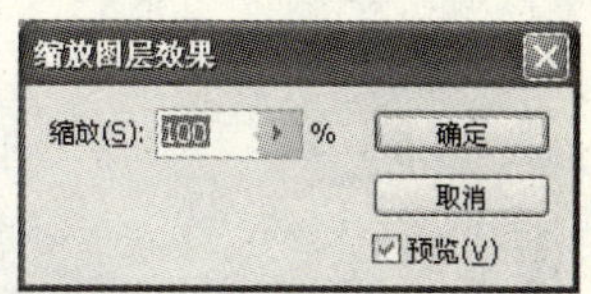

图 6-103　“缩放图层效果”对话框

4. 复制与粘贴图层样式

在图层面板中，用鼠标右键单击需要复制图层样式的图层，从快捷菜单中选择“复制图层样式”命令，然后再用鼠标右键单击相应要粘贴图层样式的图层，从快捷菜单中选择“粘贴图层样式”命令来完成复制和粘贴的过程。也可以选择“图层”→“图层样式”→“拷贝图层样式”和“粘贴图层样式”命令复制和粘贴图层的样式。

5. 图层样式转换为图层

可以运用多种图层样式来进行编辑和修改。将图层样式转换为普通图层，选择“图层”→“图层样式”→“创建图层”命令，可以把图层的各种样式转换为普通图层，所应用的各种效果都分离开来形成独立的图层，如图 6-104 和图 6-105 所示。

图 6-104　“图层”样式

图 6-105　图层样式转换为普通图层

本节要点：主要介绍了图层样式的添加方法，图层样式的选项设置以及图层样式层与普通图层的转换。

上机实例：图层样式的使用——制作绿叶上的水珠效果。

1. 制作目的

熟练利用图层样式。

2. 制作步骤

（1）打开素材文件“水滴.jpg”，将前景色设置为黑色，画笔的直径设置为 61px，新建图层 1，在图层 1 中用画笔工具点一点如图 6-106 所示，并选择菜单栏中的“编辑”→“变换”→“变形”命令，将黑色圆点变形为如图 6-107 所示。

（2） 选择图层面板中的“样式”按钮，在出现的命令选项中选择“混合选项”设置“填充不透明度”为 3%，如图 6-108 所示，此时黑色圆点几乎看不见。

图 6-106　制作黑色圆点

图 6-107　变形黑色圆点

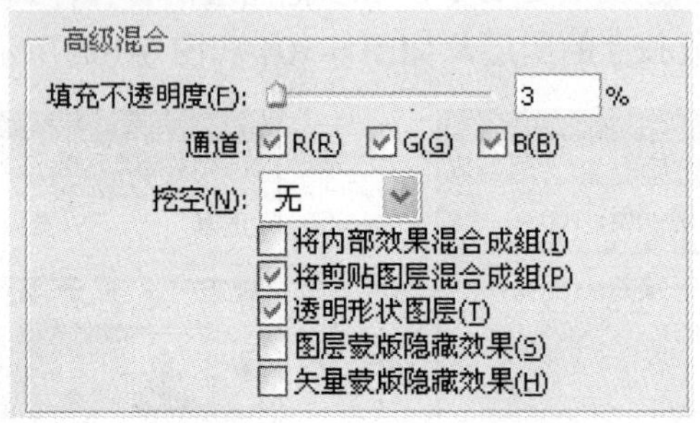

图 6-108　设置填充不透明度

操作小贴士

这里为什么不设置图层的不透明度，而是设置填充不透明度？这是因为图层不透明度调节的是整个图层的不透明度，而填充不透明度只是改变填充部分的不透明度。调整图层的不透明度会影响整个图层中所有对象（原图层中的对象和添加的各种图层样式效果），而修改填充时只会影响原图像，不会影响添加效果（添加的图层样式）。

（3）选择图层面板中的“样式”按钮，在出现的命令选项中选择“投影”命令，在弹出的对话框中进行相应的设置，如图 6-109 所示，水滴效果如图 6-110 所示。

（4）选择图层面板中的“样式”按钮，在出现的命令选项中选择“内阴影”命令，在弹出的对话框中进行相应的设置，如图 6-111 所示，水滴效果如图 6-112 所示。

（5）选择图层面板中的“样式”按钮，在出现的命令选项中选择“内发光”命令，在弹出的对话框中进行相应的设置，如图 6-113 所示，水滴效果如图 6-114 所示。

（6）选择图层面板中的“样式”按钮，在出现的命令选项中选择“斜面和浮雕”命令，在弹出的对话框中进行相应的设置，如图 6-115 所示，水滴效果如图 6-116 所示。

（7）通过上面的步骤，水滴效果已经制作完成。在菜单栏选择“窗口”→“样式”命令，弹出如图 6-117 所示的“样式”对话框，单击“新建样式”按钮，在弹出的对话框中输入新样式的名称，如图 6-118 所示。

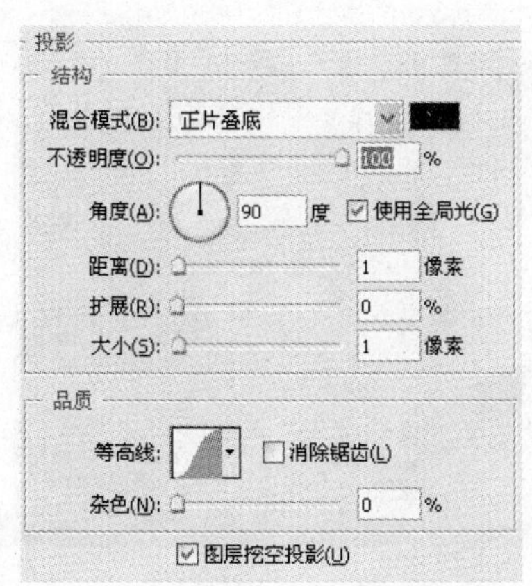

图 6-109　“投影”样式参数设置

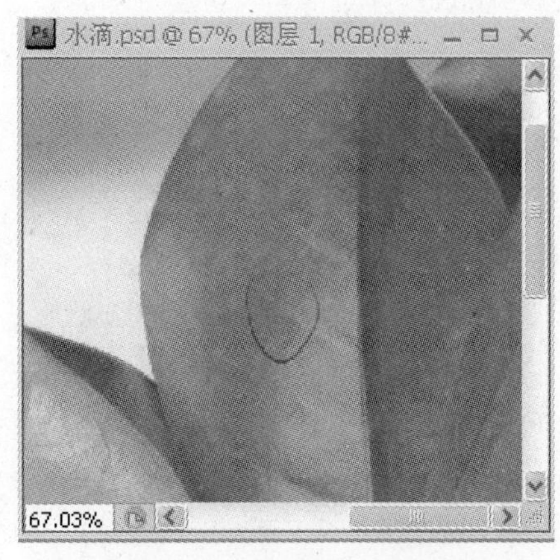

图 6-110　投影样式效果

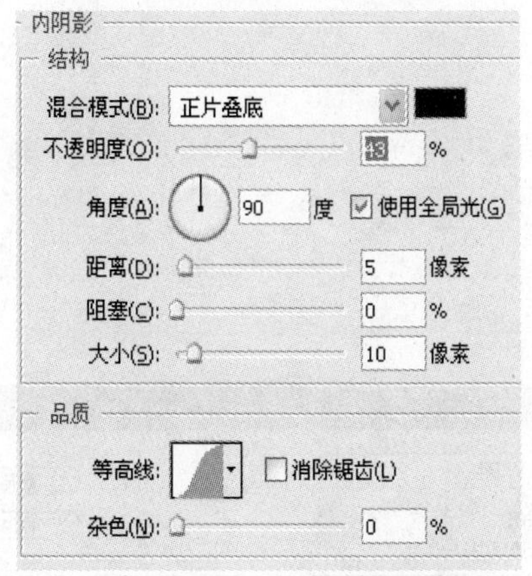

图 6-111　“内阴影”样式参数设置

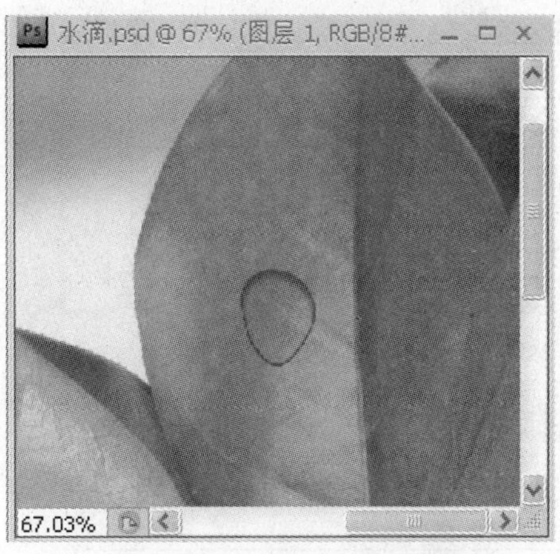

图 6-112　内阴影样式效果

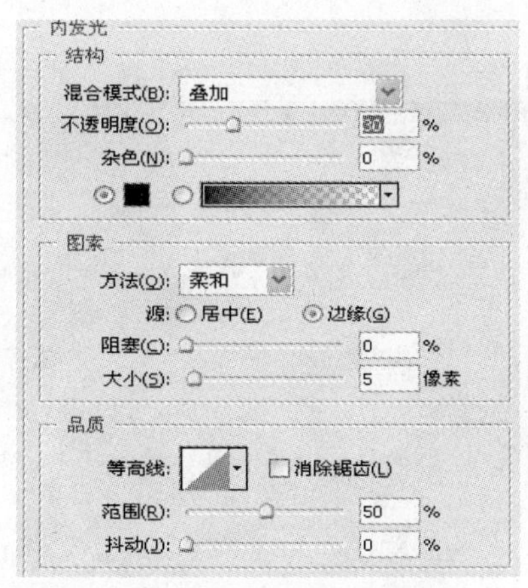

图 6-113　“内发光”样式参数设置

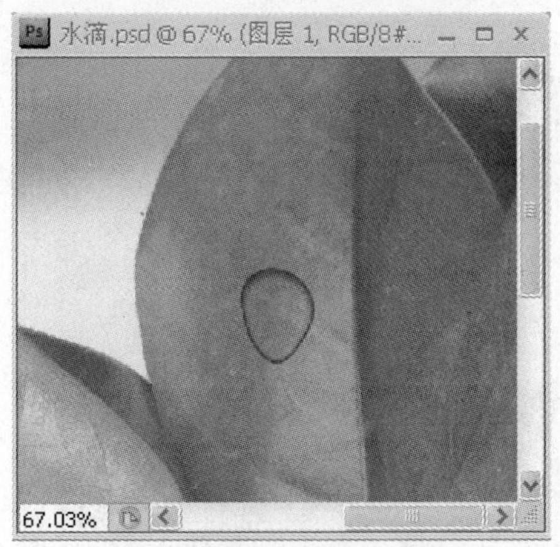

图 6-114　内发光样式效果

（8）新建图层 2，在图层 2 中创建一个变形的黑色圆点，如图 6-119 所示。应用刚才新建的“水滴”样式，效果如图 6-120 所示。

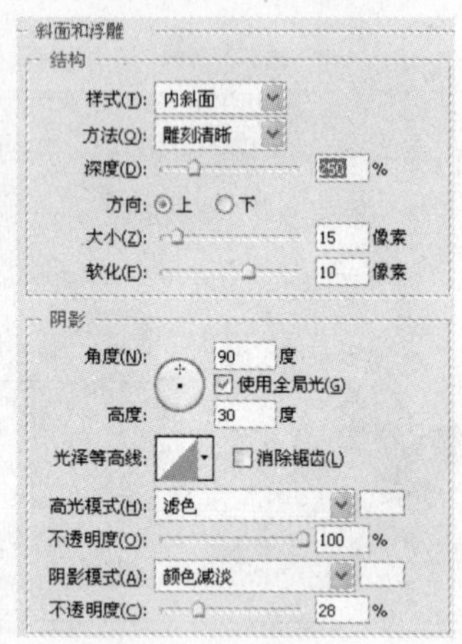

图 6-115 “斜面和浮雕”样式参数设置

图 6-116 斜面和浮雕效果

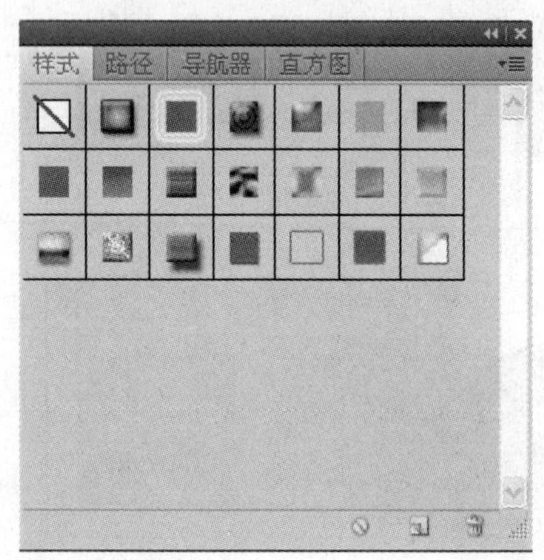

图 6-117 “样式”对话框

图 6-118 “新建样式”对话框

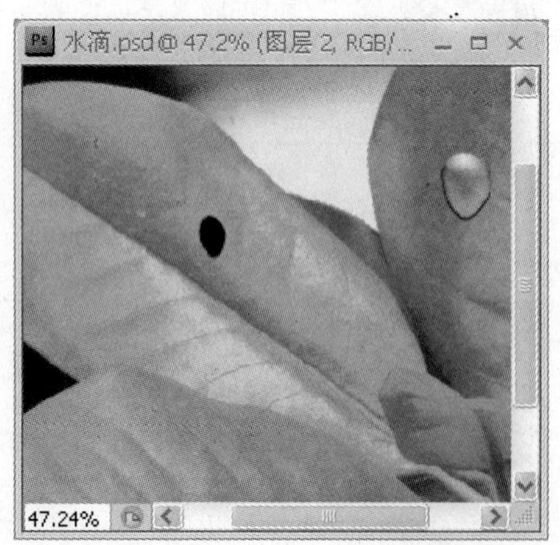

图 6-119 创建一个变形的黑色圆点

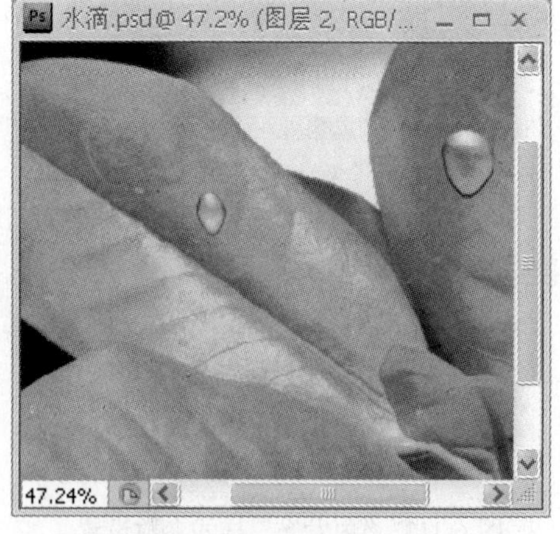

图 6-120 应用“水滴”样式效果

（9）重复步骤 8，可以创建很多大小不同的小水滴，效果如图 6-121 所示。

图 6-121　绿叶上的水珠效果

上 机 作 业

利用所提供的素材文件制作如图 6-122 所示的效果。

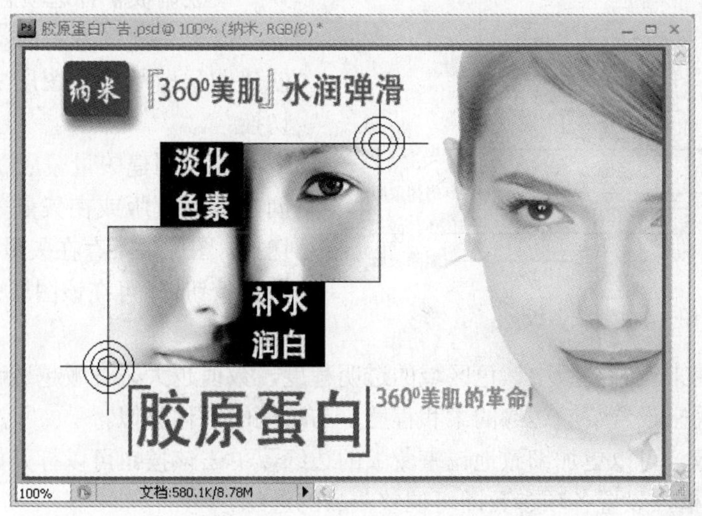

图 6-122　效果图

第7章 蒙　　版

7.1 蒙 版 调 板

蒙版就是在原来图层上加了一个看不见的图层，其作用就是显示和遮盖原来的图层。

选择某个图像的部分区域时，未选中区域将被蒙版或受保护以免被编辑。因此，创建了蒙版后，要改变图像某个区域的颜色，或者要对该区域应用滤镜或其他效果时，可以隔离并保护图像的其余部分。也可以在进行复杂的图像编辑时使用蒙版，比如将颜色或滤镜效果逐渐应用于图像。

蒙版调板是 Photoshop CS4 新增的一个功能，通过该调板可以对创建的蒙版进行细致地调整，使图像合成更加细腻，处理更加方便。创建蒙版后，选择"窗口"→"蒙版"命令就可打开如图 7-1 所示的蒙版调板。

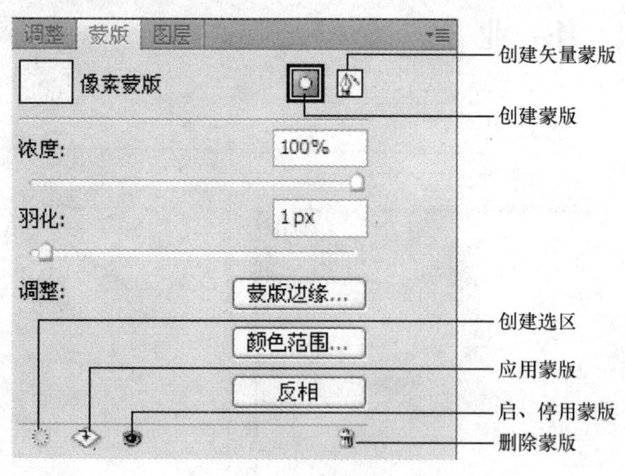

图 7-1　蒙版调板

蒙版调板中各选项意义如下。

（1）创建像素蒙版。用来为图像创建图层蒙版或在图层蒙版与图像之间切换。

（2）创建矢量蒙版。用来为图像创建矢量蒙版或在矢量蒙版与图像之间切换。图像中不存在矢量蒙版时，只要单击该按钮，即可在该图层中新建一个矢量蒙版。

（3）浓度。用来设置蒙版中黑色区域的透明程度，数值越大，蒙版越透明。

（4）羽化。用来设置蒙版边缘的柔和程度，与选区的羽化类似。

（5）蒙版边缘。可以更加细致地调整蒙版的边缘，单击该按钮可以打开如图 7-2 所示的"调整蒙版"对话框，设置各项参数即可调整蒙版的边缘。

（6）颜色范围。用来重新设置蒙版的效果，单击该按钮可以打开如图 7-3 所示的"色彩范围"对话框。

（7）反相。单击该按钮，蒙版中的黑色与白色可以进行对换。

（8）创建选区。单击该按钮，可以从创建的蒙版中生成选区，被生成选区的部分是蒙版中的白色部分。

（9）应用蒙版。单击该按钮，可以将蒙版与图像合并。

（10）启用与停用蒙版。单击该按钮可以使蒙版在显示与隐藏之间转换。

（11）删除蒙版。单击该按钮，可以将选择的蒙版缩略图从图层调板中删除。

在 Photoshop CS4 中，有图层蒙版（也称为像素蒙版）、矢量蒙版和剪贴蒙版，还有其他形式的蒙版，例如形状图层、调节图层、填充图层蒙版。

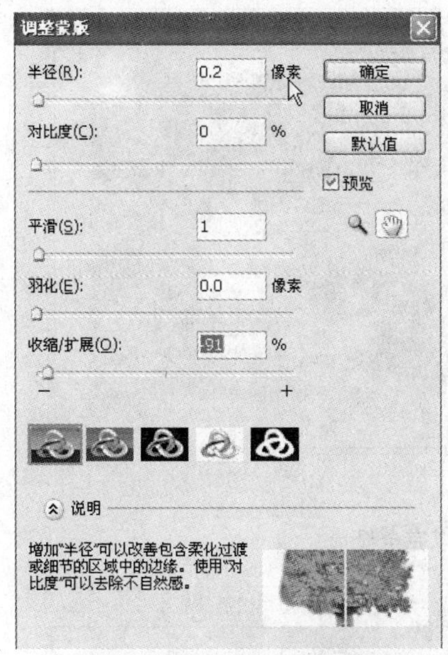

图 7-2 “调整蒙版”对话框

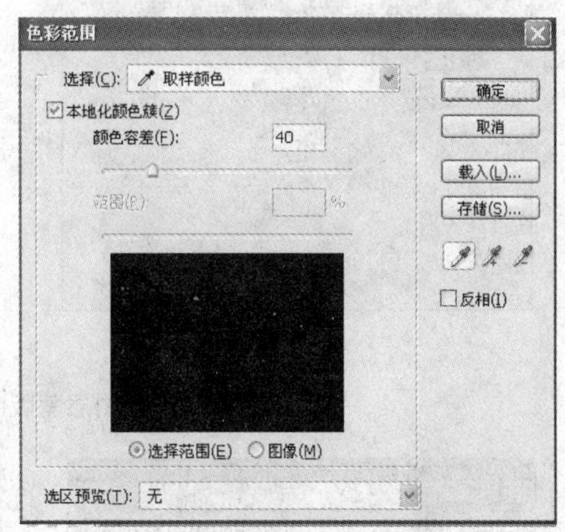

图 7-3 “色彩范围”对话框

7.2 图　层　蒙　版

图层蒙版也称为像素蒙版，可以使用绘图工具在图层蒙版上（好像玻璃片上）涂色，但只能涂黑、白、黑白渐变，黑色地方的蒙版变为不透明，看不见当前图层中被遮盖的图像。白色的地方则使涂色部分变为透明，可看到当前图层上的图像。黑白渐变使蒙版变为半透明产生蒙太奇效果。

7.2.1　创建图层蒙版

图层蒙版创建方法如下。

（1）在图层面板中单击“添加图层蒙版”按钮，可以快速创建一个白色蒙版缩略图，如图 7-4 所示，此时蒙版为透明效果。

图 7-4　创建图层蒙版

（2）在蒙版面板中单击“添加图层蒙版”命令就可以创建一个蒙版。

在图层蒙版中，用白色填充蒙版，本图层的图像可以完全露出，如图 7-5（a）所示。添加图层蒙版并用白色填充，效果如图 7-5（b）所示。用黑色填充，本图层的图像完全被蒙住，如图 7-6（a）所示。添加图层蒙版并用黑色填充，效果如图 7-6（b）所示。如果用黑白渐变填充，产生蒙太奇效果，如图 7-7（a）所示。添加图层蒙版并用黑白渐变填充，效果如图 7-7（b）所示。

如果图层有选区，在图层面板中单击“添加图层蒙版”按钮，就会产生选区蒙版。图像中有椭圆选区如图 7-8（a）所示，利用椭圆选区创建图层蒙版，如图 7-8（b）所示。图像中有文字选区如图 7-9（a）所示，利用文字选区创建图层蒙版如图 7-9（b）所示。

(a)

(b)

图 7-5 图层蒙版中的图像可以完全显示

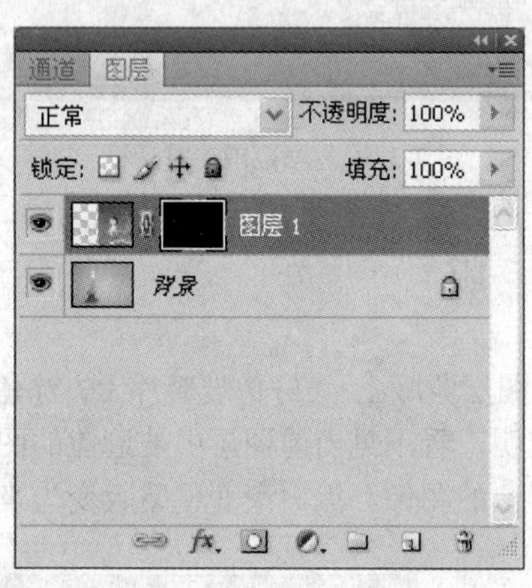

(a)

(b)

图 7-6 图层蒙版中的图像完全被蒙住

(a)

(b)

图 7-7 图层蒙版中的图像产生蒙太奇效果

(a)

(b)

图 7-8　利用椭圆选区创建图层蒙版

(a)

(b)

图 7-9　利用文字选区创建图层蒙版

7.2.2　编辑图层蒙版

1. 改变蒙版大小

对已创建好的图层蒙版，可以用画笔等工具在蒙版上涂，以改变图层中显示或蒙住的区域。注意操作时一定要选中蒙版。

2. 图层蒙版链接与取消链接

创建蒙版后，在默认状态下蒙版与当前图层中的图像处于链接状态，在图层缩略图与蒙版缩略图之间会出现一个链接图标。此时移动图像时蒙版会跟随移动，单击图像缩略图与蒙版缩略图之间的图标，可解除蒙版的链接，在图标隐藏的位置单击又可重新建立链接。

3. 停用图层蒙版

创建蒙版后，选择“图层”→“图层蒙版”→“停用”命令，或在蒙版缩略图上单击鼠标右键，在弹出的菜单中选择“停用图层蒙版”命令，此时在蒙版缩略图上会出现一个红叉，表示此蒙版被停用，如图 7-10 所示。选择“图层”→“图层蒙版”→“启用”命令，或在蒙版缩略图上单击鼠标右键，在弹出的菜单中选择“启用图层蒙版”命令，即可重新启用蒙版效果。

4. 删除图层蒙版

创建蒙版后，在菜单栏中选择“图层”→“图层蒙版” →“删除”命令，即可将当前应用的蒙版效果从图层中删除，图像恢复为原来的效果。或者蒙版缩略图上单击鼠标右键，在弹出的菜单中选择“删除图层蒙版”命令，也可以删除图层蒙版。

5. 应用图层蒙版

在菜单栏中选择 “图层”→“图层蒙版” →“应用”命令，可以将当前应用的蒙版效果直接与图像合并。或者蒙版缩略图上单击鼠标右键，在弹出的菜单中选择“应用图层蒙版”命令，也可以实现。效果如图 7-11 所示。

图 7-10 停用蒙版

图 7-11 应用蒙版的效果

上机实例：图层蒙版的使用——狼眼象。

1. 制作目的

熟练掌握钢笔工具和路径编辑工具。

2. 制作步骤

（1）打开素材文件“大象.jpg”和“狼.jpg”，将“狼.jpg”图像移动到“大象.jpg”图像中，并且将“狼.jpg”适当缩小，使狼的眼睛和大象的眼睛大小差不多，如图 7-12 所示。

（2）将狼所在图层的不透明度设置为 43%，这样便于调整狼眼睛和大象眼睛的位置，使它们重合，如图 7-13 所示。

（3）单击图层面板上的“添加图层蒙版”按钮，这样就在当前图层中添加了图层蒙版，将画笔的属性设置为如图 7-14 所示，硬度设置为 0%，是为了在边沿产生羽化效果，这样边界过渡比较自然。然后使用画笔在蒙版中涂抹，留下狼眼部分，如图 7-15 所示。

（4）最后狼眼象效果如图 7-16 所示。

图 7-12　调整狼眼的大小

图 7-13　调整狼眼睛的位置

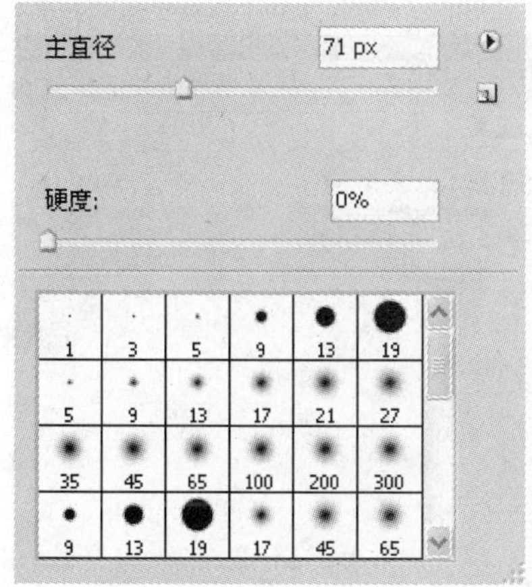

图 7-14　画笔属性设置

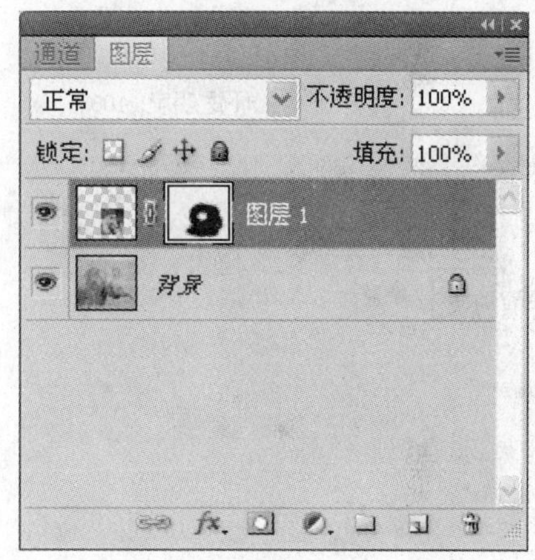

图 7-15　蒙版图层涂抹

图 7-16　狼眼象效果

7.3 矢 量 蒙 版

创建或编辑矢量蒙版时要使用“钢笔工具”或“形状工具”，选区、画笔、渐变工具不能编辑矢量蒙版。

7.3.1 创建并编辑矢量蒙版

1. 创建矢量蒙版

通常有两种方法创建矢量蒙版：①单击图层面板上的按钮，同时按 Ctrl 键，就可在当前图层上创建矢量蒙版，如图 7-17 所示。②单击蒙版图层上的按钮，也可以创建矢量蒙版。这样创建的矢量蒙版没有起到蒙版的作用，需要利用矢量工具在蒙版中绘制矢量图形（也是路径）。利用钢笔工具在矢量蒙版中绘制了一个桃心路径，同时在图层面板的矢量蒙版中，如图 7-18 所示也可以看到一个灰白区域，白色的图像可以显露出来，而灰色的区域被蒙住，如图 7-19 所示。

图 7-17 创建矢量蒙版

图 7-18 在矢量蒙版中绘制矢量图形

也可以利用已有的矢量图形创建矢量蒙版，如图 7-20 所示，先在图层 1 中利用自定义

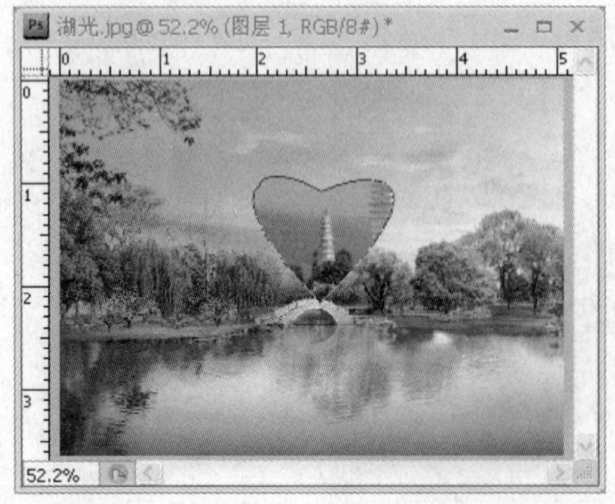

图 7-19 在矢量蒙版中绘制矢量图形

图 7-20 利用已有路径创建矢量蒙版

图形工具，在图层中创建一个蝴蝶路径，然后使用创建矢量蒙版的方法，就可以创建矢量蒙版。

2. 矢量蒙版的编辑

对矢量蒙版的编辑，也就是路径的编辑，使用路径编辑工具即可。

7.3.2　将矢量蒙版转换为图层蒙版

1. 图层蒙版和矢量蒙版的区别

图层蒙版中的填充颜色是黑、白或黑白渐变（产生蒙太奇效果），黑色区域所覆盖的被挡住，白色区域所覆盖的可以显露出来，渐变若隐若现。矢量蒙版的填充颜色只是灰色和白色，灰色区域所覆盖的被挡住，白色区域所覆盖的可以显露出来。矢量蒙版可以转化为图层蒙版，反过来则不能。

2. 矢量蒙版转换为图层蒙版

矢量蒙版只要栅格化就可以变成图层蒙版，如图 7-21 所示是矢量蒙版，栅格化后转换成图层蒙版如图 7-22 所示。

图 7-21　矢量蒙版

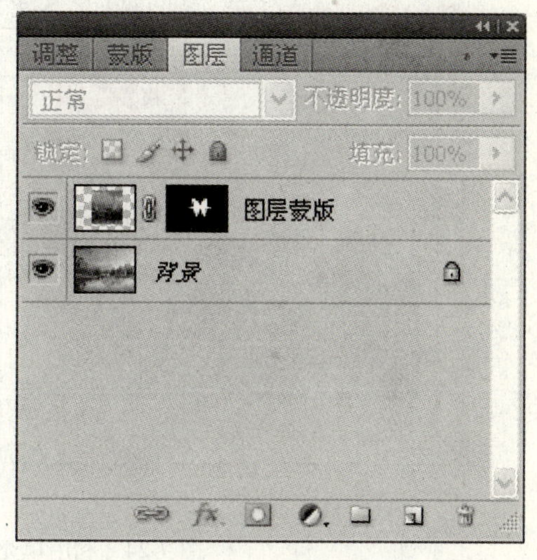

图 7-22　转化成图层蒙版

7.4 剪 贴 蒙 版

剪贴蒙版是一种用于混合文字、形状及图像的常用技术。剪贴蒙版由两个以上图层构成，处于下方的图层称为基层，用于控制上方图层的显示区域，而其上方的图层则被称为内容图层。

注意，下方的图层是控制上方图像显示的具体形状，区域（路径、选区或文字蒙版）必须用颜色填充。在菜单栏中选择“图层”→“创建剪贴蒙版”命令，便可将当前图层创建为其下方的剪贴图层。

下面分别是用选区如图 7-23（a）、路径如图 7-24（a）和文字图层如图 7-25（a）建立的剪贴图层，其对应的图层面板如图 7-23（b）、图 7-24（b）和图 7-25（b）所示。

(a)

(b)

图 7-23 利用填充的选区创建的剪贴蒙版

(a)

(b)

图 7-24 利用填充的路径创建的剪贴蒙版

(a)

(b)

图 7-25 利用文字创建的剪贴蒙版

7.5 快 速 蒙 版

通过创建快速蒙版，可以在图像上创建一个半透明的图像，在快速蒙版模式下可以把任何选区作为蒙版来进行编辑。把选区作为蒙版来编辑的优点是几乎可以使用任何工具修改蒙版，这样就大大方便了编辑操作。在快速蒙版上进行的任何操作都只作用于蒙版本身，而不会影响到图像。

1. 创建快速蒙版

当图像中存在选区时，在工具箱中直接单击“以快速蒙版模式编辑”按钮，就可以进入快速蒙版编辑状态，在默认状态下，选区内的图像为可编辑区域，选区外的图像为受保护区域，如图7-26所示。

2. 更改蒙版颜色

蒙版颜色是指在图像中保护某区域的透明颜色，默认状态下为红色，透明度为50%，双击“以快速蒙版模式编辑”按钮，就会出现如图7-27所示的“快速蒙版选项”对话框。对话框中各选项意义如下。

（1）色彩提示。用来设置在快速蒙版状态时遮罩显示位置。

被蒙版区域：快速蒙版中有颜色的区域代表被蒙版的范围，没有颜色的区域则是被选区的范围。

图7-26 创建快速蒙版

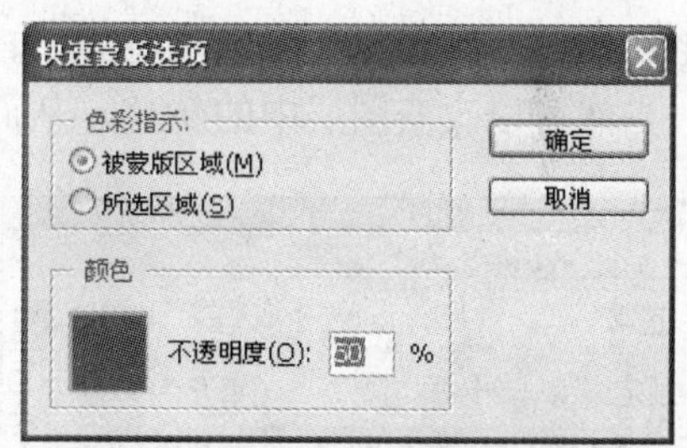

图7-27 “快速蒙版选项”对话框

所选区域：快速蒙版中有颜色的区域代表选区范围，没有颜色的区域则是被蒙版的范围。

（2）颜色。用来设置当前快速蒙版的颜色和透明度，默认状态下“不透明度”为50%的红色，单击颜色图标可以修改蒙版的颜色。

3. 编辑快速蒙版

进入快速蒙版模式的编辑状态，使用相应的工具可以对快速蒙版重新编辑。在默认状态下，使用深色在可编辑区域填充时，前景色自动转变为黑色或灰色，就可将其转换为保护区域的蒙版；使用浅色在蒙版区域填充时，前景色自动转变为白色，就可将其转换为可编辑状态。如图7-28所示，是画笔修改过的快速蒙版。

4. 退出快速蒙版

在快速蒙版状态下编辑完成后，单击“以标准模式编辑”按钮，就可以退出快速蒙版，此时被编辑区域会以选区显示。

图 7-28 编辑快速蒙版

7.6 其他形式的蒙版

1. 形状图层

在形状工具选项栏中，单击“形状图层按钮”，在图像中画一个椭圆，就会在图层面板中生成一个形状图层，如图 7-29 所示。

形状图层其实也是一种矢量蒙版，白色椭圆区域是可以显露出来，显露出来的是黑色的椭圆。当然可以改变图层中的颜色，从而改变显露出来的颜色，如图 7-30 所示。

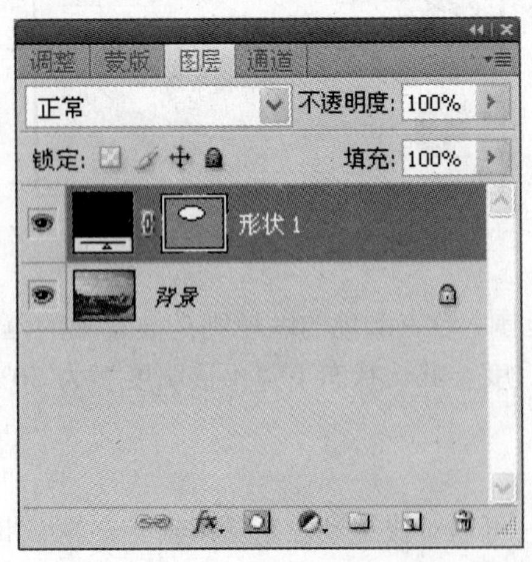

图 7-29 形状图层

图 7-30 改变形状图层露出的颜色

2. 填充图层

可以用纯色、渐变或图案填充图层，如图 7-31 所示。颜色填充图层其实就是图层蒙版，效果如图 7-32 所示，在蒙版中，白色区域中本图层的红色都可以显露出来，而黑色区域的红色被蒙住，但是下面图层的内容可以显露出来，注意图层蒙版只是蒙住本图层的区域。

图 7-31　填充图层

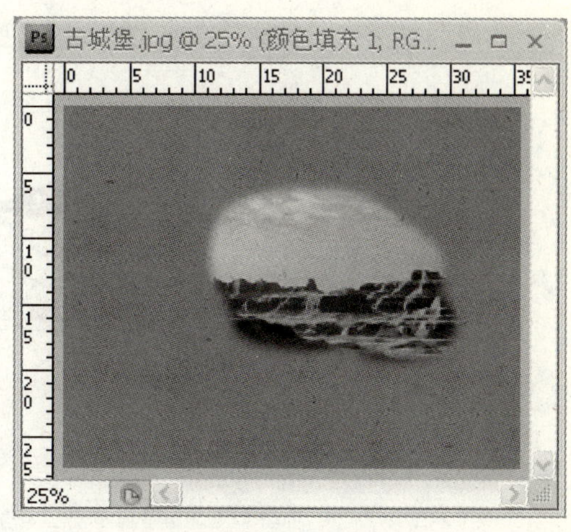

图 7-32　填充图层效果

3. 调整图层

调整图层可将颜色和色调调整应用于图像，实际上也是图层蒙版，如图 7-33 所示，如图将蒙版全部用黑色填充，调整再也不起作用，因为本图层上的内容全部被蒙住，只能原封不动地显示出下面图层的内容，如图 7-34 所示。

总结：本章主要介绍了 Photoshop 中常见的蒙版，例如图层蒙版、矢量蒙版、剪贴蒙版和快速蒙版，以及其他形式的蒙版，例如形状图层和填充图层等。

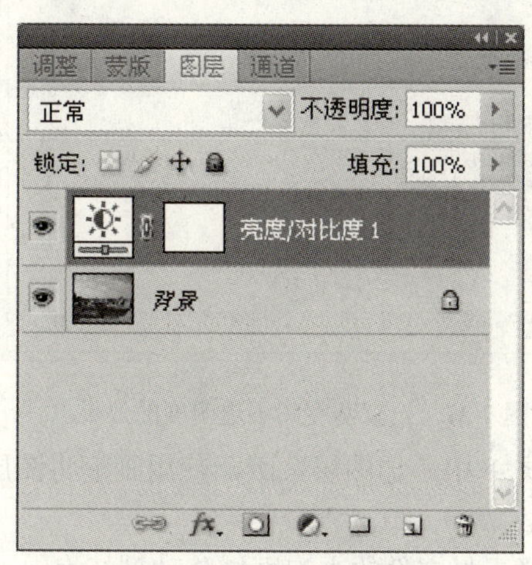

图 7-33　调整图层

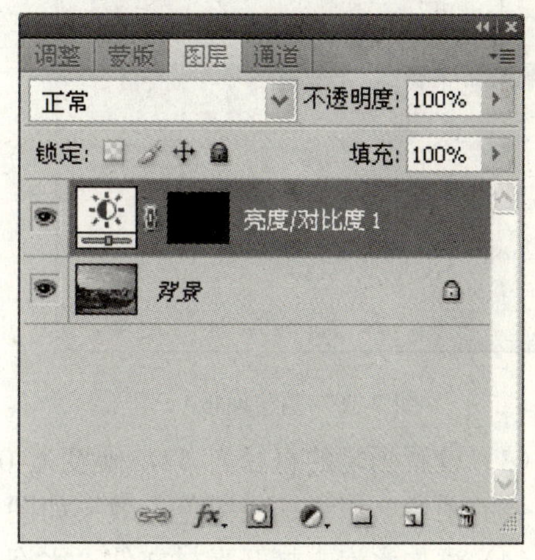

图 7-34　黑色填充蒙版

上机实例：利用图层蒙版制作——灯泡中的鱼。

1. 制作目的

熟练蒙版工具和图层混合模式。

2. 制作步骤

（1）打开素材文件“灯泡.jpg”和“水波.jpg”，并将“水波.jpg”图像移动到“灯泡.jpg”

中，适当调整水波图像的大小和位置，如图 7-35 所示，图层面板如图 7-36 所示。

图 7-35　打开素材文件并移动

（2）将图层 1 的混合模式设置为明度，不透明度设置为 45%。设置目的主要是为了和灯泡的背景颜色一致，如图 7-37 所示，图层面板如图 7-38 所示。

图 7-36　图层面板

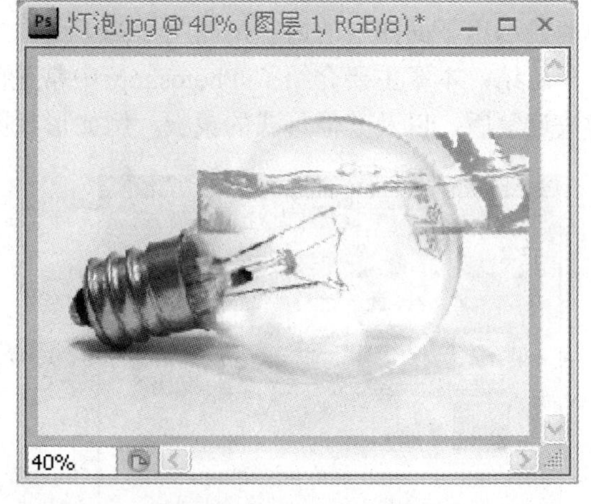

图 7-37　设置明度和不透明度的效果

（3）设置画笔的直径为 52，硬度为 0%。在图层 1 中添加图层蒙版，使用画笔将图层 1 中多余的图像区域涂抹成黑色，效果如图 7-39 所示。

（4）添加水泡。打开素材文件“水泡.jpg”，选择素材文件的水泡区域移动到灯泡中，然后对图层 2 添加图层蒙版，使用画笔工具将多余的图像区域涂抹成黑色。再选择一个水泡，重复上面的操作，效果如图 7-40 所示，图层面板如图 7-41 所示。

（5）打开“金鱼.jpg”素材文件，将图像移动到灯泡文件中，适当调整金鱼图像的大小和位置，为了产生金鱼在灯丝后面的效果，将金鱼所在的图层模式设置为正片叠底，效果如图 7-42 所示。

（6）在金鱼所在的图层添加图层蒙版，使用画笔工具将金鱼图像多余的区域涂黑，效果如图 7-43 所示。

图 7-38　图层面板

图 7-39　清除选区里的图像

图 7-40　添加水泡效果

图 7-41　图层面板

图 7-42　调整图层的混合模式效果

图 7-43　最终效果图

操作小贴士

对图层蒙版的编辑往往使用画笔工具，在实际操作中往往将画笔的硬度设置为 0%，可以使边界产生很好的羽化效果。

上　机　作　业

利用所提供的素材文件制作如下效果，如图 7-44 所示。

提示：制作小球填充图片的效果，可以利用剪贴蒙版来实现。

图 7-44　综合效果

第8章 通 道

8.1 通 道 分 类

通道对于 Photoshop 初学者来时，是一个非常难接受的专有名词。其实它并没有那么神秘，在 Photoshop CS4 中，无论是颜色还是选择信息，Photoshop 都将保存在通道中，因此对图像的处理和调整其实就是对通道改变的过程。

Photoshop CS4 中提供的通道面板可以快捷地创建和管理通道，如图 8-1 所示。在通道面板下面有 4 个命令按钮，作用分别如下。

（1）按钮。将通道作为选区载入。

（2）按钮。将选区存储为通道。

（3）按钮。新建通道，建立 Alpha 通道。

（4）按钮。删除通道。

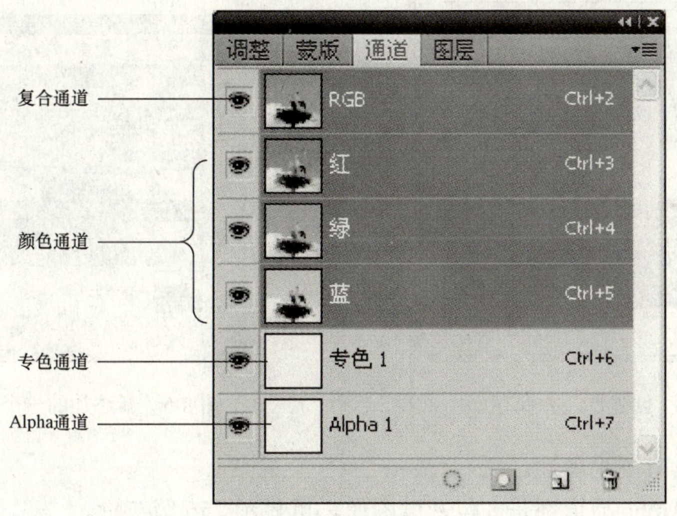

图 8-1 通道面板

8.1.1 颜色通道

颜色通道主要用来记录图像颜色的分布情况，在创建一个新图像时自动创建的。图像的颜色模式决定了所创建的颜色通道的数目。例如，在图 8-1 中有 3 个颜色通道，分别是红色、绿色通道和蓝色通道。下面通过一个例子来理解颜色通道，在素材图像“鸟.jpg”中拾取一个取样点，它的 RGB 值为（97,144,198），在通道面板中选中红色通道，如图 8-2 所示。在信息面板中，就发现该取样点的 RGB 为如图 8-3 所示。

从上面的例子可以看出，颜色通道就是图像中所有该颜色的分量组成的灰度图，即该颜色通道存储了颜色分量的信息。RGB 的复合通道是三种灰度图的有序组合。

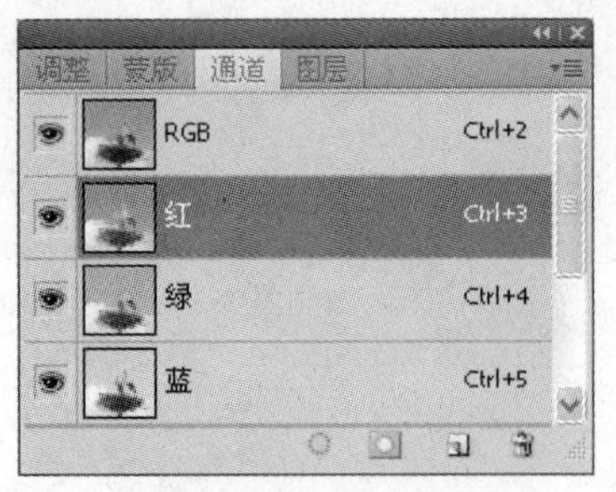

图 8-2　选中红色通道

8.1.2　Alpha 通道

Alpha 的英文意思是最初的或第一个，也就是说用户处理图像时最初使用的通道就是 Alpha 通道。

#1 R: 97
G: 97
B: 97

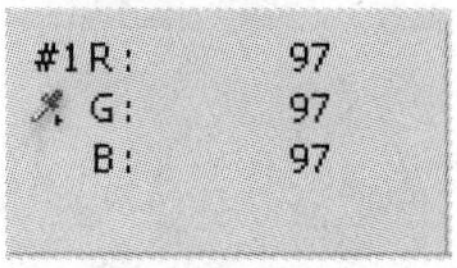

图 8-3　取样点的 RGB 值

Alpha 通道是用来将选区存储为灰度图像，也可以用来保存图像的蒙版。在以前的保存选区的操作，实际上就是将选区保存在 Alpha 通道中。Alpha 通道中的白色对应选区选中的部分，黑色对应未被选中的部分，即白色代表选择，黑色代表不选择。在这种意义上说，Alpha 通道也是一种图层蒙版。在打开的素材中，创建一个如图 8-4 所示的选区，然后单击通道面板底部的“将选区存储为通道”按钮，保存选区，在通道面板中就会自动添加一个 Alpha 通道，如图 8-5 所示。

图 8-4　创建选区并保存

图 8-5　新添加的一个 Alpha 通道

Alpha 通道具有下列属性。

（1）所有的 Alpha 通道都是 8 位灰度图像，可显示 256 级灰阶。

（2）可为每个 Alpha 通道指定名称、颜色、蒙版选项和不透明度（不透明度影响通道的预览，不影响图像）。

（3）所有的新通道都具有与原图像相同的尺寸和像素数目。

（4）可以使用绘画工具、编辑工具和滤镜编辑 Alpha 通道中的蒙版。

（5）可以将 Alpha 通道转换为专色通道。

8.1.3　专色通道

专色通道就是一种用来保存专门颜色信息的通道。

在通道面板的弹出菜单中选择“新建专色通道”命令，打开“新建专色通道”对话框，如图 8-6 所示。设置“油墨特性”中的“颜色”和“密度”后，单击“确定”按钮，可在通道面板中建立一个专色通道，如图 8-7 所示。

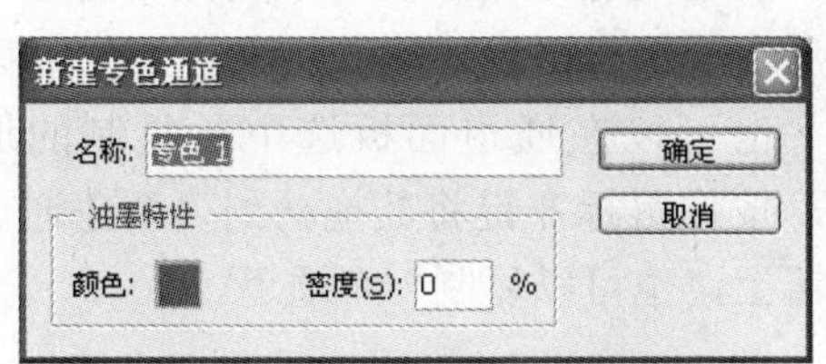

图 8-6 “新建专色通道”对话框

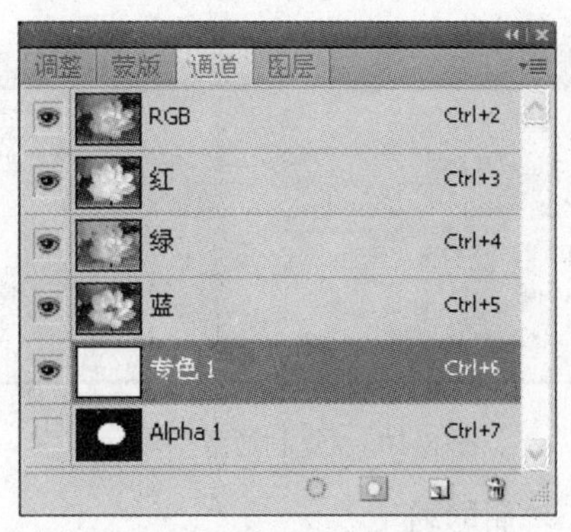

图 8-7 建立专色通道

8.2 通道管理与编辑

8.2.1 通道创建、复制与删除

1. 创建通道

创建通道可以单击如图 8-8 所示的通道面板右上角的菜单按钮，在弹出的菜单中选择“新建通道”命令，系统则会显示如图 8-9 所示的“新建通道”对话框，在其中可以输入通道的名称以及色彩的显示方式等，设定好参数后单击“确定”按钮即可新建通道。在通道面板上按住 Alt 键不放，再单击“创建新通道”按钮，也可以新建一个通道。“新建通道”对话框中选项的意义如下。

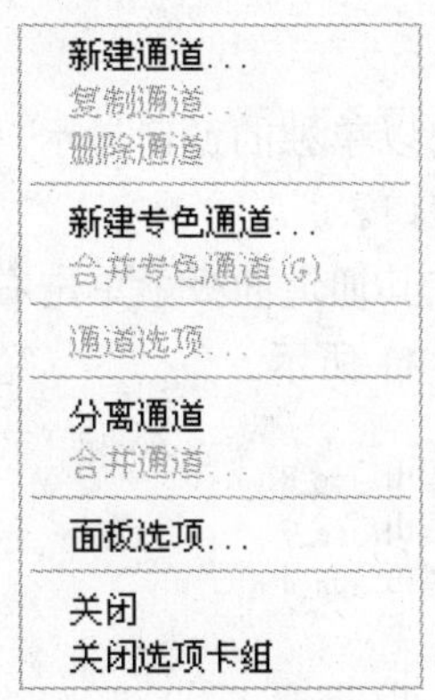

图 8-8 通道弹出菜单

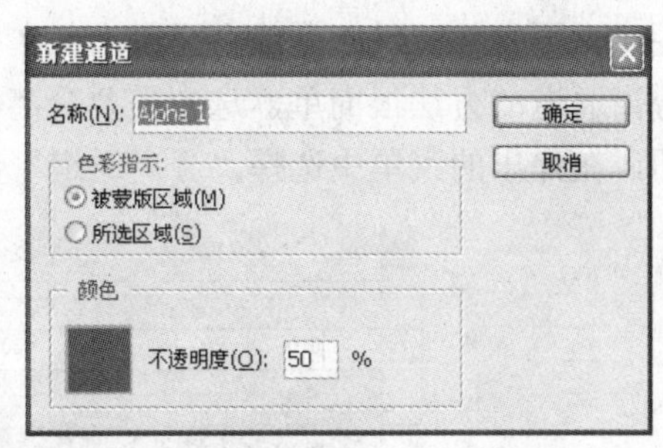

图 8-9 “新建通道”对话框

（1）被蒙版区域。如果选中此单选项，则将设定被通道颜色所覆盖的区域为遮蔽区域，没有颜色遮盖的区域为选区。

（2）所选区域。如果选中此单选项，则与“被蒙版区域”作用相反。

当然也可直接单击“新建通道”按钮，新建通道，但是这种新建方式不会弹出“新建通道”对话框。

2. 复制通道

复制通道的方法与复制图层类似，首先选择要被复制的通道，接着在通道面板上单击右

图 8-10 “复制通道”对话框

上角的菜单按钮，然后在弹出的菜单中选择“复制通道”命令，最后在弹出的如图 8-10 所示的“复制通道”对话框中设置通道名称、要复制通道存放的位置，以及是否将通道内容反向等信息，然后单击“确定”按钮即可。

也可以在通道面板选中要复制的通道后，按住鼠标左键将其拖动到“新建通道”按钮上，也可以复制一个通道。

3. 删除通道

有时候为了节省图片文件所占用的空间，或者提高文档图片处理速度，需要将其中一些无用的通道删除，其方法是在通道面板上单击右上角的菜单按钮，在弹出的菜单中选择“删除通道”命令即可。在通道面板选中要复制的通道后，单击“删除当前通道”按钮，也可以删除一个通道。

4. 隐藏显示通道

隐藏显示通道和隐藏显示图层操作一样，只要单击该通道前的“眼睛”按钮就可以进行切换。

5. 选择一个或多个通道

要选择一个通道，请单击通道名称。按住 Shift 键单击可选择（或取消选择）多个通道。

8.2.2 通道分离与合并

通道分离就是将一个图片文件中的各个通道分离出来分别调整。合并通道就是将通道分别单独处理后，再合并起来。

1. 通道分离

分离通道可以将图像文件从彩色图像中拆分出来，并各自以单独的窗口显示，而且都为灰度图像。原文件被关闭，单个通道出现在单独的灰度图像窗口。

分离通道的方法很简单，选中需要分离的图片文件后，在其通道面板上单击右上角的菜单按钮，在弹出的菜单中选择“分离通道”命令即可，如图 8-11 所示。

图 8-11 通道的分离

2. 合并通道

合并通道即是分离通道的反操作，可以将多个灰度图像合并为一个图像的通道。要合并的图像必须是处于灰度模式，并且已被拼合（没有图层）且具有相同的像素尺寸，还要处于打开状态。已打开的灰度图像的数量决定了合并通道时可用的颜色模式。例如，如果打开了3个图像，可以将它们合并为一个RGB图像；如果打开了4个图像，则可以将它们合并为一个CMYK图像。

现在需要将刚才分离的“雪山_R.jpg”、“雪山_G.jpg”和“雪山_B.jpg”这几个通道合并，操作方法是在通道面板上单击右上角的菜单按钮，再在弹出的菜单中选择“合并通道”命令，然后在弹出的如图8-12所示的“合并通道”对话框中单击“确定”按钮，最后在“合并RGB通道”对话框中单击“确定”按钮即可。

图8-12 “合并通道”对话框

8.2.3 通道与选区相互转换

1. 将通道作为选区载入

将通道作为选区载入就是把建立的通道中制作的内容作为选区载入到图层中。操作方法是在创建的通道完成后，选中该通道，然后通过通道面板底部“将通道作为选区载入”按钮来完成。“将通道作为选区载入”的原理就是选中通道灰度图中大于灰度值127的所有像素点。当然也可以按住Ctrl键再单击该通道来实现“将通道作为选区载入”，如图8-13和图8-14所示。

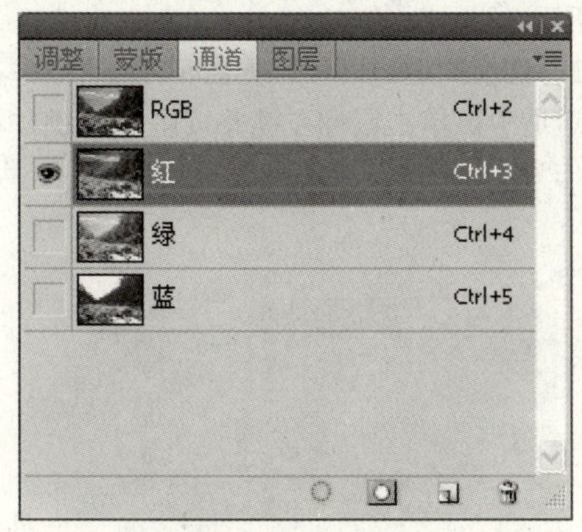

图8-13 选中红色通道

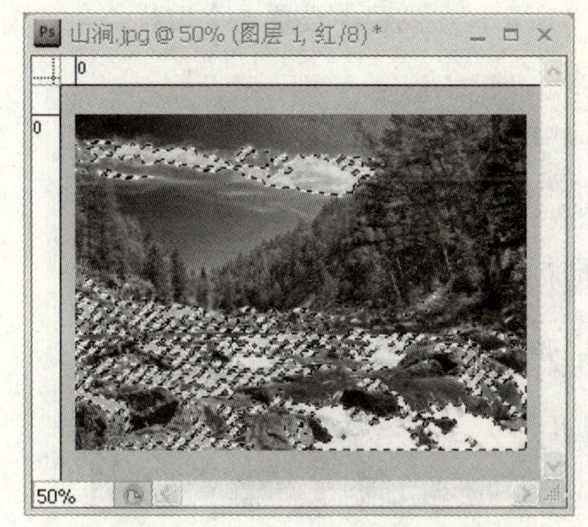

图8-14 将红色通道作为选区载入

操作小贴士

如果在图层中按住Ctrl键再单击该图层，也可以将图层作为选区载入，这时载入的选区是选中图层中所有的像素点，不包括透明区，如图8-15和图8-16所示。

2. 将选区存储为通道

在编辑图像时创建的选区常常会多次使用，此时可以将选区存储起来以便以后多次使用。存储的选区通常会被放置在Alpha通道中，将选区载入时载入的就是存在于Alpha通道中的选区。

图 8-15　选中图层 1

图 8-16　将图层 1 作为选区载入

3. 通道与选区的区别

有些教材和专著上说，通道就是选区。其实这句话说得有些偏颇，如果通道是由黑白两色组成，通道就是选区；如果有灰色，那就不尽然。下面通过两个例子来说明。

（1）颜色通道作为选区载入。

1）新建文件，背景色为黑色。在背景图层中建立 4 个矩形选区，并且分别填充的颜色为 RGB（255,255,255），RGB（200,200,200），RGB（150,150,150），RGB（100,100,100），如图 8-17 所示。在图层中设置 4 个取样点，如图 8-18 所示。

2）切换到通道面板，如图 8-19 所示。在蓝色通道中，单击鼠标左键并按住 Ctrl 键，将通道作为选区载入，如图 8-20 所示。

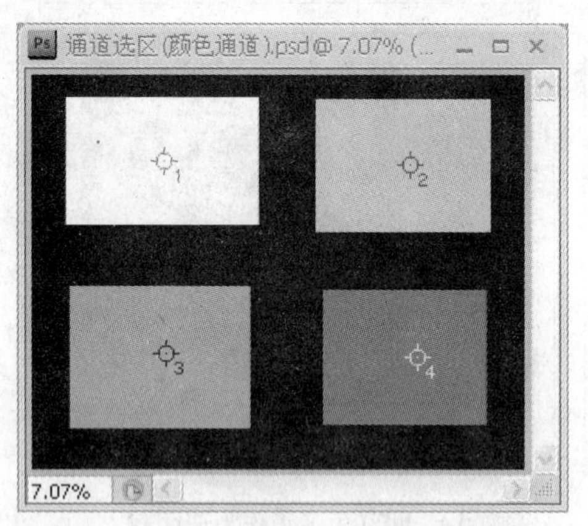

图 8-17　填充不同颜色

#1		#2	
R:	255	R:	200
G:	255	G:	200
B:	255	B:	200
#3		#4	
R:	150	R:	100
G:	150	G:	100
B:	150	B:	100

图 8-18　设置 4 个取样点

3）切换到图层面板，新建图层 1，如图 8-21 所示。将前景色设置为绿色（0,255,0），将选区填充，如图 8-22 所示。

现在发现了一个奇怪的现象，明明只有 3 个选区，却填充了 4 个选区？还有每个填充的选区，虽然每个选区填充 RGB 相同，但是透明度都不一样？这是什么原因?

首先，查看填充区域的不透明值，单击信息面板中按钮，在弹出的命令栏中选择“不透明度”命令，如图 8-23 所示，就可以查看各个选区的不透明度值，如图 8-24 所示。这样获得选区的不透明度值分别是 100%、78%、59%、39%。

图 8-19　通道面板

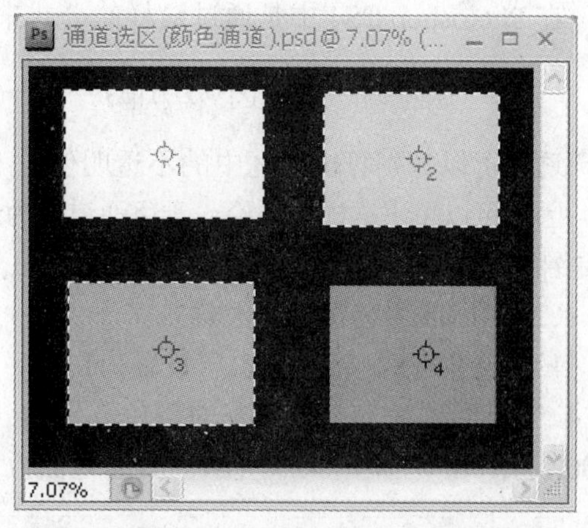

图 8-20　将蓝色通道作为选区载入

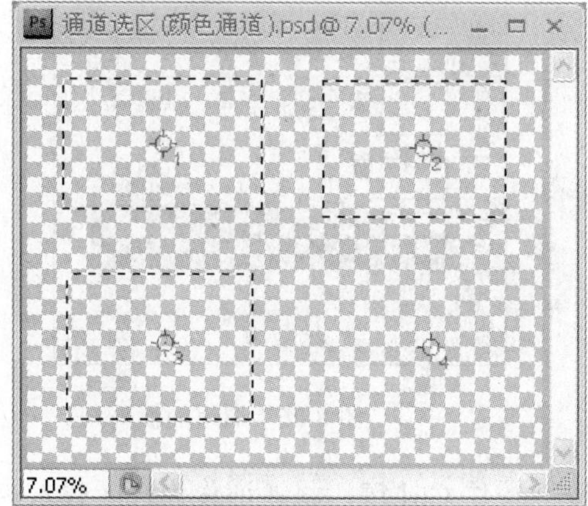

图 8-21　新建图层

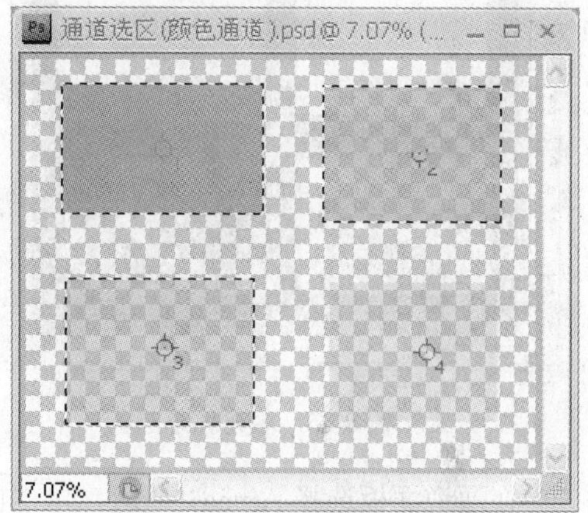

图 8-22　填充选区

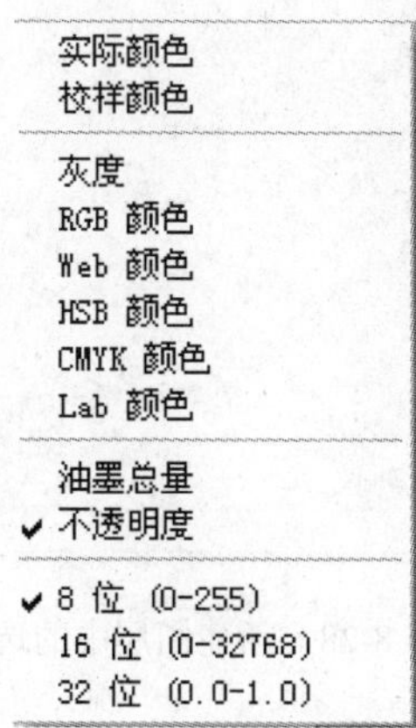

图 8-23　选择“不透明度”命令

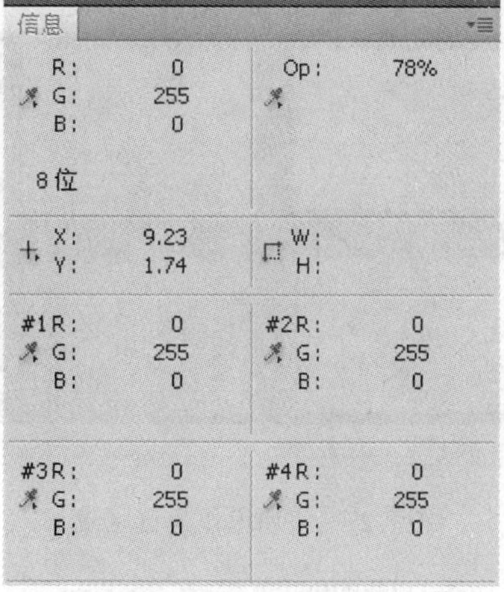

信息
R: 0　Op: 78%
G: 255
B: 0
8 位
X: 9.23　W:
Y: 1.74　H:
#1R: 0　#2R: 0
G: 255　G: 255
B: 0　B: 0
#3R: 0　#4R: 0
G: 255　G: 255
B: 0　B: 0

图 8-24　选区不透明度值

在 Photoshop CS4 中是通过这样的公式来计算颜色通道选区的不透明度值。

$$O_{\mathrm{p}}(\text{不透明值})=\frac{\text{颜色通道中的色阶值}}{255}\times 100\%$$

这样可以分别算出选区中的不透明值为 100%、78%、59%、39%，刚好和实测值是相同的。因此可以得出这样的结论，颜色通道作为选区载入，在填充时，不是按照蚂蚁线范围填充，而是针对整个图像区域，填充效果 RGB 值虽然一样，但是不透明度按计算公式中值来处理。

（2）Alpha 通道作为选区载入。

1）新建文件，将背景图层设置为白色。切换到通道面板，新建 Alpha1 在背景图层中建立 4 个矩形选区，并且填充的颜色分别为（255,255,255），（200,200,200），（150,150,150），（100,100,100），如图 8-25 所示。其通道面板如图 8-26 所示。

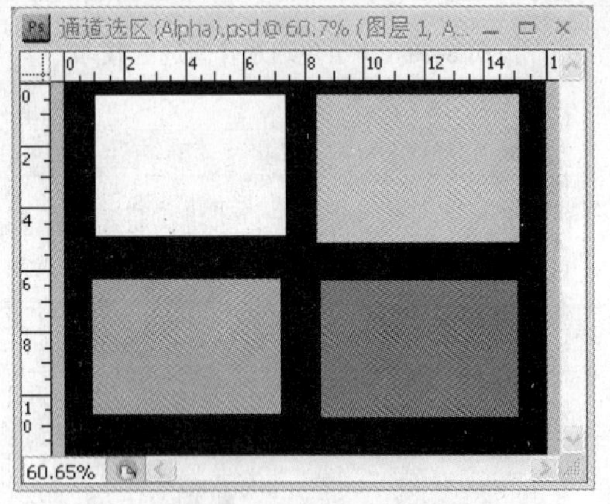

图 8-25 填充各个选区

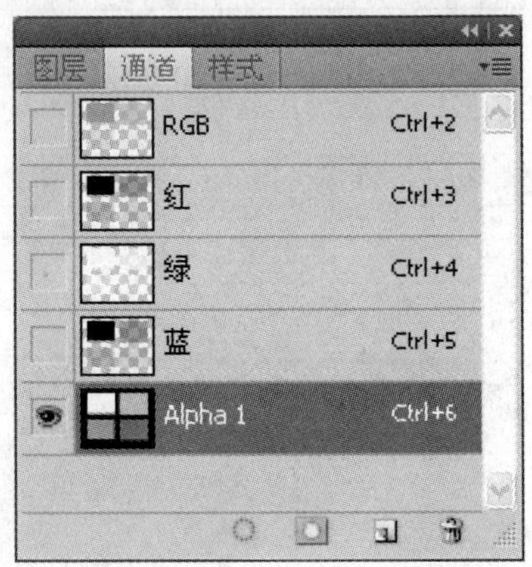

图 8-26 通道面板

2）在通道面板选择 Alpha1 通道，单击鼠标左键并按住 Ctrl 键，将通道作为选区载入，如图 8-27 所示。切换到图层面板新建的图层 1，如图 8-28 所示。

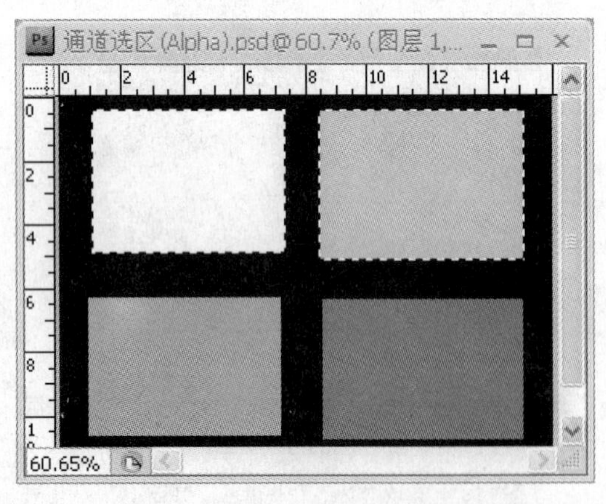

图 8-27 将通道作为选区载入

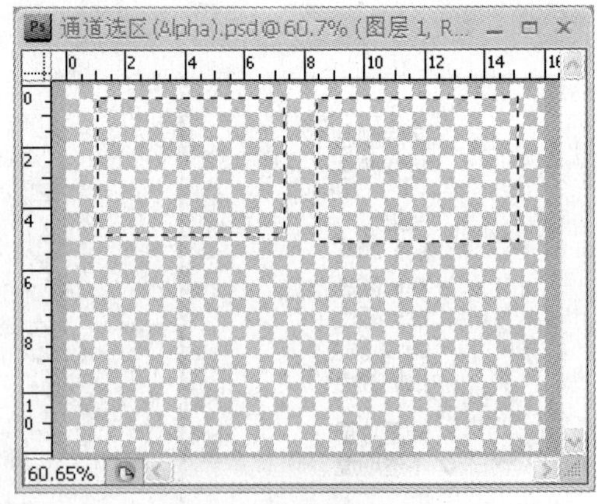

图 8-28 新建图层中的选区

3）将前景色设置为绿色（0,255,0），将选区填充，如图 8-29 所示。

查看填充区域的不透明度分别是 100%、70%、45%、25%，这个结果和颜色通道作为选取载入填充后的不透明度是不同的，原因是什么呢？

在通道中填充，Photoshop CS4 关心的是填充的灰度值 K（0%～100%），这 4 块区域的灰度值分别是 0%、30%、55%、75%，当 Alpha 通道当选区载入填充时，不同区域的不透明度分别为 100%～0%、100%～30%、100%～55%、100%～75%。因此出现图 8-30 所示的填充效果。

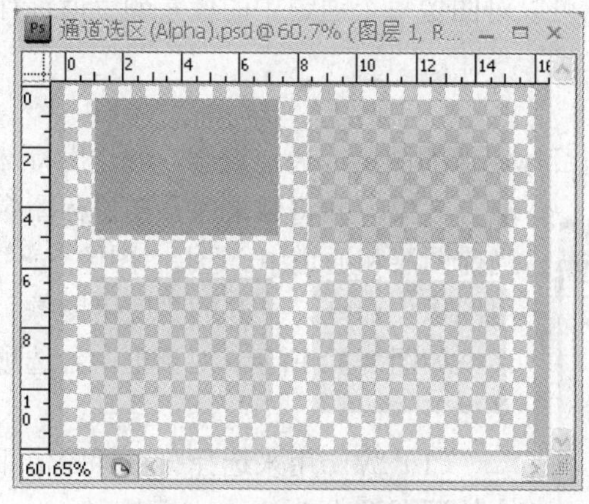

图 8-29　填充效果

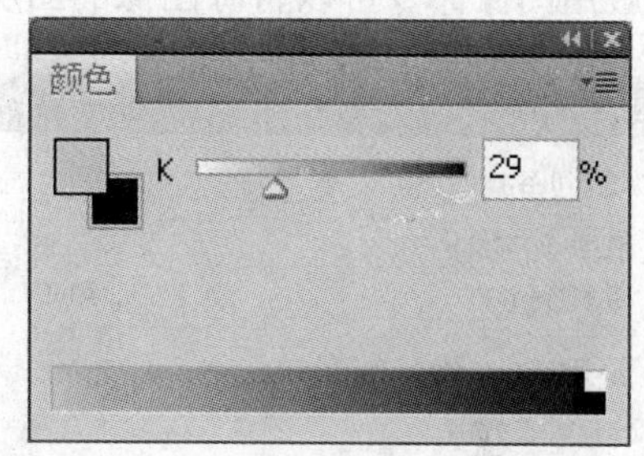

图 8-30　“颜色”对话框

可能还有一个疑问，灰度的色阶值如何向灰度值转换？例如（200,200,200），灰度值是多少？在 Photoshop 中处理过程比较复杂，这里有一个小技巧，打开颜色面板如图 8-31 所示，单击□按钮，在弹出的“拾色器”对话框中设置灰度的色阶值，按“确定”按钮就可以在颜色面板中看到其灰度值。

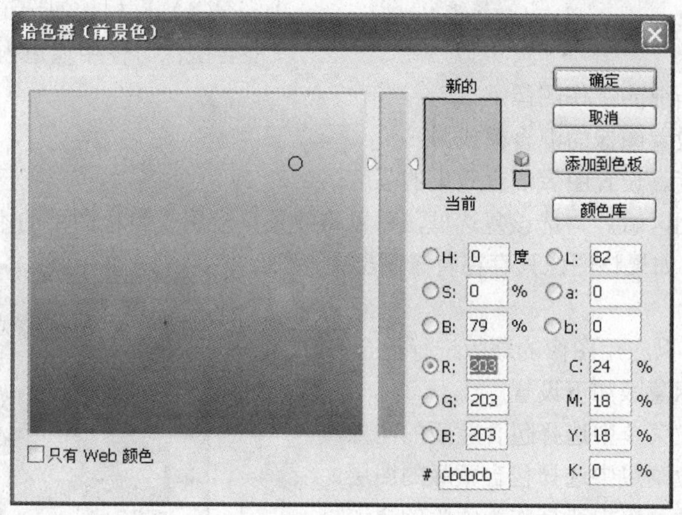

图 8-31　“拾色器”对话框

操作小贴士

通道作为选区载入后，填充区域不是蚂蚁线内范围，而是整个图像范围，填充区域的透明度也是不一样的，透明度值需要经过系统的计算。

8.3 应用图像与计算

在通道操作中，利用菜单栏中“图像”→“应用图像”命令和“图像”→“计算”命令可以通过结合通道与蒙版使得混合更加细致，还可以对图像每个通道中的像素颜色值进行算术运算，从而使图像产生一些奇妙特殊的效果。

8.3.1 使用“应用图像”命令

应用图像命令可以将源图像的图层或通道与目标图像的图层或通道混合，创建出特殊的混合效果，并将结果保存在目标图像的当前图层和通道中。选择“图像”→“应用图像”命令，打开的“应用图像”对话框如图 8-32 所示，对话框中各选项意义如下。

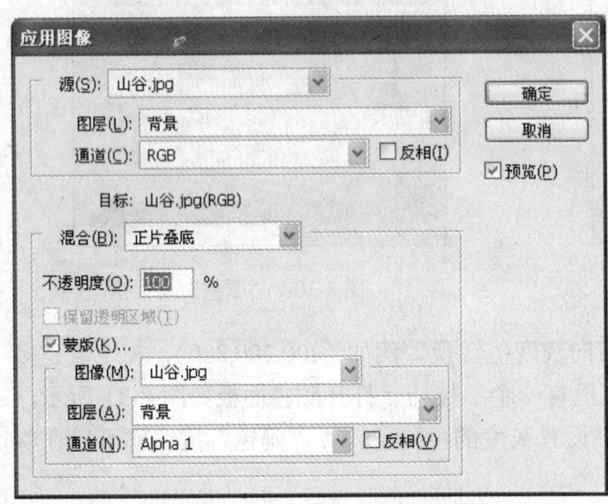

图 8-32 “应用图像”对话框

（1）源。用来选择与目标图像相混合的源图像文件。

（2）图层。如果源文件是多图层文件，则可以选择源图像中相应的图层作为混合对象。

（3）通道。用来指定源文件参与混合的通道。

（4）反相。勾选该复选框，可以在混合图像时使用通道内容的负片。

（5）目标。当前的工作图像。

（6）混合。设置图像的混合模式。

（7）不透明度。设置图像混合效果的强度。

（8）保留透明区域。勾选该复选框，可以将效果只应用于目标图层的不透明区域而保留原来的透明区域。如果该图像只存在背景图层中，那么该选项将不可用。

（9）蒙版。可以应用图像的蒙版进行混合，勾选该复选框，可以显示蒙版如下设置。

图像：在下拉菜单中选择包含蒙版的图像。

图层：在下拉菜单中选择包含蒙版的图层。

通道：在下拉菜单中选择作为蒙版的通道。

反相：勾选该复选框，可以在计算时使用蒙版的通道内容的负片。

在“山谷.jpg”图像的通道面板中，建立一个龟裂效果的 Alpha1 通道，如图 8-33 所示。在执行如图 8-32“应用图像”命令后效果如图 8-34 所示，可以对照原图，如图 8-35 所示。

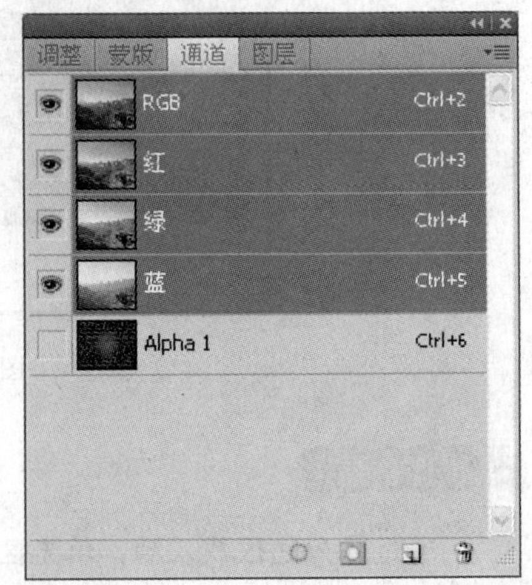

图 8-33 龟裂效果的 Alpha1 通道

图 8-34　执行“应用图像”命令后效果

图 8-35　原始图像

8.3.2　使用“计算”命令

“计算”命令可以混合两个来自一个或多个源图像的单个通道，从而到新图像或新通道。选择“图像”→“计算”命令，可以打开“计算”对话框，如图 8-36 所示。对话框中各选项意义如下。

（1）通道。用来指定源文件参与计算的通道，在“计算”对话框的“通道”下拉菜单中不存在复合通道。

（2）结果。用来指定计算后出现的结果包括新建文档、新建通道和选区。

新建文档：选择该选项后，可以自动生成一个多通道文档。

新建通道：选择该选项后，在当前文件中新建 Alpha 通道。

选区：选择该选项后，在当前文件中生成选区。

使用“计算”命令的结果，产生 Alpha2 通道如图 8-37 所示。

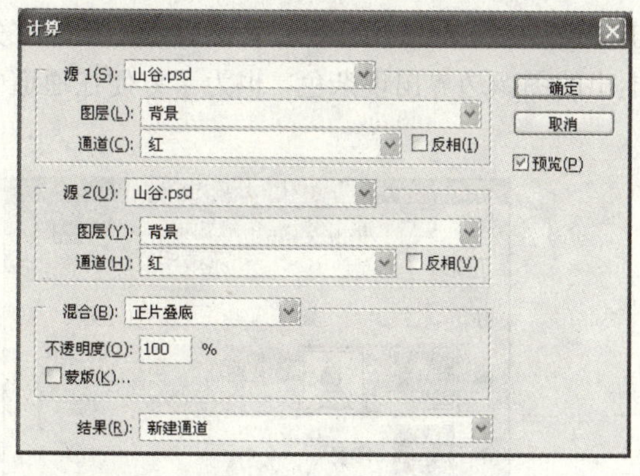

图 8-36　“计算”对话框

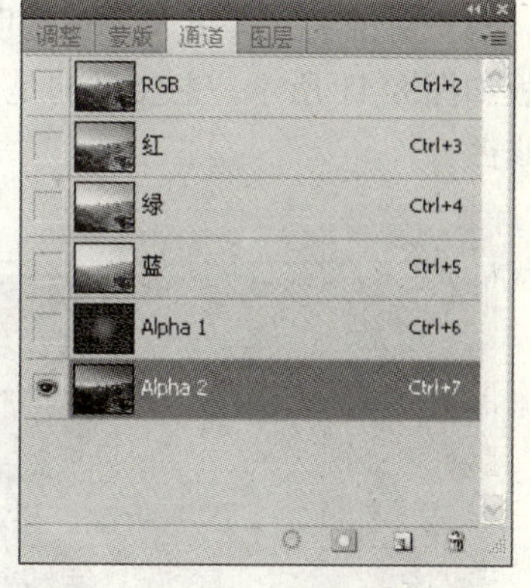

图 8-37　“计算”命令结果

操作小贴士

其实“应用图像”与“计算”没有想象那么神秘，从本质上说就是通道与通道的混合模式，就像图层与图层的混合模式一样，因此可以借助图层的混合模式来理解通道的“计算”。

为了更好地理解通道的概念，掌握通道在实际操作中的作用，本章使用了 3 个上机实例来循序渐进地说明通道在抠图中的技巧。这 3 个上机实例，分别从毛发的抠图、半透明和透明物体的抠图出发，阐述通道在处理复杂抠图问题的便捷性。

上机实例 1：头发发梢抠图——利用通道。

制作步骤如下。

（1）打开素材文件。单击菜单栏中的“文件”→“打开”命令，打开“金发.jpg”图像，如图 8-38 所示。

图 8-38 打开“长发飘逸 1.jpg”图像

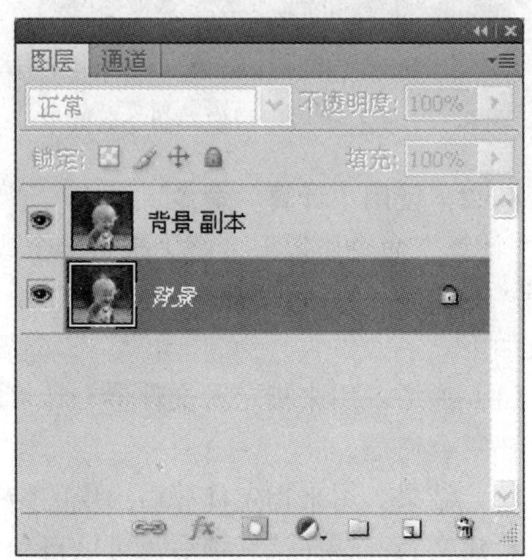

图 8-39 复制图层

（2）复制图层。为了不破坏原图像，将背景图层复制，建立背景副本图层，如图 8-39 所示。

（3）用钢笔工具将人物不透明的区域勾选出来如图 8-40 所示，在背景副本图层建立矢量蒙版如图 8-41 所示，主要目的是为了避免抠出的图像边界出现杂色，也为了方便在通道中进行修改。

图 8-40 建立工作路径

图 8-41 建立矢量蒙版

（4）切换到通道面板，复制蓝色通道。调整蓝副本通道中的色阶，选中菜单栏中的“图形”→“调整”→“色阶”，如图 8-42 所示，总的原理是白色的区域更白，黑色的区域更黑，有利于选中头发的发梢，调整效果如图 8-43 所示。

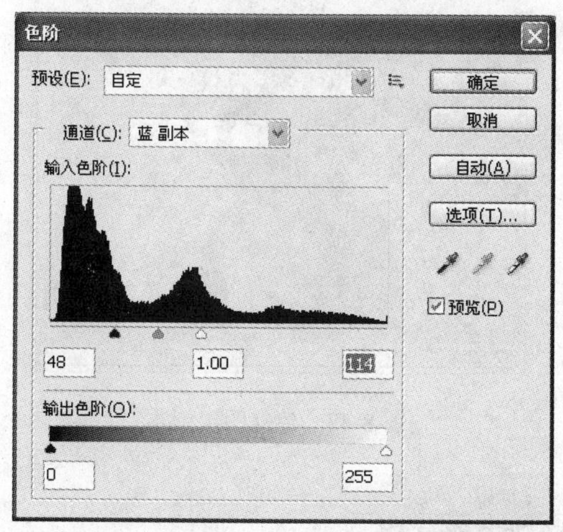

图 8-42　色阶调整

图 8-43　色阶调整效果

（5）载入矢量蒙版选取区域。切换到图层面板，选中矢量蒙版同时按 Ctrl 键，反选后，再切换到通道面板，激活蓝副本通道，将所选区域用白色填充，如图 8-44 所示。将通道中的其他区域用画笔涂成黑色，如图 8-45 所示。

图 8-44　载入矢量蒙版选取区域

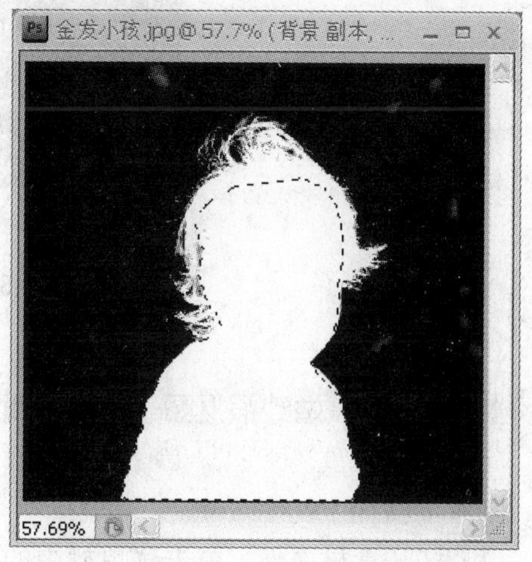

图 8-45　载入选区

（6）选中蓝副本通道，按 Ctrl 键的同时在蓝副本处单击鼠标左键，这样灰度大于 127 的区域就被选中，即载入选区如图 8-46 所示。

（7）释放蓝副本通道，激活 RGB 通道，再切换到图层面板，以刚创建的选区建立图层副本，如图 8-47 所示。

（8）通过上面的步骤，素材人物的头发就被抠出来了。将背景更改为黑色，如图 8-48 所示，头发细节效果还不错。

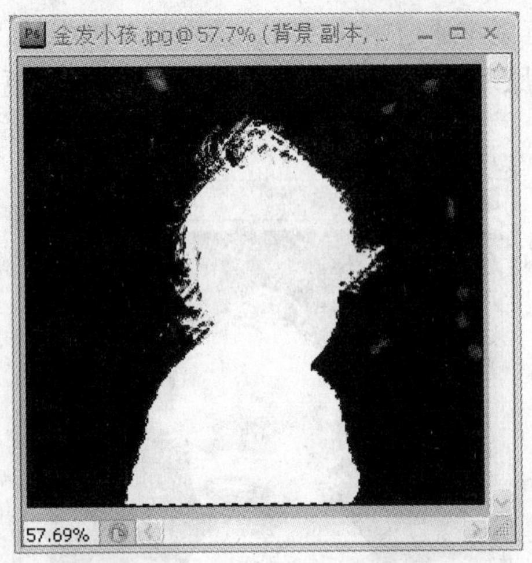

图 8-46　切换到图层面板效果

图 8-47　建立图层副本

图 8-48　抠图最后的效果

上机实例 2：婚纱照抠图——利用通道抠取半透明区域。

制作步骤如下。

（1）打开素材文件。单击菜单栏中的“文件”→“打开”命令，打开“婚纱照.jpg”图像，如图 8-49 所示。复制背景图层，在背景副本图层中使用钢笔工具在图像中不透明区建立工作路径，如图 8-50 所示，激活背景图层，按住 Ctrl 键再单击按钮建立矢量蒙版，如图 8-51 所示。

（2）切换到通道面板，复制绿色通道，如图 8-52 所示，调整绿副本通道中的色阶，选中菜单栏中的“图像”→“调整”→“色阶”，如图 8-53 所示。

（3）按 Ctrl 键的同时在绿副本处单击鼠标左键，灰度大于 127 的区域就被选中，然后切换到图层面板中，以刚创建的选区建立图层副本，如图 8-54 所示，效果如图 8-55 所示。

图 8-49　打开素材文件

图 8-50　建立工作路径

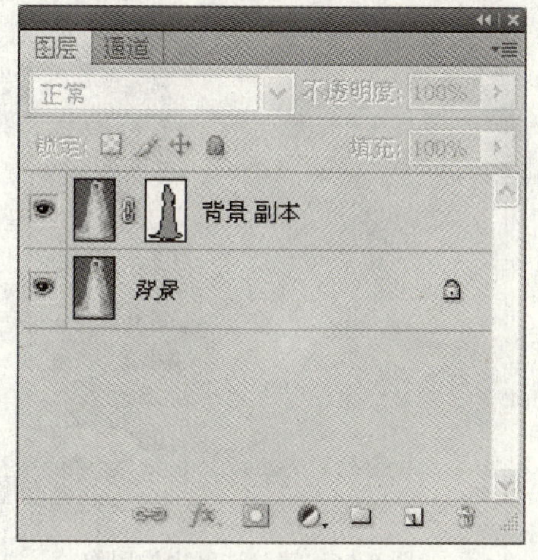

图 8-51　建立矢量蒙版

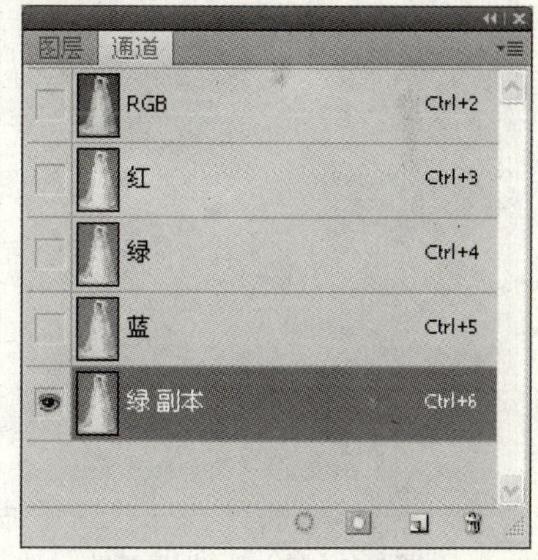

图 8-52　复制绿色通道

（4）激活背景副本图层，按 Ctrl 键的同时单击矢量蒙版缩览图，然后删除矢量蒙版，再按 Delete 键清除选区内的图像，如图 8-56 所示。最后将背景图层删除，合并剩余图层，如图 8-57 所示，抠图过程结束。

（5）将抠出的婚纱照移动到“彩虹.jpg”素材中，效果如图 8-58 所示。可以通过婚纱半透明区看到后面的背景，这说明抠图效果是不错的。

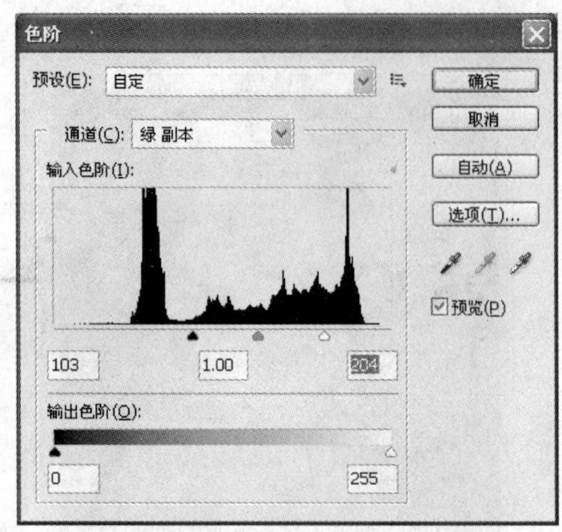

图 8-53 色阶调整

图 8-54 建立图层副本

图 8-55 建立副本图层效果

图 8-56 清除选区中的图像

上机实例 3：透明烟灰缸抠图——利用通道抠取透明区域。

制作步骤如下。

（1）打开素材文件。单击菜单栏中的“文件”→“打开”命令，打开“透明烟灰.jpg”图像，如图 8-59 所示，并复制背景图层如图 8-60 所示。

（2）在背景副本图层中使用钢笔工具将烟灰缸外形描出，并且建立工作路径如图 8-61 所示，将工作路径转换成选区，并将羽化半径设置为 2 个像素如图 8-62 所示。

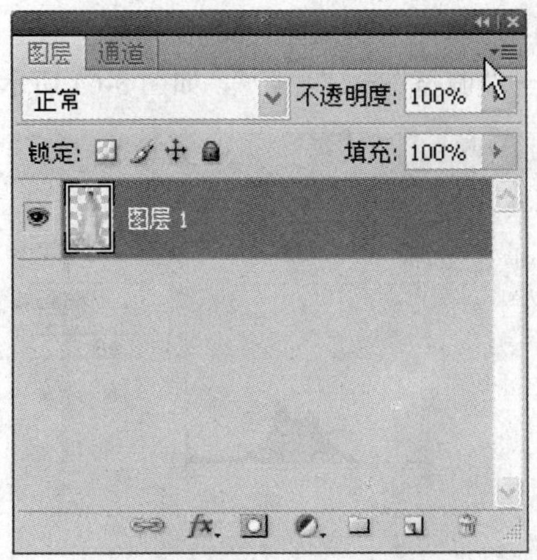

图 8-57　合并图层

图 8-58　变换背景效果

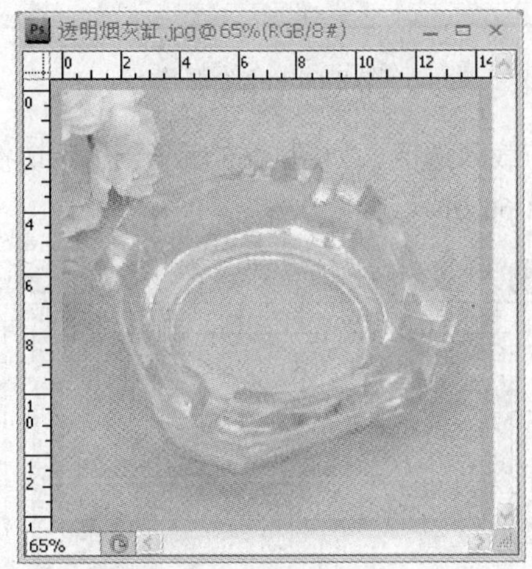

图 8-59　素材文件

图 8-60　复制背景图层

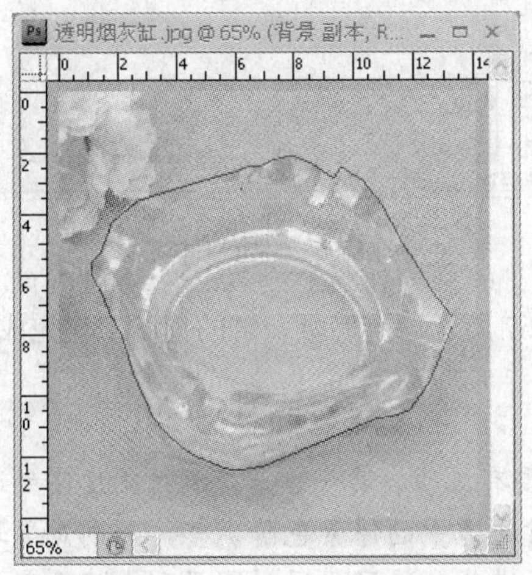

图 8-61　勾出烟灰缸外形

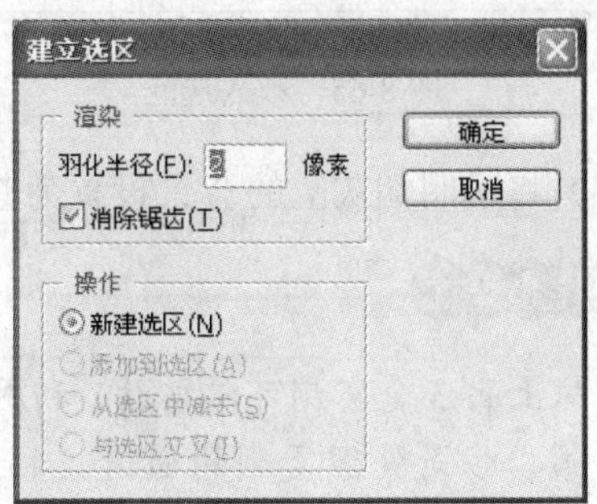

图 8-62　将路径转换成选区

（3）以刚创建的选区建立图层副本，如图 8-63 所示。切换到通道面板，复制蓝色通道，调整绿副本通道中的色阶，选中菜单栏中的“图像”→“调整”→“色阶”，如图 8-64 所示。

图 8-63 建立图层副本 1

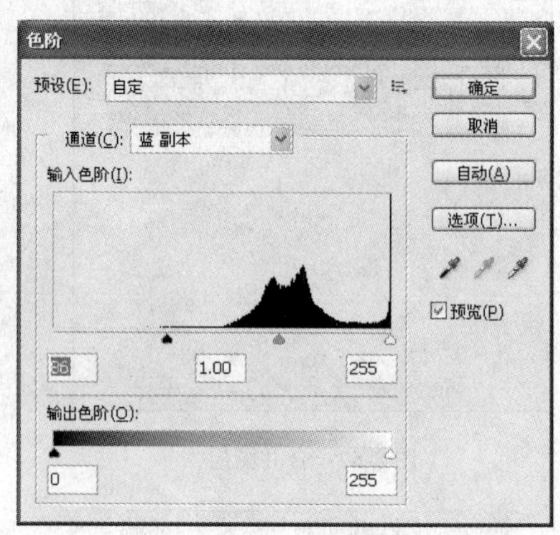

图 8-64 色阶调整

（4）按 Ctrl 键的同时在蓝副本处单击鼠标左键，载入选区，如图 8-65 所示。然后切换到图层面板中，以刚创建的选区建立副本图层，如图 8-66 所示。

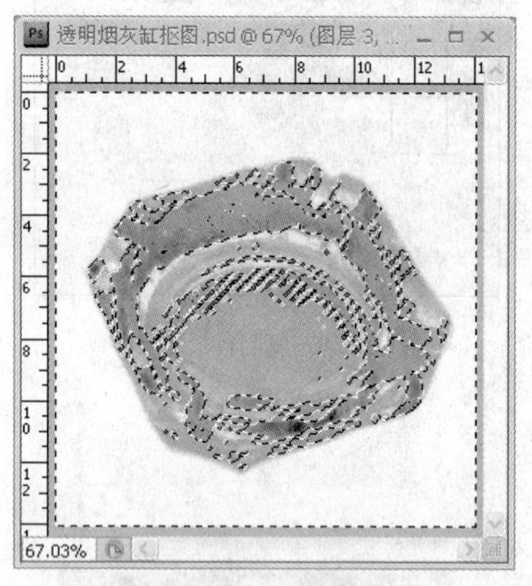

图 8-65 载入选区

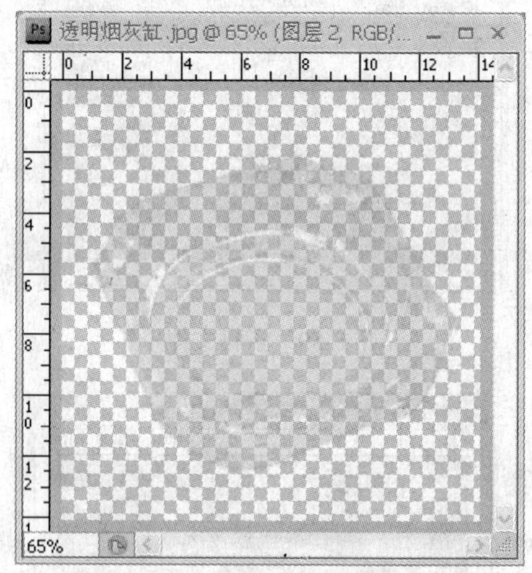

图 8-66 建立副本图层

（5）将透明烟灰缸的背景设置为蓝色，如图 8-67 所示。透明烟灰缸的抠图工作完成了。

操作小贴士

从上面 3 个实例可以总结，利用通道抠图主要有三步。第一步是复制对比度高的通道；第二步是处理复制的通道，利用色阶工具对通道中的像素色阶调整，原则是黑场更黑，白场更白，这样便于选择；第三步利用通道载入选区，通过图层副本建立新的图层。

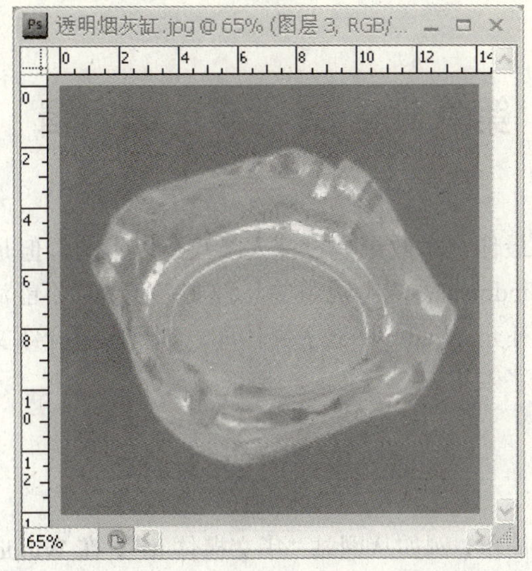

图 8-67　改变烟灰缸背景效果

上 机 作 业

使用通道工具将图 8-68 中的小狗抠出，变换为如图 8-69 所示的背景。

图 8-68　原图

图 8-69　变换背景

第9章　文　字　编　辑

平面设计中，图像的最佳艺术效果是设计人员孜孜以求的，但是非常好的文字效果也会给图像增色不少，使用 Windows 系统中附带的几种文字字体远不能满足设计的需要。往往需要通过从网络下载字体，补充 Windows 文字字体库。本章主要介绍文字字体的安装、创建和编辑，以及创建特殊的文字效果。

9.1　字 体 的 安 装

字体的安装过程比较简单，例如从网站"华文楷体.ttf"，在 Windows 操作系统中双击"我的电脑"，弹出如图 9-1 所示的对话框，再单击左侧"控制面板"命令，弹出如图 9-2 所示的

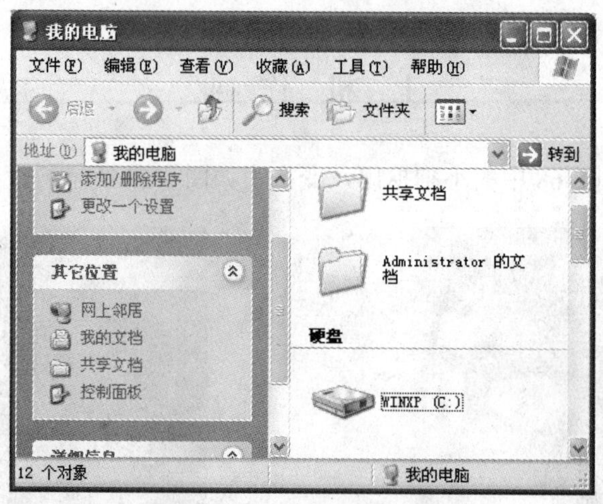

图 9-1　"我的电脑"对话框

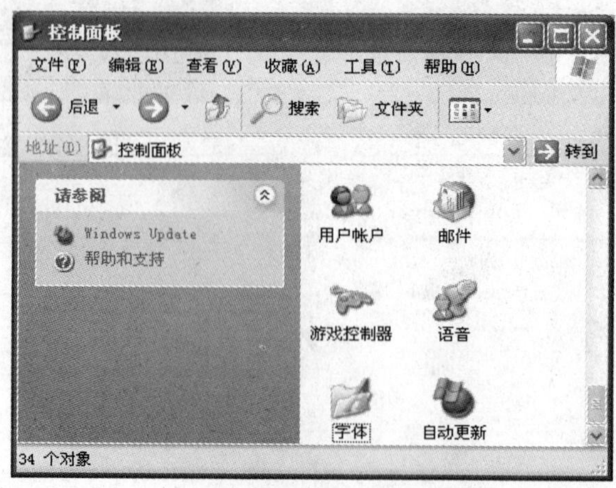

图 9-2　"控制面板"对话框

“控制面板”对话框，然后双击“字体”图标，弹出如图 9-3 所示的“字体”对话框，最后将“华文楷体.ttf”文件直接复制到“字体”对话框中就可以了。

图 9-3 “字体”对话框

9.2 创建与编辑文本

在 Photoshop 中创建文本的工具有如图 9-4 所示的 4 种，只要在工具箱中单击T按钮就可以选择一种工具创建文本。

利用“横排文字工具”和“直排文字工具”可以快捷地在图像中输入文本，此时系统将自动为所输入的文本单独创建一个图层，而利用“横排文字蒙版工具”和“直排文字蒙版工具”可以制作文字形状的选区，系统不会自动创建图层。也就是说，使用横排和直排文字蒙版工具创建的实际上是一个选区，只不过是文字外形。

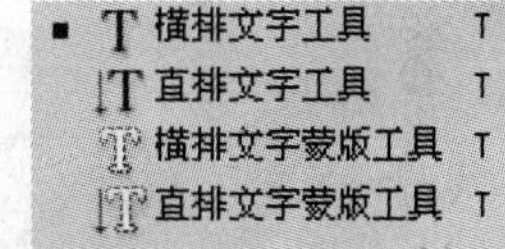

图 9-4 创建文本的工具

9.2.1 创建与编辑点文本

1. 点文本的创建

在 Photoshop 中，“横排文字工具”是最基本、使用最多的一种文字输入工具，使用该工具可以输入水平方向的文字和段落。

点文本的创建方法：在工具箱中单击T按钮，在工作窗口想要输入文字的地方单击鼠标左键，这时光标会变成闪烁状，等待输入文字，此时“横排文字工具”的工具选项栏如图 9-5 所示。

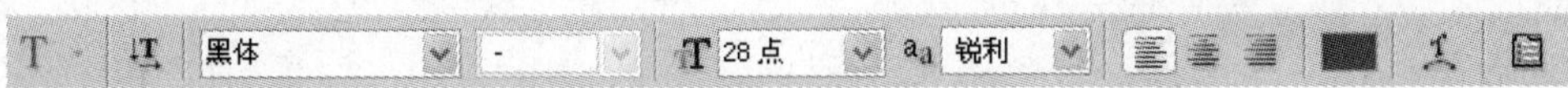

图 9-5 “横排文字工具”选项栏

文字工具选项栏中各选项的意义如下。

（1）改变文字方向。单击此按钮可以进行文字水平和垂直方向的转换。

（2）字体。设置文本字体，在下拉列表中有“宋体”、“楷体”、“黑体”等多种选项。

（3）文字大小。设置输入文字的大小，可以在下拉列表中选择大小，也可以直接在文本框中输入数字。

（4）消除锯齿 aa。可以通过填充边缘像素来产生边缘平滑的文字，在下拉列表中选择消除锯齿的方法。下拉列表中包括“无”、“锐利”、“犀利”、“浑厚”以及“平滑”等方式。

（5）对齐方式。用来设置输入文本的对齐方式，从左至右分别是“左对齐”、“居中对齐”和“右对齐”。

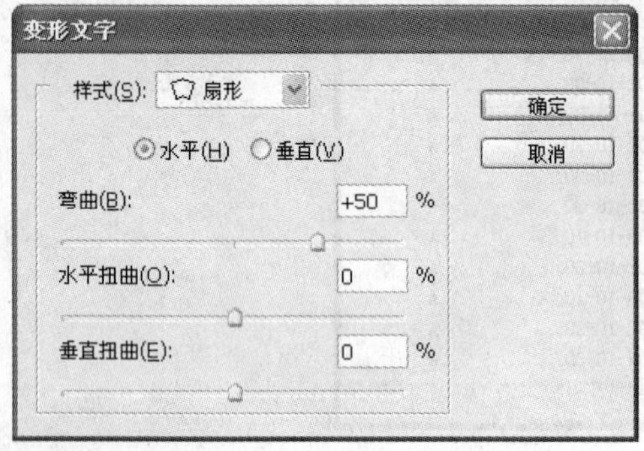

图 9-6 “变形文字”对话框

（6）文字颜色。用来设置输入文本的颜色。在此处单击鼠标左键，然后在弹出的“选择文本颜色”对话框中选择颜色。

（7）文字变形。输入文字后单击该按钮，就会弹出如图 9-6 所示的“变形文字”对话框，可以在该对话框中选择文字的变形方式。

（8）显示/隐藏字符或段落面板。单击该按钮，可以显示或隐藏“字符”和“段落”面板组。

（9）取消所有当前编辑。单击该按钮，可以将正处于编辑状态的文字恢复原样。

（10）提交所有当前编辑✓。单击该按钮，可以将正处于编辑状态的文字应用设置的编辑效果。

例如：在打开的素材“雪景.jpg”中添加字号为 60 和字体颜色为红色的“雪景”两个字，如图 9-7 所示。完成输入以后，在图层面板自动添加了一个文本图层，如图 9-8 所示。

图 9-7 创建点文本

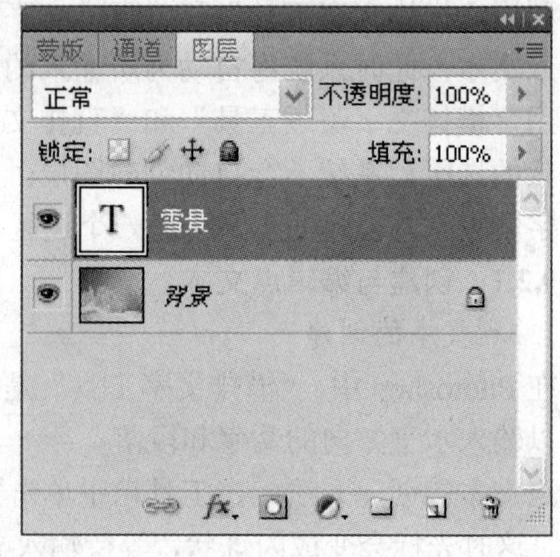

图 9-8 文本图层

2. 点文本的编辑

创建文本后，双击图层面板中文本图层的“T”图标，就可以对文本进行编辑，重新设置其字体、字号和字体的颜色等。也可以单击选项栏中的按钮，在弹出的字符和段落面板中对文本进行编辑，如图 9-9 所示。

“字符”面板中各选项的意义如下。

（1）文字行距。用来设置当前行基线与下一行基线之间的距离。

（2）水平缩放与垂直缩放。用来对输入文字设置水平或垂直方向上的缩放比例。设置垂直与水平缩放可以改变字形，即设置拉长或者压扁文字效果。

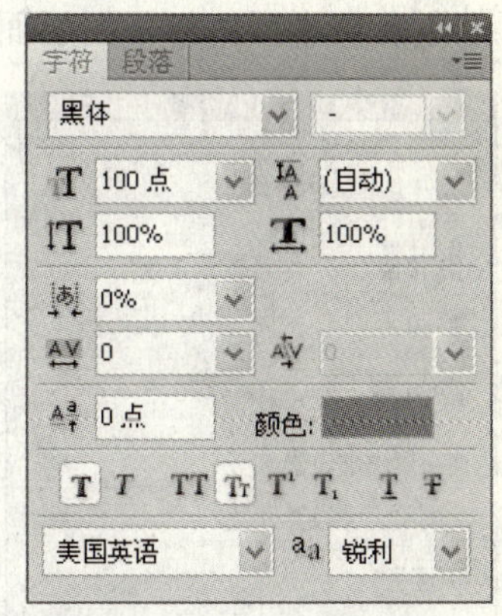

图 9-9 “字符”面板

（3）比例间距。该下拉列表中可以设置的百分比值是指定字符周围的空间。数值越大，字符间压缩越紧密，取值范围是 0%～100%。

（4）字符间距。该下拉列表可以设置放宽或收紧字符之间的距离。

（5）基线偏移。设置文本上下的偏移程度。在输入文字后，可以选中一个或多个文字字符，使其相对于文字基线提升或下降，如图 9-10 所示。

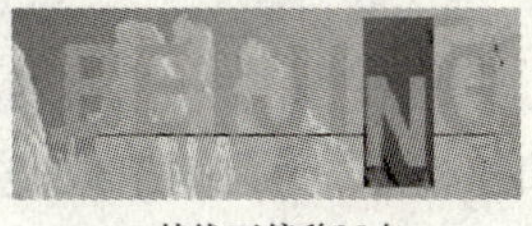

图 9-10 基线偏移对比图

（6）字符样式。单击不同的按钮，可以完成对所选字符样式的设置。从左至右分别是“加粗”、“倾斜”、“全部大写字母”、“小型大写字母”、“成为上标”、“成为下标”、“添加下划线”以及添加“删除线”按钮。

9.2.2 创建与编辑段落文本

1. 创建段落文本

在 Photoshop CS4 中用文字工具不但可以编辑字符，还可以输入或编辑段落文字，输入的方法是在工具箱中单击按钮，在工作窗口想要输入段落文字的地方用鼠标左键拖曳出一个矩形框，就可以在矩形框中输入段落文字，如图 9-11 所示。创建段落文字时，文字基于定界框的大小自动换行，如图 9-12 所示。

图 9-11 输入段落文字

图 9-12 输入段落文字自动换行

2. 编辑段落文本

创建文本后，双击图层面板中文本图层的“T”图标，就可以对文本进行编辑，重新设置其字体、字号和字体的颜色等。也可以单击选项栏中的按钮，在弹出的段落面板中对段落文本进行编辑，如图 9-13 所示。在其中可以设置段落的对齐方式和缩进方式等，其各属性的意义如下。

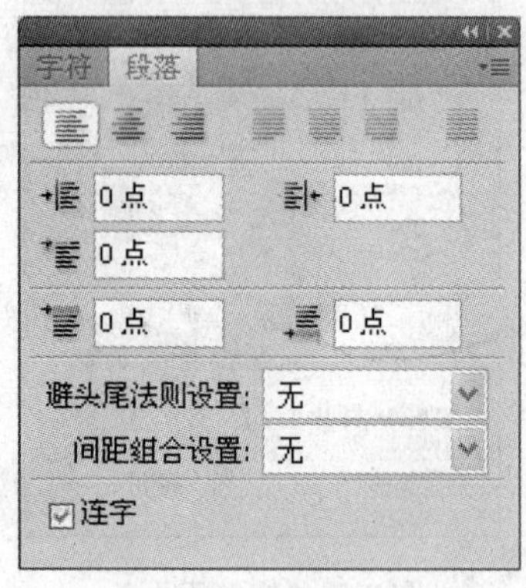

图 9-13 “段落”面板

（1）段落对齐。设置文本的对齐方式，从左至右分别是“左对齐”、“居中对齐”、“右对齐”、“最后一行左对齐”、“最后一行居中对齐”、“最后一行右对齐”以及“使文本全部两端对齐”。

（2）文本缩进。设置文本向内缩进的距离，分别是“左缩进”和“右缩进”。

（3）首行缩进。设置文本首行缩进的距离。

（4）段前加空格。设置光标所在段落与相邻段落的间距，分别是“段落前添加空格”、“段落后添加空格”，空隙的单位是点。

（5）避头尾法则。设置换行宽松或者紧密。

（6）间距组合。设置段落内部字符的间距。

（7）连字。如果选中该复选框，可以将段落中的最后一个外文单词拆开，形成连词符号，使剩余的部分自动换到下一行。

9.2.3 点文本与段落文本之间的转换

用户可以将点文字转换为段落文字，以便在外框内调整字符排列。或者，可以将段落文字转换为点文字，以便使各文本行彼此独立地排列。将段落文字转换为点文字时，每个文字行的末尾（最后一行除外）都会添加一个回车符。点文本与段落文本之间的转换步骤如下。

（1）在图层面板中选择文字图层。

（2）在菜单栏中选择 “图层”→“文字”→“转换为点文本”命令或“图层”→“文字”→“转换为段落文本”。

操作小贴士

将段落文字转换为点文字时，所有溢出外框的字符都被删除。要避免丢失文本，请调整外框，使全部文字在转换前都可见。

9.2.4 创建蒙版文字

利用文字蒙版工具可以创建文字的选区，在工具箱中单击“直排文字蒙版工具”按钮，然后在图像中文字开始的位置处单击鼠标，利用文字蒙版工具输入文字时，图像呈淡红色、文字显示为透明的实体效果如图 9-14 所示，输入完成后成为文字选区，如图 9-15 所示。

图 9-14　输入蒙版文字

图 9-15　蒙版文字效果

9.2.5　沿着路径创建文字

沿着路径创建文字，是指在路径的外侧或内侧创建文字，使文字显示动感的曲线艺术效果。创建方法如下。

（1）新建图像文件后，用“钢笔工具”在图像中创建路径，如图 9-16 所示。

图 9-16　绘制路径

（2）单击“横排文字工具”，设置好文字的格式后将鼠标移动到路径上，单击鼠标就可以在光标的位置处输入文字，如果光标是 形状，输入的文字沿着路径外侧分布，如图 9-17 所示；如图光标是 形状，输入的文字就会出现在路径里面，如图 9-18 所示。

图 9-17　文字沿路径外侧分布

图 9-18　文字在路径里面分布

9.3 文本的变形

文本的变形变换往往可以使用“变换”菜单命令来实现，但是用预设的变形文字样式对输入的文字进行艺术化变形，可以使图像中的文字更加精美。

在图层中输入文字后，单击文字工具选项栏中“变形文字”按钮，或者选择“图层”→“文字”→“文字变形”命令，打开如图 9-19 所示的“变形文字”对话框，对话框中各选项的含义如下。

（1）样式。用来设置文字变形的效果，在下拉列表中可以选择相应的样式，如图 9-20 所示。

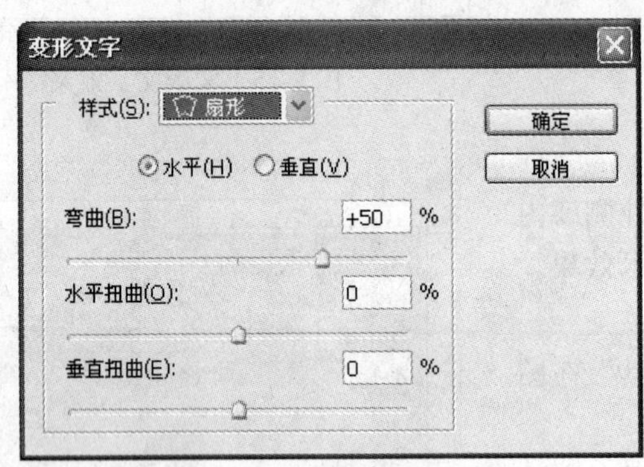

图 9-19 “变形文字”对话框

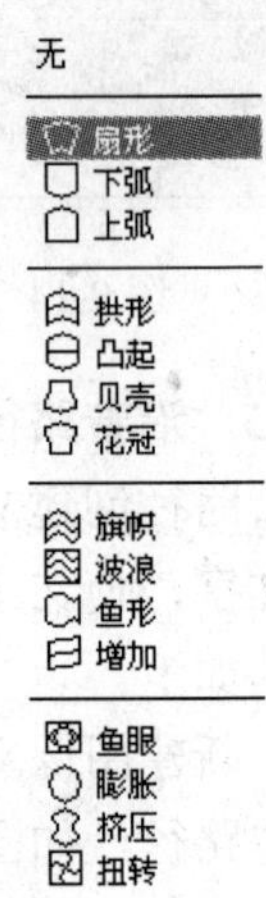

图 9-20 样式列表

（2）水平与垂直。用来设置变形的方向。

（3）弯曲。设置变形样式的弯曲程度。

（4）水平扭曲与垂直扭曲。设置水平或垂直方向上的扭曲程度。

上机实例：电子图章——文字变形应用。

1. 制作目的

熟练利用套索选择工具、椭圆工具，精确选取所需的图像区域，达到合成图像的效果。

2. 制作步骤

（1）新建文件。参数设置如图 9-21 所示。

（2）新建图层 1，在新建图层 1 中，使用矢量工具创建圆形路径，如图 9-22 所示。使用路径选择工具，移动路径并按住 Alt 键，这样可复制一个同样的圆形路径，适当缩小，然后调整两个圆形路径的位置关系，使其圆心重合，如图 9-23 所示。

（3）同时选中两个圆形路径，单击“路径选择工具”选项栏中的“重叠形状区域除外”按钮，再单击“组合”按钮，这样两个圆形路径就组合成一个路径，将其填充为红色，按 Ctrl+H 将路径隐藏，如图 9-24 所示。

（4）输入文字，设置文字字体为隶书，大小为 16 点并将文字变形，变形参数如图 9-25 所示，然后调整文字在路径的位置，如图 9-26 所示，注意位置的调整，最好使用键盘的方向键来实现。

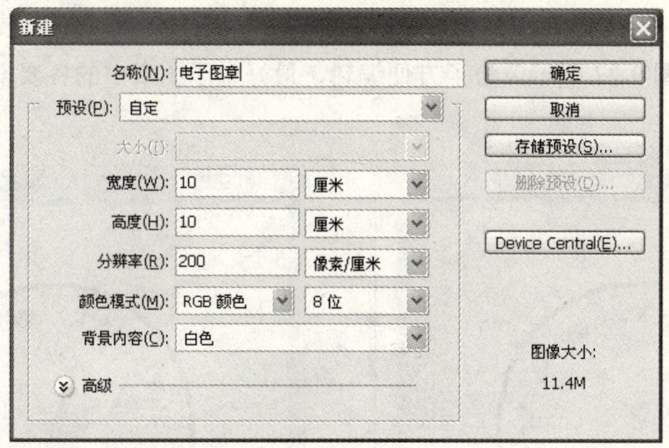

图 9-21　新建文件

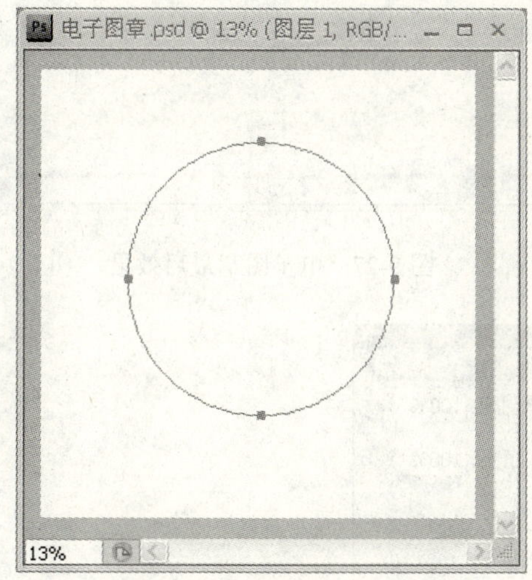

图 9-22　创建圆形路径

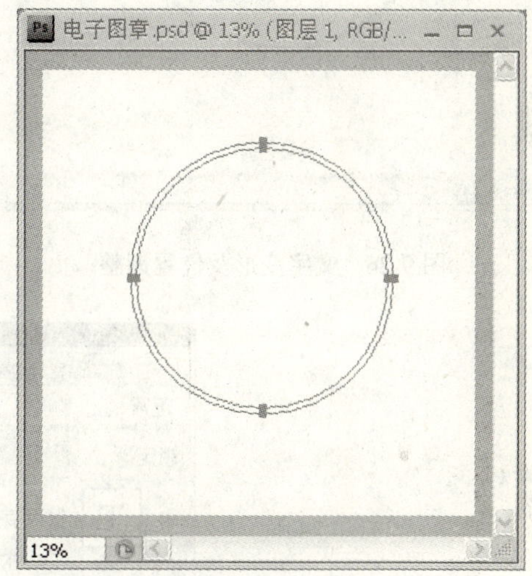

图 9-23　两圆形路径圆心重合

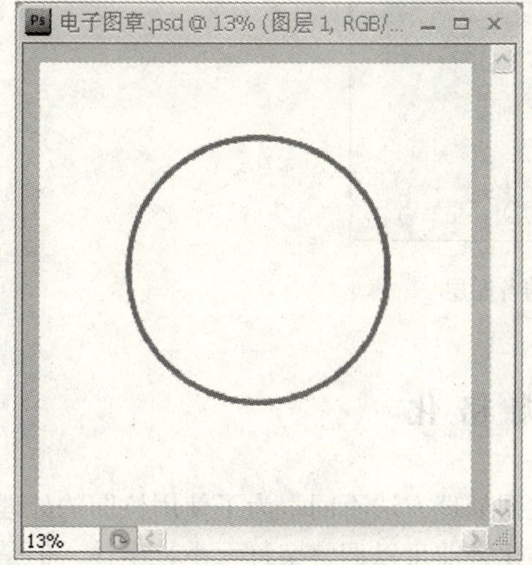

图 9-24　路径填充为红色

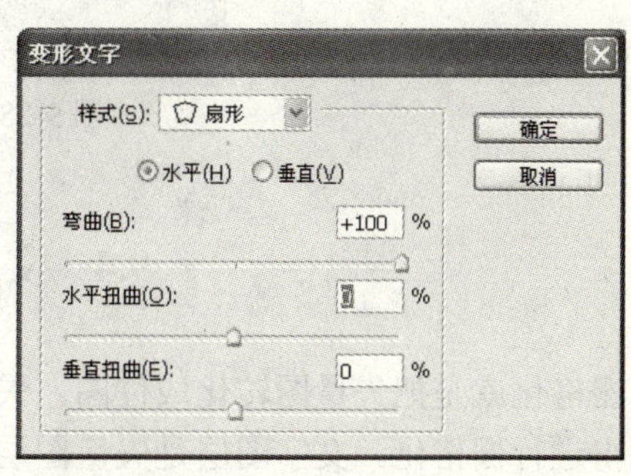

图 9-25　“变形文字”对话框

（5）新建图层 2，在图层中创建五角星路径并填充红色，然后输入“敲章有奖”文字，再调整其位置，如图 9-27 所示。为了方便编辑，最好电子图章中的各要素在不同的图层中，如图 9-28 所示。

图 9-26 文字变形及位置调整

图 9-27 电子图章最后效果

图 9-28 图像中的各图层

9.4 文本的栅格化

栅格化就是把矢量图转化成位图。矢量图跟位图处理方法不同，为了使用位图的处理方法就得进行栅格化。文字图层是矢量图层，未栅格化之前可以调整字符大小、字体，但是不能填充渐变，不能使用高斯模糊、扭曲等滤镜。栅格化后可以使用滤镜，填充但是就再也不能改变字体、字号了。

有两种方法实现文字的栅格化：①选择菜单栏中的“图层”→“栅格化”→“文字”命令就可以；②选中文字图层，单击鼠标右键，在弹出的快捷菜单中选择“栅格化文字”命令即可。图9-29和图9-30是文字栅格化前后的对比。

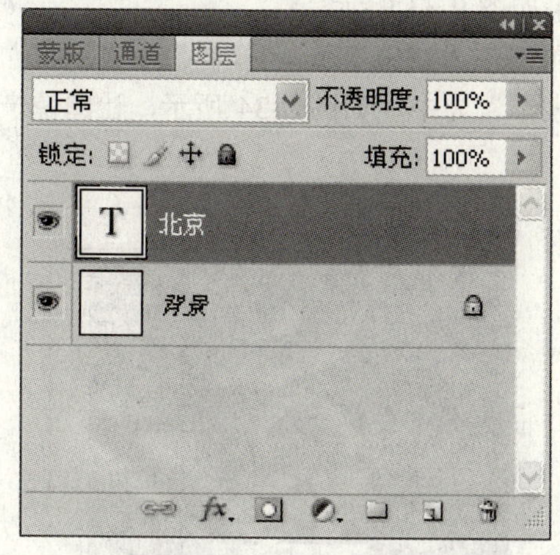

图9-29 文字图层栅格化前

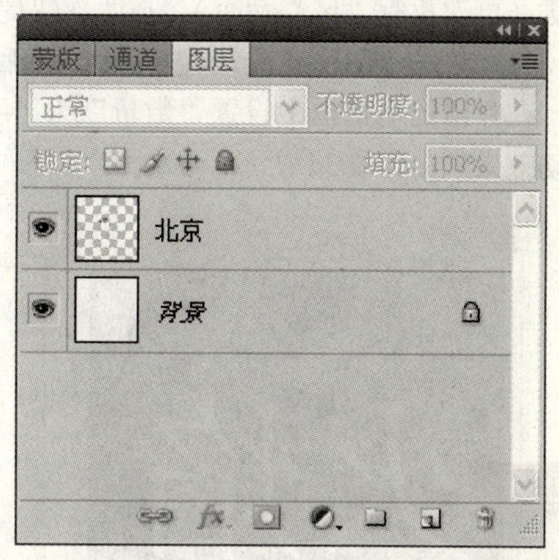

图9-30 文字图层栅格化后

9.5 文 字 效 果

上机实例1：文字效果——火焰字。

1. 制作目的

熟练利用套索选择工具、椭圆工具，精确选取所需的图像区域，达到合成图像的效果。

2. 制作步骤

（1）新建文件。将背景色设置为黑色，其他参数设置如图9-31所示。

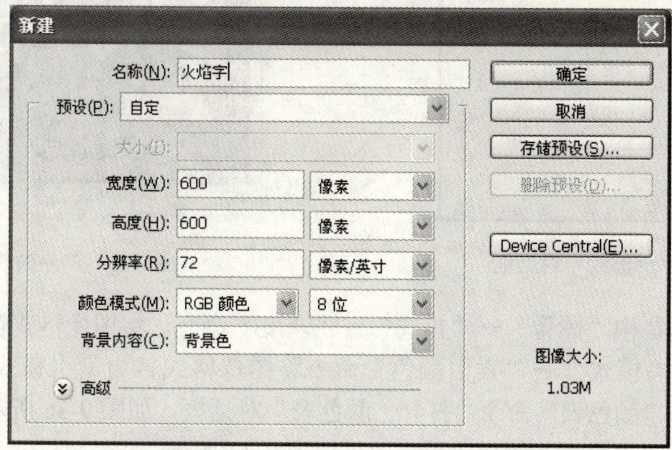

图9-31 新建“火焰字”文件

（2）单击工具箱中的“文字”工具，输入“火焰”两个字，字体为宋体加粗，大小为240点，如图9-32所示，然后将文字图层栅格化。

（3）选择菜单栏中“图像”→“旋转图像”→“90（度顺时针）”将整个图像旋转90°，然后选择菜单栏“滤镜”→“风格化”→“风”命令，如果风的效果不明显，再按Ctrl+F快捷键（再次执行“风”命令），按两次快捷键，效果如图9-33所示。

（4）将整个图像逆时针旋转90°，然后选择菜单栏中“滤镜”→ “扭曲”→“波纹”命令，在弹出的对话框中设置“数量”为“–83”，“大小”为中，如图9-34所示，让图像产生抖动效果，如图9-35所示。

图9-32 输入文字

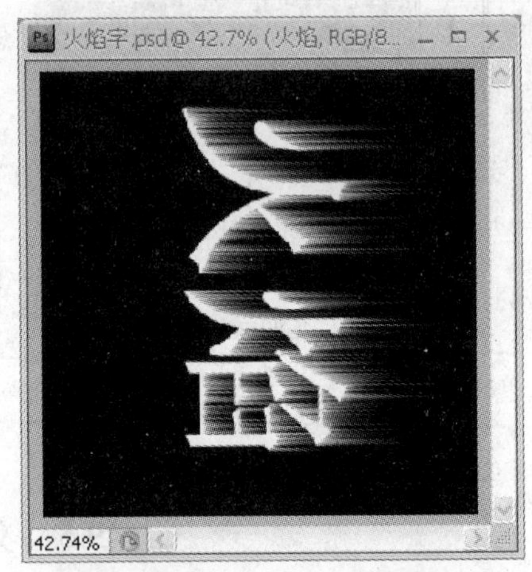

图9-33 执行“风”命令效果

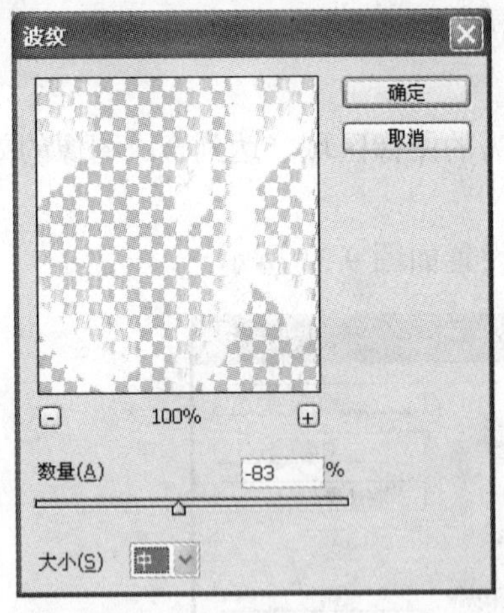

图9-34 “波纹”对话框

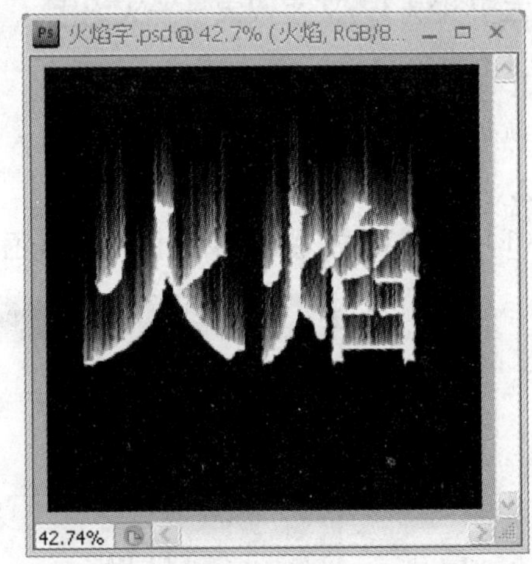

图9-35 产生波纹效果

（5）选择菜单栏中“图像”→“模式”→“灰度”命令，将图像格式转为灰度模式，再执行“图像”→ “模式”→“索引颜色”命令将图像格式转为索引模式。最后执行“图像”→“模式”→“颜色表”命令，打开“颜色表”对话框，如图9-36所示。在颜色表列表框中选择“黑体”，“火焰字”就形成了，效果如图9-37所示。

（6）最后将图像的模式转换成RGB模式。

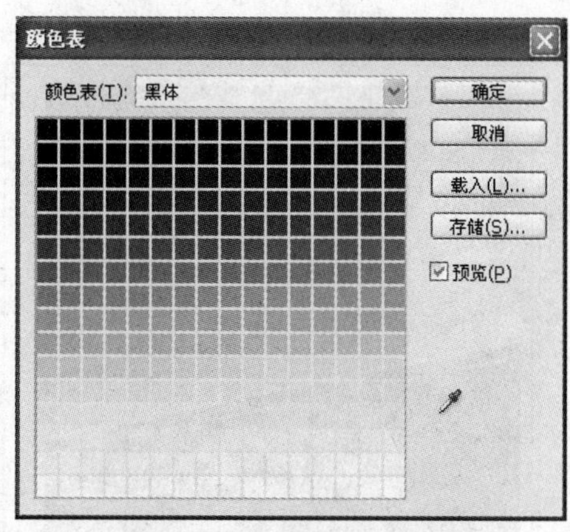

图 9-36 “颜色表”对话框

图 9-37 “火焰字”效果

操作小贴士

可能大家不明白为什么要将图像的模式转换成索引？这是因为图像只有在索引模式下，颜色表才能使用，而颜色表中的“黑体”预设面板是我们想使用的，因为这些颜色是黑体辐射物被加热时发出的，从黑色到红色、橙色、黄色和白色，刚好和燃烧的火焰的颜色一样。

还有一个问题，为什么要将图像模式先转换成灰度模式呢？因为如果图像从 RGB 模式直接转换成索引模式，颜色改变效果会怎么样？下面通过对比图来看看改变效果。原图像如图 9-38 所示。

图 9-38　原图像

操作小贴士

通过上面的例子，从图 9-39 可以看出，先将图像模式转换成灰度，再转换成索引模式，使用颜色表的“黑体”命令时，原图像颜色的改变和“黑体”预设模式是一致的，基本上从黑场到白场。而图 9-40 可以看出直接转换成索引模式，使用颜色表的“黑体”命令时，原图像的颜色改变没有规律，不符合制作“火焰”效果的要求。

图 9-39 先转换灰度再转换成索引模式

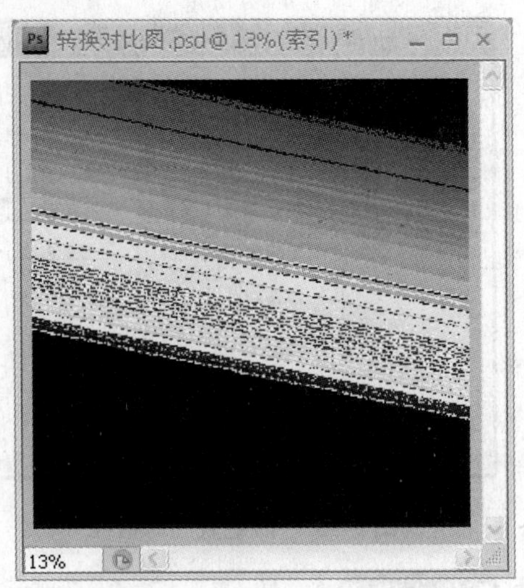

图 9-40 直接转换成索引模式

上机实例 2：文字效果——3D 文字。

1. 制作目的

熟练利用套索选择工具、椭圆工具，精确选取所需的图像区域，达到合成图像的效果。

2. 制作步骤

（1）新建文件，参数设置如图 9-41 所示。

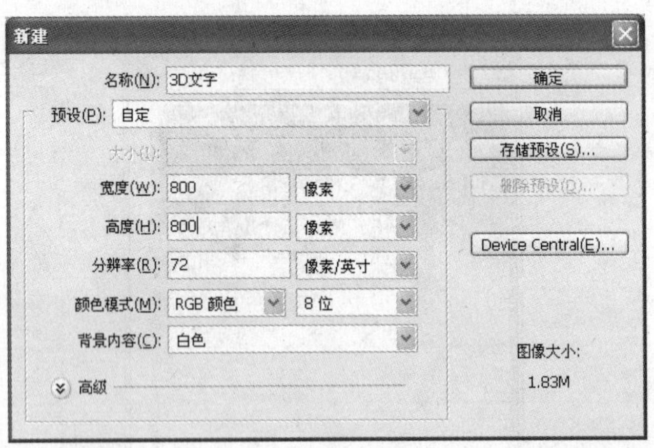

图 9-41 新建文件

（2）单击工具箱中的“文字”工具，输入“3DPS”，字体为 Times New Roman 加粗，大小为 240 点，如图 9-42 所示，然后将文字图层栅格化。

（3）为了做出 3D 效果，将文字进行透视变换，如图 9-43 所示。

（4）激活文字图层，单击工具箱中的“移动”工具，按住 Alt 键，同时单击方向键 “↑”，这样可以不停地复制图层，共复制 18 次，如图 9-44 所示，效果如图 9-45 所示。

（5）激活文字图层，单击工具箱中的“移动”工具，按住 Alt 键，同时按住方向键“↑”，这样可以不停地复制图层，共复制 18 次，如图 9-44 所示，效果如图 9-45 所示。

图 9-42　输入文字

图 9-43　文字透视变换

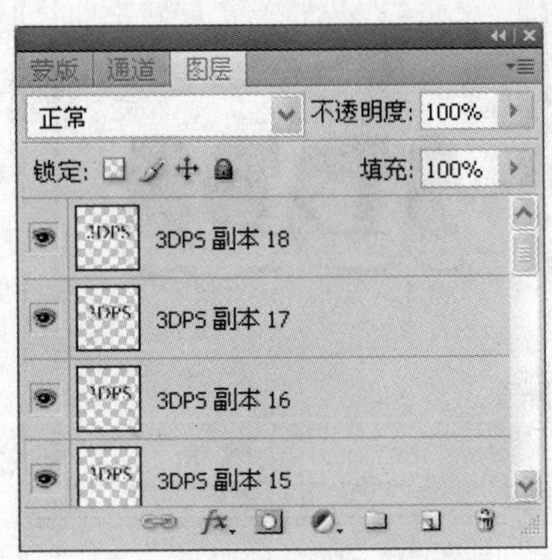

图 9-44　复制图层

图 9-45　复制图层效果

（6）合并 17 个图层，留下最下和最上面的图层，是为了给这两个图层添加效果如图 9-46 所示。

（7）激活“3DPS”图层，在图层面板下面单击“图层样式”按钮，给文字添加投影效果，投影参数设置如图 9-47 所示，效果如图 9-48 所示。

（8）激活“3DPS 副本 17”图层，在图层面板下面单击“图层样式”按钮，给文字添加渐变叠加效果，参数设置如图 9-49 所示，效果如图 9-50 所示。

（9）激活“3DPS 副本 18”图层，在图层面板下面单击“图层样式”按钮，给文字添加颜色叠加效果，参数设置如图 9-51 所示，效果如图 9-52 所示。

（10）这样 3D 文字效果制作完毕。

图 9-46　合并 17 个图层

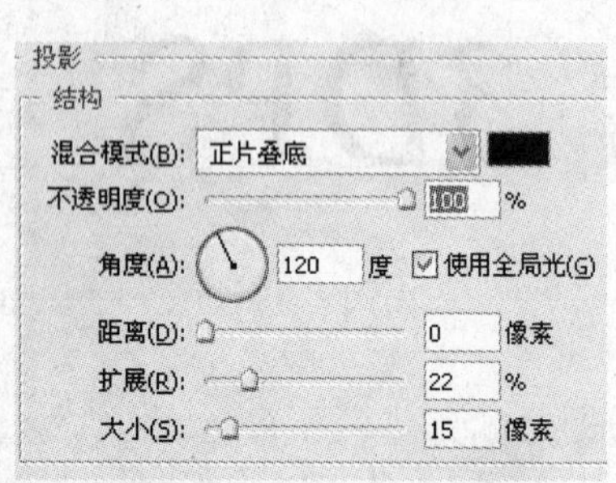

图 9-47 “投影”参数设置

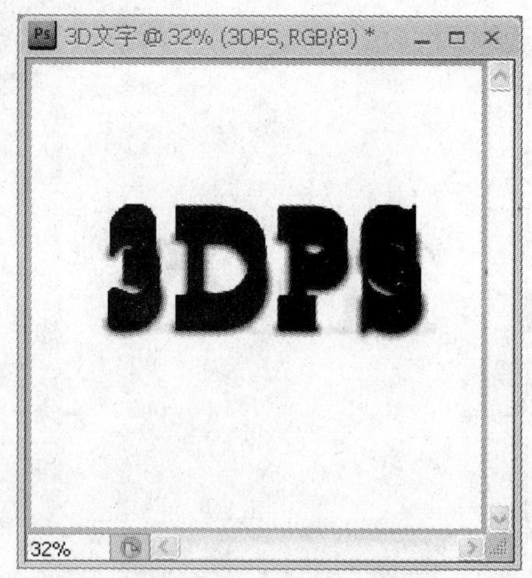

图 9-48 投影效果

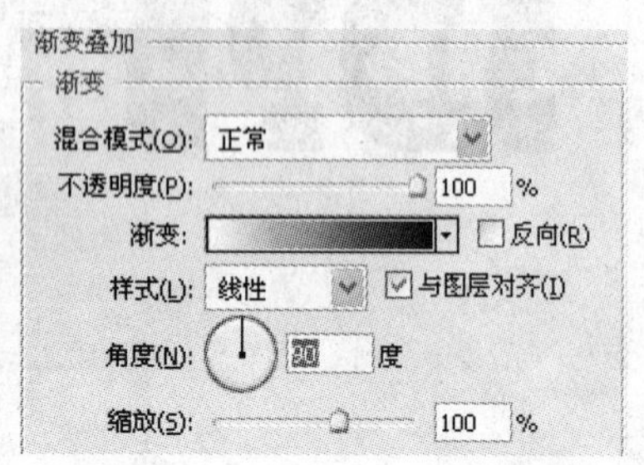

图 9-49 “渐变叠加”参数设置

图 9-50 渐变叠加效果

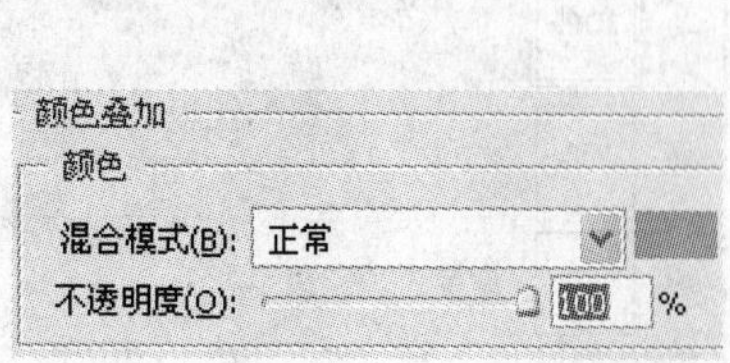

图 9-51 “颜色叠加”参数设置

图 9-52 颜色叠加效果

操作小贴士

如果在步骤（4）中，不小心选中了图层中的文字，如图 9-53 所示，则按住 Alt 键，同时按方向键“↑”，复制的是文字而不是图层，如图 9-54 所示。以后就没有办法加上图层样式了。

图 9-53 选中的是文字

图 9-54 复制的是文字

上机实例 3：文字效果——冰雪字。

1. 制作目的

熟练利用套索选择工具、椭圆工具，精确选取所需的图像区域，达到合成图像的效果。

2. 制作步骤

（1）新建文件。将背景色设置为 RGB（32,46,85），其他参数设置如图 9-55 所示。

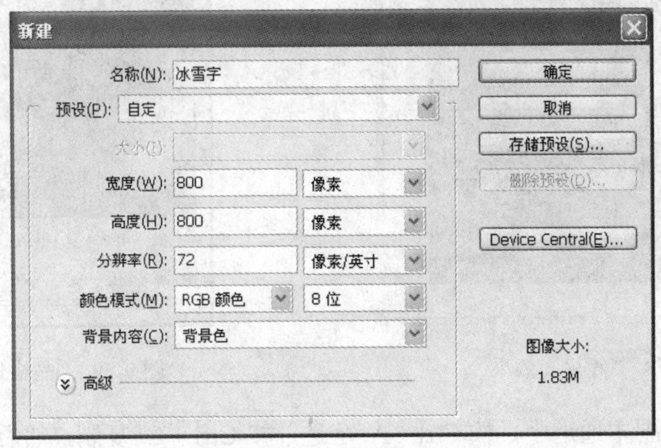

图 9-55 新建文件

（2）单击工具箱中的“文字”工具，输入“冰雪”两个字，字体为黑体加粗，大小为 260，如图 9-56 所示，然后将文字图层栅格化。

（3）在图层面板中，按 Ctrl 的同时单击“图层缩览图”区域，调出文字选区，切换到通道面板，新建一个通道，然后将其填充为白色，再复制该通道，如图 9-57 所示。

图 9-56 输入文字

图 9-57 新建并复制通道

（4）激活“Alpha1 副本”通道，按 Ctrl+D 取消选区，对该通道执行滤镜命令。选择菜单栏中的“滤镜”→“像素化”→ “碎片”命令,再按 Ctrl + F 两次，效果如图 9-58 所示。

（5）继续选择菜单栏中的“滤镜”→“像素化”→ “晶格化”命令，在“晶格化”对话框中设置“单元格大小”为 6，如图 9-59 所示，单击“确定”按钮，再按 Ctrl + F 两次，效果如图 9-60 所示。

图 9-58 “碎片”效果

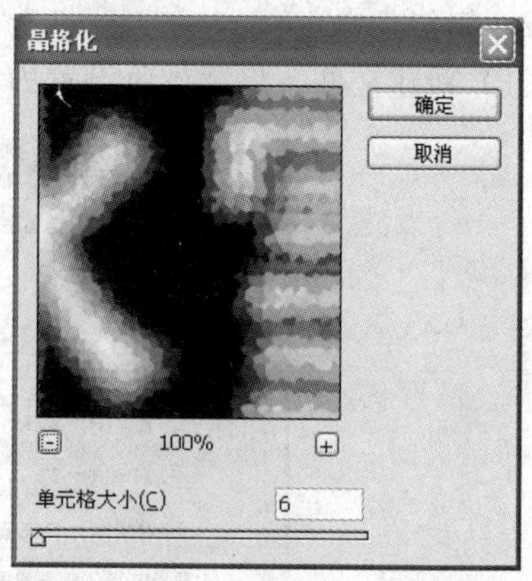

图 9-59 “晶格化”对话框

（6）在 Alpha1 副本通道中，按 Ctrl + A 全选，按 Ctrl + C 复制，然后回到图层面板，新建一个图层，按 Ctrl+V 粘贴，并将开始的文字图层删除，如图 9-61 所示。

（7）选择菜单栏中的“图像”→“调整”→“色彩平衡”命令，在弹出的“色彩平衡”对话框中进行色彩平衡参数设置，如图 9-62 所示，并把图层混合模式改为 “滤色”，效果如图

9-63 所示。

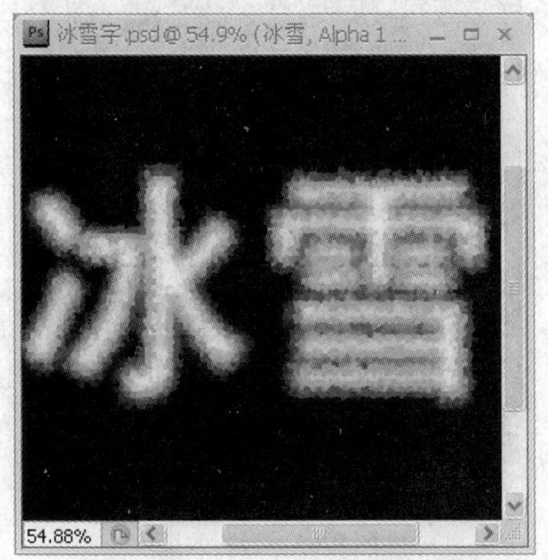

图 9-60 “晶格化”效果

图 9-61　新建图层与删除图层

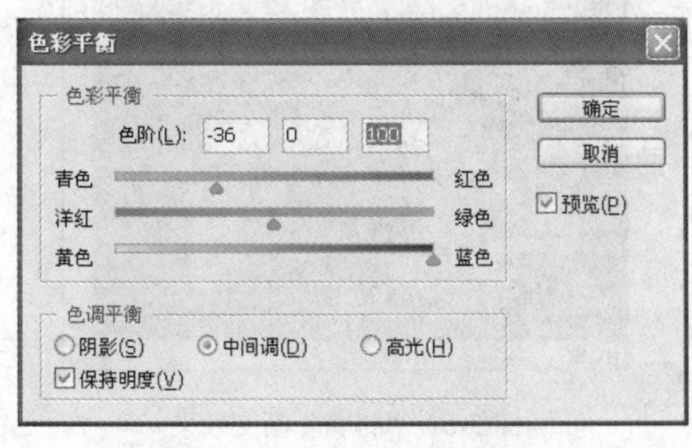

图 9-62 “色彩平衡”参数设置

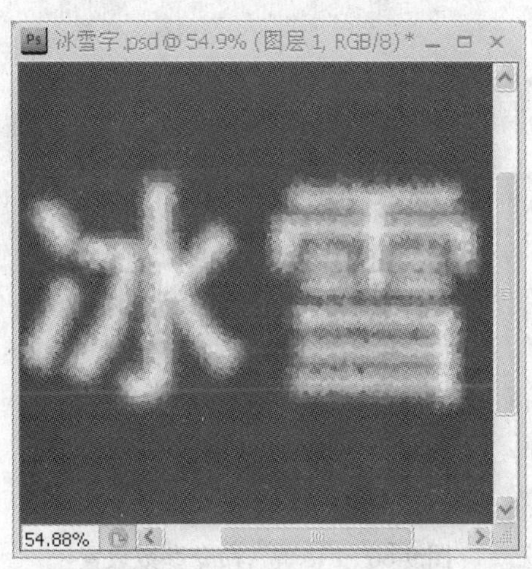

图 9-63 “色彩平衡”效果

（8）选择菜单栏中的“图像”→“图像旋转”→“顺时针 90°”，再选择菜单栏中“滤镜”→“风格化”→“风”命令，采用默认设置。再将图像逆时针旋转 90°，效果如图 9-64 所示。

（9）切换到通道面版，选择 Alpha 1 通道，将通道作为选区载入，按住 Ctrl 键再单击“通道缩览图”区域来实现。然后再切换到图层面板，新建图层 2，把前、背景颜色恢复成白、黑，对该图层使用滤镜工具。选择菜单栏中的“滤镜”→“渲染”→“云彩”命令,如图 9-65 所示。

（10）不要取消选区，选择菜单栏中的“滤镜”→“素描”→“铬黄”命令，参数设置如图 9-66 所示，效果如图 9-67 所示。

（11）设置图层的内发光效果，参数如图 9-68 所示。单击“确定”按钮后，效果如图 9-69 所示，这样字里面也有冰碴的效果，冰雪字创建完毕。

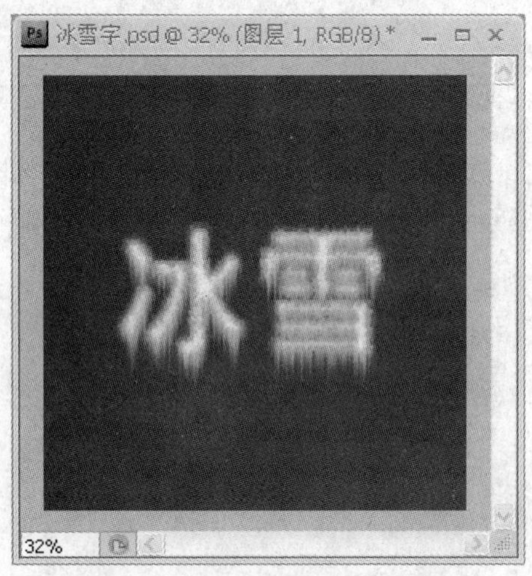

图 9-64　给文字加“风”效果

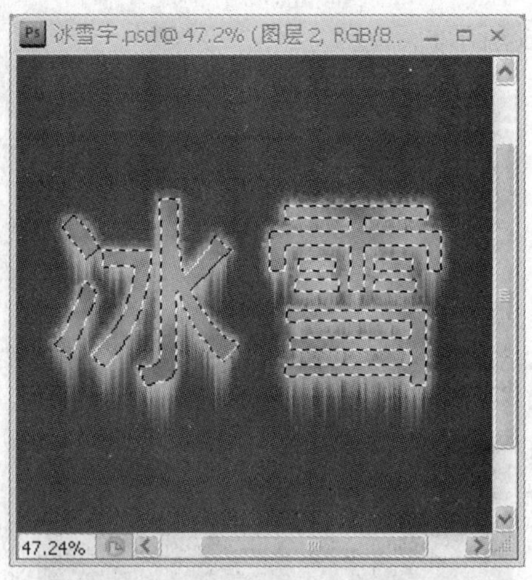

图 9-65　云彩效果

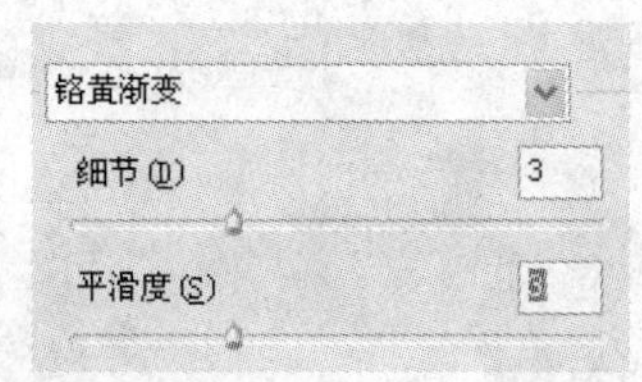

图 9-66　“铬黄”命令参数设置

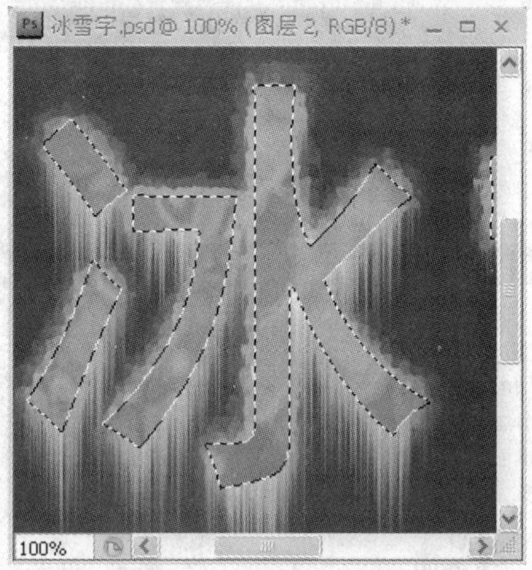

图 9-67　“铬黄”渐变效果

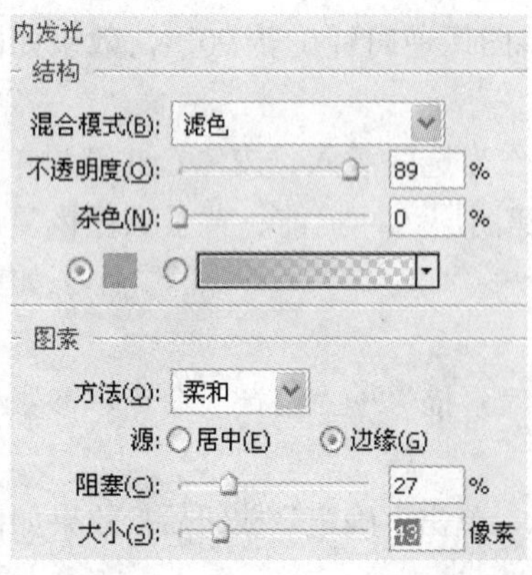

图 9-68　“内发光”参数设置

图 9-69　“内发光”效果

上 机 作 业

1．制作水纹字效果，如图 9-70 所示。

图 9-70　水纹字效果

2．制作超酷的金属光感字，如图 9-71 所示。

图 9-71　金属字效果

第 10 章　滤　　镜

10.1　滤 镜 概 述

滤镜来源于摄影的滤光镜，滤镜主要是用来实现图像进行扭曲、模糊、渲染等特殊效果的制作和处理。它在 Photoshop 中具有非常神奇的作用。滤镜的操作是非常简单的，但是真正用起来却很难恰到好处。滤镜通常需要同通道、图层等联合使用，才能取得最佳艺术效果。如果想在最适当的时候应用滤镜到最适当的位置，除了平常的美术功底之外，还需要用户对滤镜的熟悉和操控能力，甚至需要具有很丰富的想象力。这样，才能有的放矢地应用滤镜，发挥出艺术才华。本章介绍如何应用滤镜来制作各种变换效果。

10.1.1　艺术效果滤镜

艺术效果滤镜一共包括 15 种滤镜，它能够使图片变成油画、水彩、铅笔画等效果。可以使一幅照片图像变成大师的力作，且绘画形式不拘一格。

1. 壁画滤镜

该滤镜能强烈地改变图像的对比度，使暗调区域的图像轮廓更清晰，最终形成一种类似古壁画的效果。单击待处理图层后选择菜单栏中"滤镜"→"艺术效果"→"壁画"命令，打开"壁画"对话框，如图 10-1 所示。

图 10-1　"壁画"滤镜对话框

该对话框中有3个控制参数的作用如下。

（1）画笔大小。调整画笔的大小。

（2）细笔细节。调整细笔的效果。

（3）纹理。调整图像的纹理。数值越大，壁画的效果体现得更大。

将上面对话框中“画笔大小”调为4，“画笔细节”调为3，“纹理”调为2，效果对比如图10-2和图10-3所示。

图10-2　应用滤镜前的图片

图10-3　应用滤镜后的效果

2. 粗糙蜡笔滤镜

该滤镜能模拟彩色蜡笔画出的效果，使图片拥有浓丽鲜艳、沉着厚实的艺术效果，多用于风景、人物、儿童画处理。单击待处理图层后选择菜单栏中的“滤镜”→“艺术效果”→“粗糙蜡笔”命令，打开“粗糙蜡笔”对话框，如图10-4所示，该对话框中控制参数的意义如下。

（1）描边长度。调节勾画线条的长度。

（2）描边细节。调节勾画线条的对比度。

（3）纹理。可以选择砖形、画布、粗麻布和砂岩纹理或是载入其他的纹理。

（4）缩放。控制纹理的缩放比例。

（5）凸现。调节纹理的凸起效果。

（6）光照。选择光源的照射方向。

（7）反相。反转纹理表面的亮色和暗色。

设置如图10-4所示的参数，效果对比如图10-5和图10-6所示。

10.1.2　模糊滤镜

Photoshop CS4一共提供了11种模糊滤镜，这些滤镜可以模糊图片中过于清晰的边缘以及虚化对比度过高的图片，从而达到模糊效果。模糊效果的原理是减少选取像素间的差异，使突出的部分模糊。下面介绍两种最常用的高斯模糊和动感模糊滤镜。

1. 高斯模糊滤镜

高斯模糊滤镜添加低频细节，并产生一种朦胧效果。制作虚化背景的特殊效果时，经常应用此滤镜的效果。单击待处理图层后选择“滤镜”→“模糊”→“高斯模糊”命令，打开“高斯模糊”对话框，如图10-7所示。该对话框中“半径”是所选图层上对象的中心点向外模糊数值的大小，数值越大越模糊。

图 10-4 “粗糙蜡笔”对话框

图 10-5 应用滤镜前图片

图 10-6 应用滤镜后的效果

下面是使用高斯模糊效果的对比图，如图 10-8 和图 10-9 所示。

2. 动感模糊滤镜

动感模糊滤镜可以产生动态模糊的效果，此滤镜的效果类似于以固定的曝光时间给一个移动的对象拍照。多用于处理汽车、体育等图片素材。单击待处理图层后选择“滤镜”→“模糊”→“动感模糊”命令，打开“动感模糊”对话框，如图 10-10 所示。该对话框中选项“角度”变化范围从“–360”到“360”，用于规定运动模糊的方向；“距离”设置像素移动距离，距离越大越模糊。

图 10-7　“高斯模糊”滤镜对话框

图 10-8　应用滤镜前图片

图 10-9　应用滤镜后的效果

下面是使用动感模糊效果的对比图，如图 10-11 和图 10-12 所示。

图 10-10 “动感模糊”滤镜对话框

图 10-11 应用滤镜前图片

图 10-12 应用滤镜后的效果

10.1.3 扭曲滤镜

该滤镜可将图像做几何方式的变形处理，生成一种从波纹到扭曲或创建 3D 或其他整形效果，可以创造非同一般的艺术效果，下面介绍两种最常用的镜头校正和波纹滤镜。

1. 镜头校正

镜头校正滤镜可修复常见的镜头畸变，如桶形和枕形失真、晕影和色差，也可以使图片达到用移轴镜头拍摄出来的效果。该滤镜在 RGB 或灰度模式下只能用于 8 位/通道和 16 位/通道的图像。单击待处理图层后选择“滤镜”→“扭曲”→“镜头校正”命令，打开“镜头校正”对话框，如图 10-13 所示。该对话框中有“色差”选项可以调整颜色，“晕影”选项可以认为增加镜头光晕，“变换”选项可以实现移轴镜头的效果。应用滤镜前后对比如图 10-14、图 10-15 所示。

图 10-13 “镜头校正”滤镜对话框

图 10-14 应用滤镜前图片

图 10-15 应用滤镜后的效果

2. 波纹滤镜

波纹滤镜可将选区上创建水纹涟漪的效果，像水池表面的波纹。该滤镜在 RGB 或灰度模式下只能用于 8 位/通道的图像。单击待处理图层后选择“滤镜”→“扭曲”→“波纹”命令，打开“波纹”对话框，如图 10-16 所示。该对话框中有“数量”选项和“大小”选项，可以调整波纹频率，从而达到预想效果。

下面是使用波纹滤镜效果的对比图，如图 10-17 和图 10-18 所示。

10.1.4 纹理滤镜

纹理滤镜能为图像增加很多纹理图案，纹理滤镜包括了 6 种滤镜，这些滤镜可以为图片增加纹理效果，下面介绍两种最常用的龟裂缝和拼缀图滤镜。

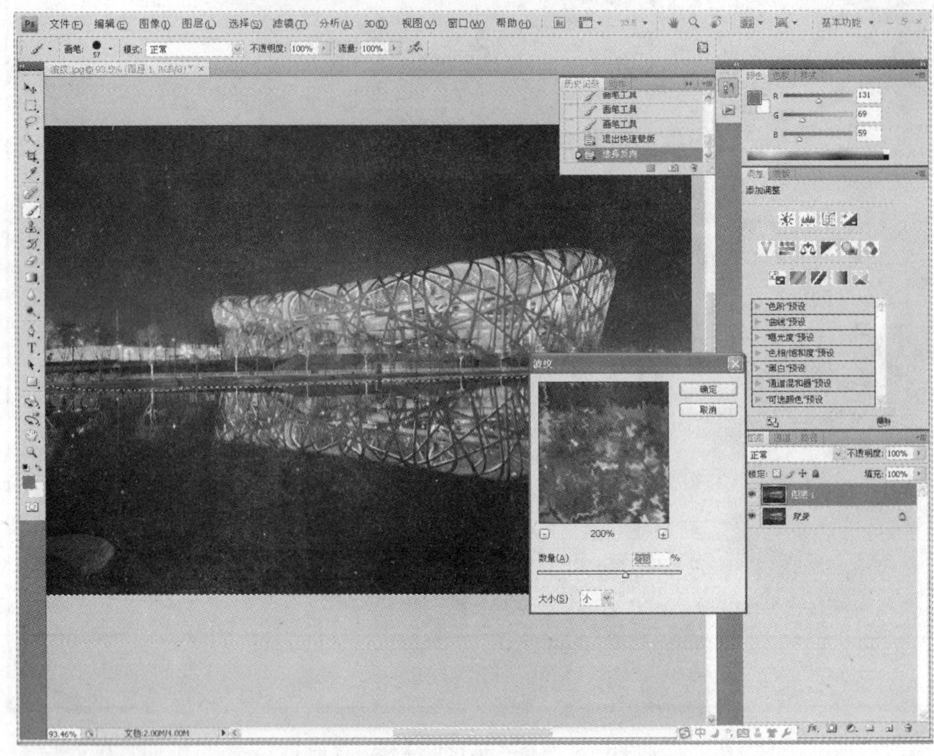

图 10-16 “波纹”滤镜对话框

图 10-17 应用滤镜前图片

图 10-18 应用滤镜后的效果

1. 龟裂缝滤镜

龟裂缝滤镜可以产生凹凸不平的裂纹效果，它也可以直接在一空白的画面上生成各种材质的裂纹。使用此滤镜也可以对包含多种颜色值或灰度值的图像创建浮雕效果。单击待处理图层后选择“滤镜”→“纹理”→“龟裂缝”命令，打开“龟裂缝”对话框，如图 10-19 所示。该对话框中有“裂缝间距”、“裂缝深度”和“裂缝亮度”选项，可以通过调整以上参数从而达到预想效果。

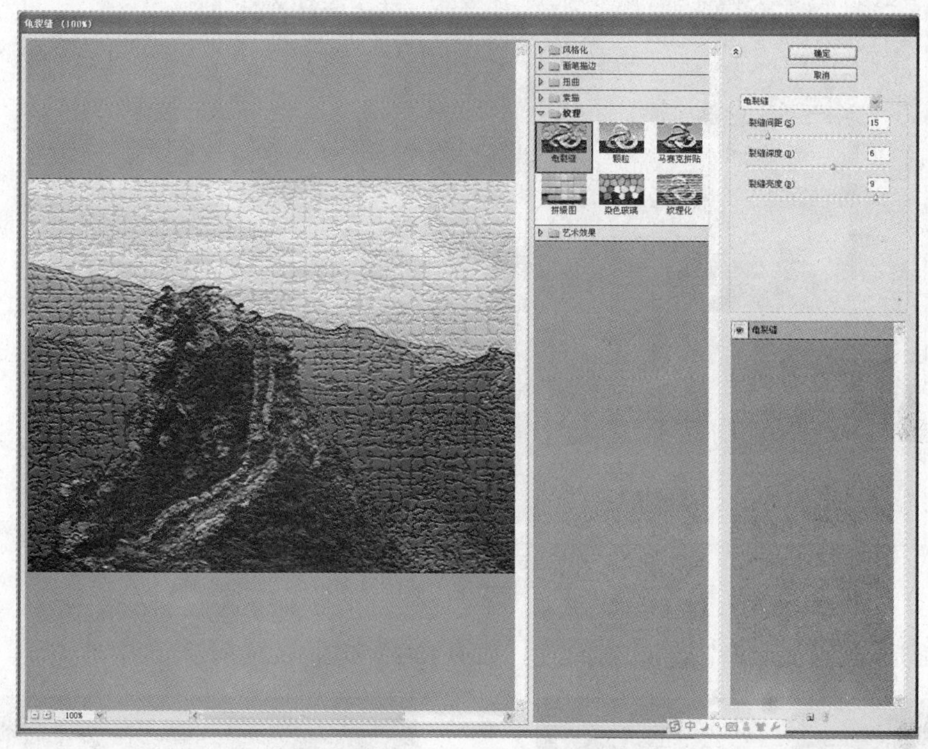

图 10-19 “龟裂缝”滤镜对话框

下面是使用龟裂缝滤镜的对比图，如图 10-20 和图 10-21 所示。

图 10-20　应用滤镜前图片

图 10-21　应用滤镜后的效果

2. 拼缀图滤镜

拼缀图滤镜将图像分解为用图像中该区域的主色填充的正方形。此滤镜随机减小或增大拼贴的深度，以模拟高光和阴影。它是在马赛克的基础上增加了一些立体效果，用来产生建筑上拼贴瓷片的效果。单击待处理图层后选择“滤镜”→“纹理”→“拼缀图”命令，打开“拼缀图”对话框，如图 10-22 所示。该对话框中有“方块大小”与“凸现”选项，可以通过调整以上参数从而达到预想效果。

图 10-22 “拼缀图”滤镜对话框

下面是使用“龟裂缝”滤镜的对比图，如图 10-23 和图 10-24 所示。

图 10-23 应用滤镜前图片

图 10-24 应用滤镜后的效果

10.1.5 素描滤镜

素描滤镜一共包括 14 种滤镜，它能够使图片处理成类似素描的效果。下面介绍两种最常用的便条纸和图章滤镜。

1. 便条纸滤镜

便条纸滤镜结合浮雕和颗粒化滤镜效果，产生类似于浮雕的凹陷压印效果，暗调区呈现凹陷效果，显示的是背景色。单击待处理图层后选择“滤镜”→“素描”→“便条纸”命令，打开“便条纸”对话框，如图 10-25 所示。该对话框中有“图像平衡”、“粒度”与“凸现”选项，可以通过调整以上参数从而达到预想效果。

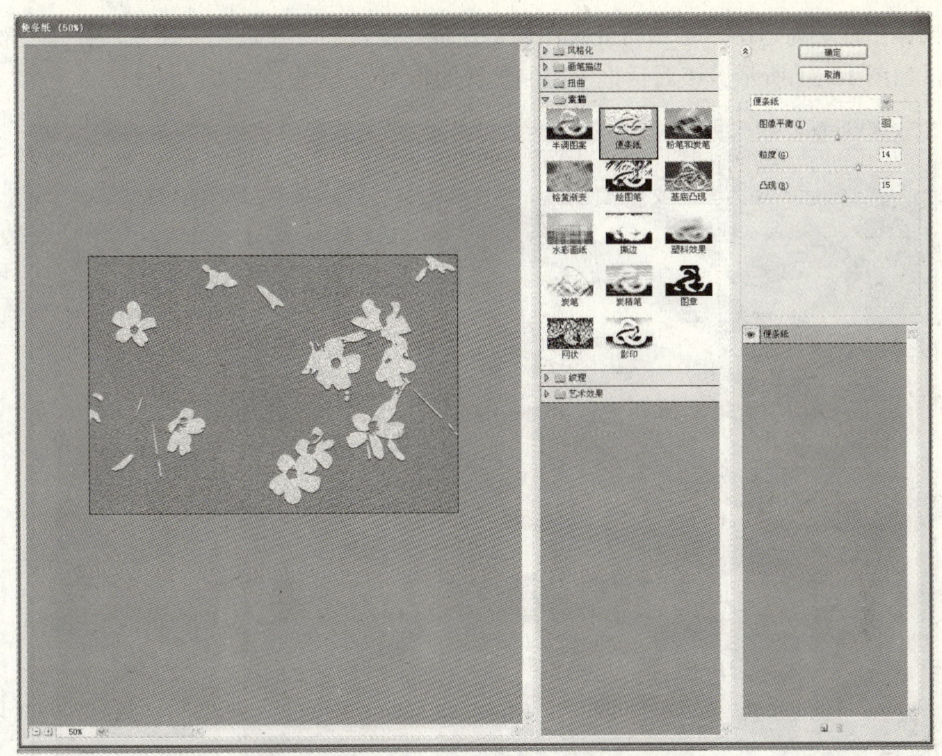

图 10-25　“便条纸”滤镜对话框

下面是使用“便条纸”滤镜的对比图，如图 10-26 和图 10-27 所示。

图 10-26　应用滤镜前图片

图 10-27　应用滤镜后的效果

2. 图章滤镜

图章滤镜产生图章盖印的效果，对黑白图像比较适用。单击待处理图层后选择“滤镜”→“素描”→“图章”命令，打开“图章”对话框，如图 10-28 所示。该对话框中有“明/暗平衡”与“平滑度”选项，可以通过调整以上参数从而达到预想效果。

下面是使用“图章”滤镜的对比图，如图 10-29 和图 10-30 所示。

10.1.6　液化滤镜

液化滤镜可用于推、拉、旋转、褶皱、折叠和膨胀图像的任意区域，从而达到局部扭曲效果。液化命令是在日常修图过程中非常常用，功能强大的滤镜。该滤镜主要实现瘦身效果，所以对人像图片更为适用。单击待处理图层后选择“滤镜”→“液化”命令，打开“液化”对话框，如图 10-31 所示。该对话框中控制参数的作用如下。

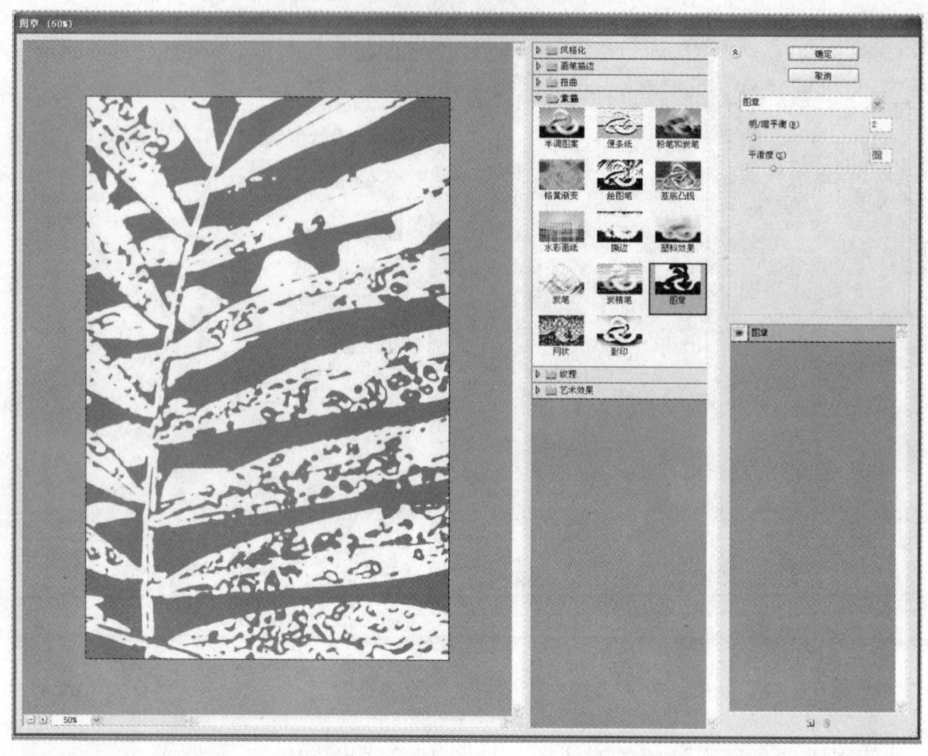

图 10-28 “图章”滤镜对话框

图 10-29 应用滤镜前图片

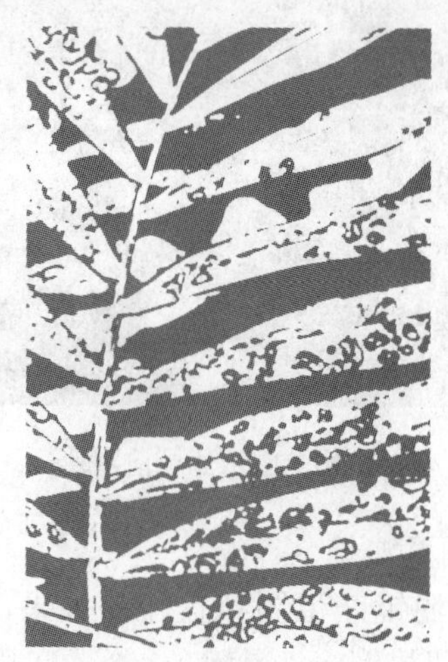

图 10-30 应用滤镜后的效果

（1）向前变形工具。拖动时向前推像素。

（2）重建工具。拖动时可反转已添加的扭曲，相当于修复工具。

（3）褶皱工具。拖动时使像素朝着画笔区域的中心移动，形成褶皱效果。

（4）膨胀工具。拖动时使像素朝着离开画笔区域中心的方向移动。

（5）左推工具。当垂直向上拖动该工具时，像素向左移动（如果向下拖动，像素会向右移动）。

（6）镜像工具。将像素拷贝到画笔区域，可实现类似于水中倒影的效果。

（7）湍流工具。平滑地混杂像素。它可用于创建火焰、云彩、波浪和相似的效果。

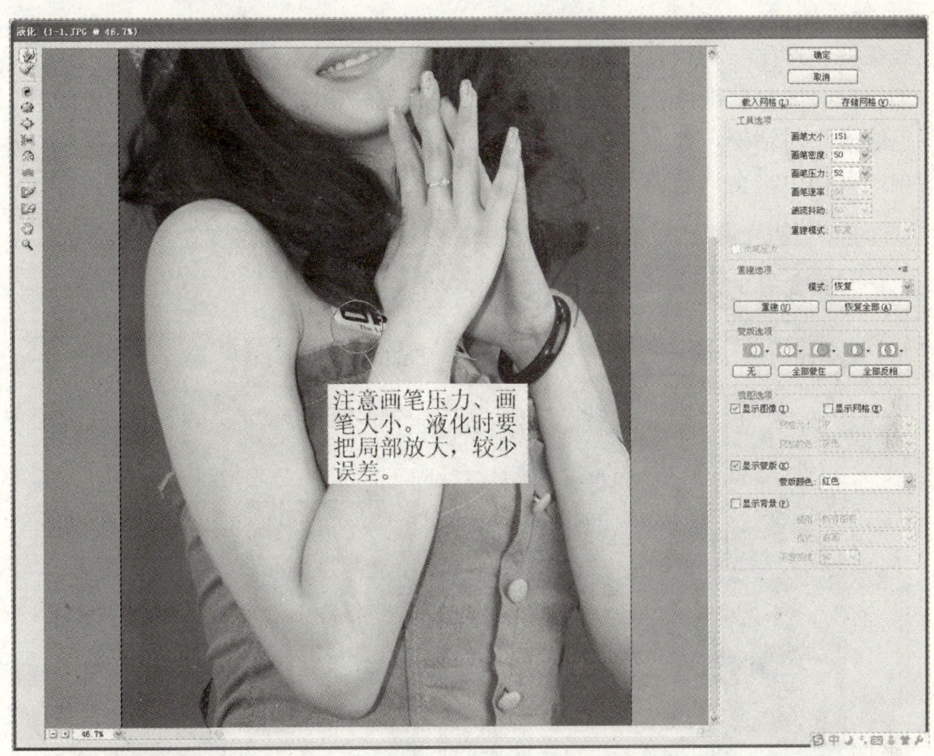

图 10-31 “液化”滤镜对话框

下面是使用液化滤镜的对比图，如图 10-32 和图 10-33 所示。

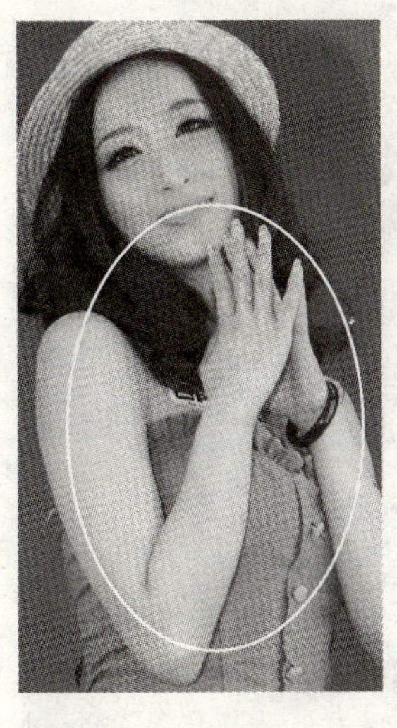

图 10-32 应用滤镜前图片

图 10-33 应用滤镜后的效果

10.1.7 画笔描边滤镜

与“艺术效果”滤镜一样，“画笔描边”滤镜可使图像形成一种手绘式描边效果或绘画效果，还可以通过增加笔触、杂色锐化细节。下面介绍两种最常用的“深色线条”滤镜和烟灰墨”滤镜。

1. 深色线条滤镜

深色线条滤镜产生一种很强烈的黑色阴影，其原理是用柔和且短的线条使暗区变黑，用白色长线条填充亮区。单击待处理图层后选择“滤镜”→“画笔描边”→“深色线条”命令，打开“深色线条”对话框，如图 10-34 所示。该对话框中有“平衡”、“黑色强度”与“白色强度”选项，其中“平衡”是调节笔画方向，范围 10～33。

图 10-34 “深色线条”滤镜对话框

下面是使用深色线条滤镜的对比图，如图 10-35 和图 10-36 所示。

图 10-35 应用滤镜前图片

图 10-36 应用滤镜后的效果

2. 烟灰墨滤镜

烟灰墨滤镜就像蘸满墨水的画笔在传统的纸上作画一样，使图像具有模糊的边缘和大量的黑色。单击待处理图层后选择“滤镜”→“画笔描边”→“烟灰墨”命令，打开“烟灰墨”对话框，如图 10-37 所示。该对话框中有“描边宽度”、“描边压力”与“对比度”选项，可以通过调整以上参数从而达到预想的效果。

图 10-37 “烟灰墨”滤镜对话框

下面是使用烟灰墨滤镜的对比图，如图 10-38 和图 10-39 所示。

图 10-38 应用滤镜前图片

图 10-39 应用滤镜后的效果

10.1.8 渲染滤镜

渲染滤镜可以在图像中模拟多种光源创建出云彩图案、镜头光晕等灯光照效果。下面介绍两种最常用的“分层云彩”滤镜和“镜头光晕”滤镜。

1. 分层云彩滤镜

分层云彩滤镜使用随机生成的介于前景色与背景色之间的值，生成云彩图案。第一次选取此滤镜时，图像的某些部分被反相为云彩图案。单击待处理图层后选择“渲染”→“分层云彩”命令，如图 10-40 所示，直接产生分层云彩效果。

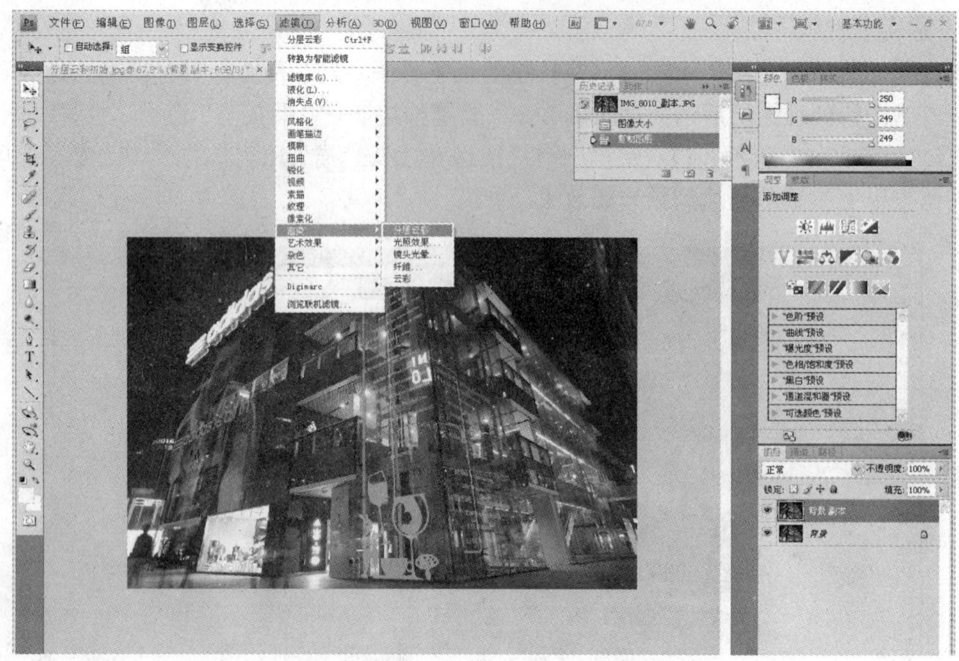

图 10-40 “分层云彩”滤镜选项

下面是使用分层云彩滤镜的对比图，如图 10-41 和图 10-42 所示。

图 10-41 应用滤镜前图片

图 10-42 应用滤镜后的效果

2. 镜头光晕滤镜

镜头光晕滤镜模拟亮光照射到像机镜头所产生的折射。通过点按图像缩览图的任一位置或拖移其十字线，指定光晕中心的位置。目前，日系高调人像照片比较常用此效果。单击待处理图层后选择“滤镜”→“渲染”→“镜头光晕”命令，打开“镜头光晕”对话框，如图 10-43 所示。该对话框中模拟了多种镜头模式，可以在缩略图中拖动“十字”光标从而达到预想效果。

下面是使用分层云彩滤镜的对比图，如图 10-44 和图 10-45 所示。

10.1.9 风格化滤镜

风格化滤镜是通过置换像素和通过查找并增加图像的对比度，在选区中生成绘画或印象派的效果，它是完全模拟真实艺术手法进行创作的。下面介绍两种最常用的凸出滤镜和风滤镜。

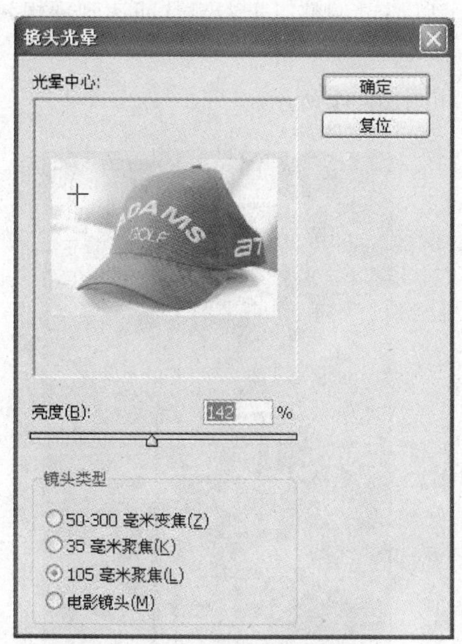

图 10-43 “镜头光晕”滤镜对话框

图 10-44 应用滤镜前图片

图 10-45 应用滤镜后的效果

1. 凸出滤镜

凸出滤镜可以将图像转化为三维立方体或锥体，以此来改变图像或生成特殊的三维背景效果。此滤镜处理后作为背景图片，如贺卡背景、海报背景等。单击待处理图层后选择“滤镜”→“风格化”→“凸出”命令，打开“凸出”对话框，如图 10-46 所示。该对话框中有“类型”、“大小”与“深度”选项，可以通过调整以上参数从而达到预想效果，如图 10-47、图 10-48 所示。注意，“金字塔”类型没有“立方体正面”复选项。

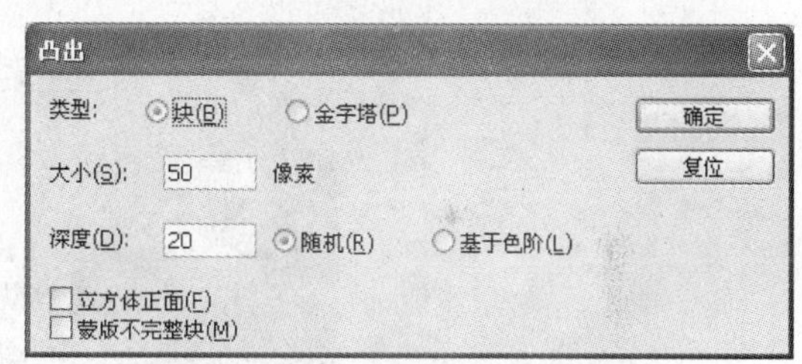

图 10-46 “凸出”滤镜对话框

图 10-47 应用滤镜前图片

图 10-48 应用滤镜后的效果

2. 风滤镜

风滤镜用于在图像中创建细小的水平线以及模拟刮风的效果，比较适合处理体育图片。单击待处理图层后选择“滤镜”→“风格化”→“风”命令，打开“风”对话框，如图 10-49

所示。该对话框中有“方法”与“方向”选项区，可以通过调整以上参数从而达到预想效果。不过风的方向只能沿水平方向。

下面是使用“风”滤镜的对比图，如图 10-50 和图 10-51 所示。

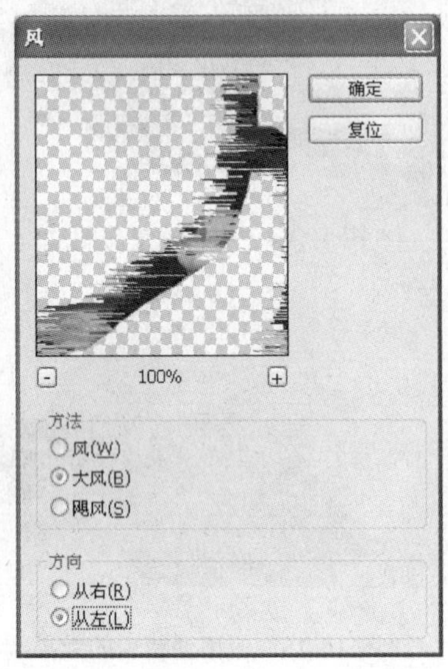

图 10-49 “风”滤镜对话框

图 10-50 应用滤镜前图片

图 10-51 应用滤镜后的效果

10.2 外挂滤镜

10.2.1 滤镜使用注意事项

（1）滤镜的使用与照片的模式有着密切关系。当打开某一个图片时，它可能是 RGB 模式的，也可能是 CMYK 模式、LAB 模式、灰度模式等。有些模式是不能使用滤镜处理的。相对来说，适用于 RGB 模式的滤镜最多。颜色通道也会影响到滤镜的使用。

（2）有些滤镜过于强调渲染效果，会显得比较生硬。

10.2.2 外置滤镜介绍

外置滤镜就是由第三方厂商为 Photoshop 所生产的滤镜，它们不仅种类齐全，品种繁多，而且功能强大，可以大大提高工作效率。同时版本和种类也可以不断升级与更新。

1．外置滤镜的安装

外置滤镜一般有两种可能：一种滤镜本身是安装版本，这样可以直接执行安装程序即可；另一种就是滤镜并不是一个安装程序，需要将扩展名为 8bf 滤镜文件拷贝到 Photoshop 下的 Plug-Ins 文件夹下，如图 10-52 所示。

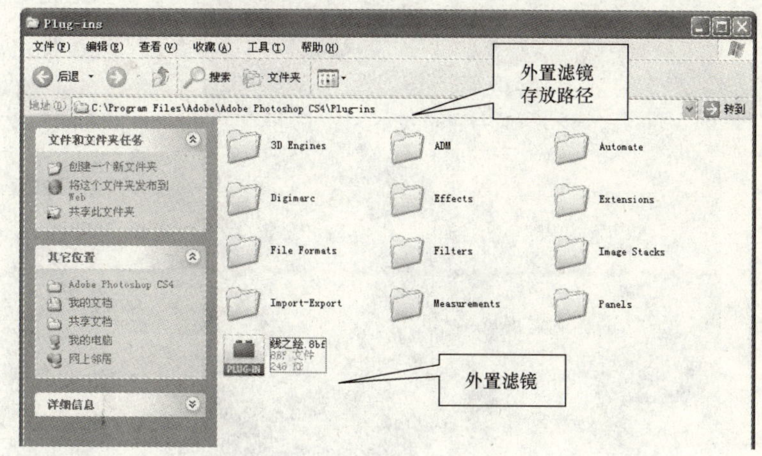

图 10-52 滤镜存放路径

2．“抽出”滤镜

“抽出”滤镜的功能强大，使用灵活，是 Photoshop 的御用抠图工具，它主要应用于抠发丝、羽毛、透明的纱等图片，简单易用，容易掌握，大大提高工作效率。下面举例说明其用法。

（1）打开图片，复制背景，关闭背景眼睛，单击“滤镜”→“抽出”。

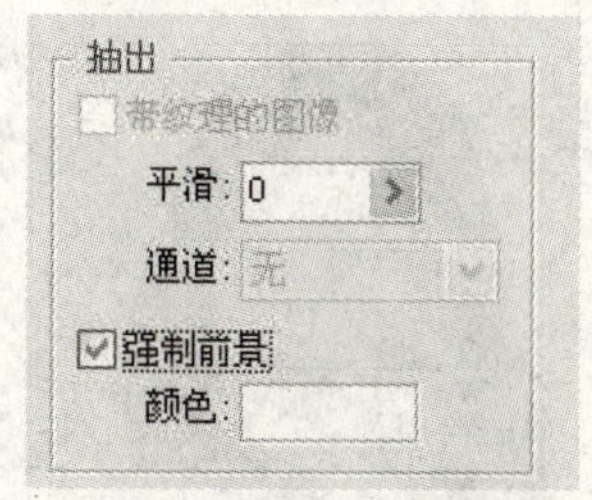

图 10-53 “抽出”滤镜选项区

（2）勾选“强制前景”，用吸管工具在头发上单击，如图 10-53 所示。

（3）选用边缘高光器，将画笔调到合适大小，在头发上涂抹，如图 10-54 所示。

（4）单击“确定”按钮，头发被抽出，如果觉得头发颜色浅，可以复制副本。此时图像和图层面板如图 10-55 所示。

（5）合并可见图层，用历史记录画笔恢复脸部和身体，加上背景，抠图完成，如图 10-56 所示。

3．“线之绘”滤镜

“线之绘”滤镜就是通过在画面中的分界线（这个是指有明显区分的色块，不同颜色、明暗等）添加亮调或暗调的线条，通过调整线条的锐化、宽度、影响半径、扩散程度以及明暗来达到艺术化的目的。下面举例说明其用法。

（1）打开图片，复制背景，关闭背景眼睛。单击 “滤镜”→“艺术设计”→“线之绘”，如图 10-57 所示。

（2）在界面的右边有两组调整参数，可以通过不同参数的变化改变处理效果，如图 10-58 所示。

图 10-54 “抽出”滤镜涂抹后的效果

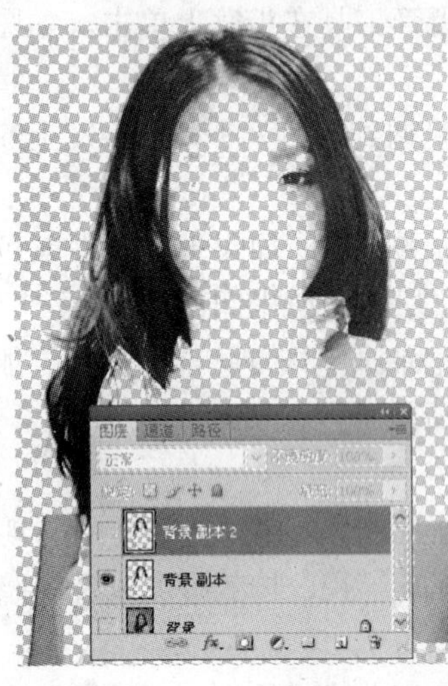

图 10-55 复制副本发量对比

图 10-56 “抽出”效果

（3）选择以达到自己想要的效果后单击“确定”按钮，效果对比如图 10-59 和图 10-60 所示。

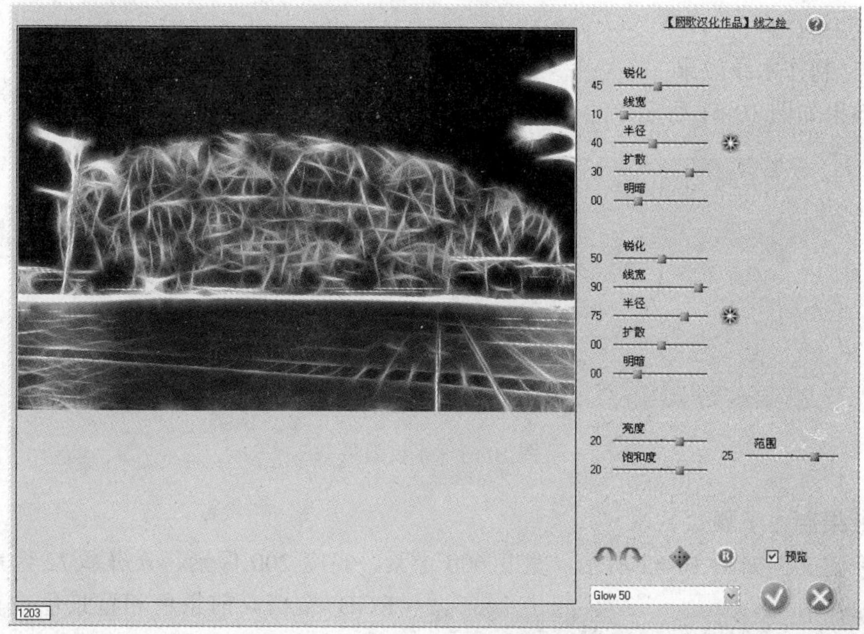

图 10-57 “线之绘”滤镜对话框

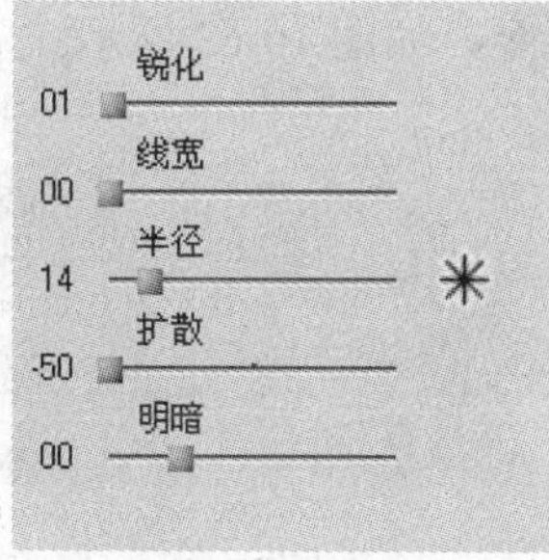

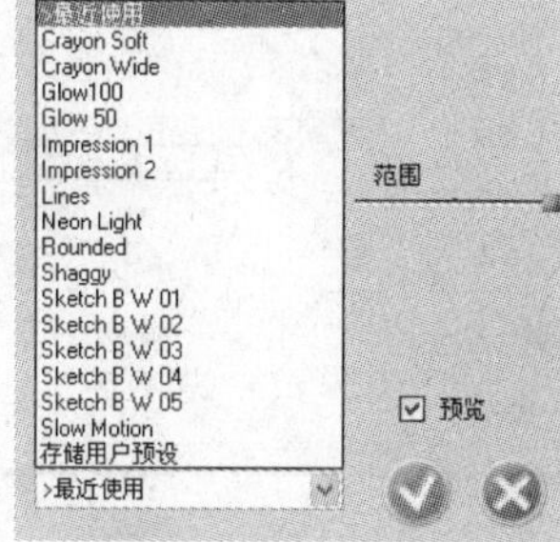

图 10-58 “线之绘”滤镜选项

图 10-59　应用滤镜前图片

图 10-60　应用滤镜后的效果

10.3 应 用 实 例

在图像处理中，利用滤镜制作纹理非常方便。下面通过制作木纹、石头纹理和水波纹理来说明滤镜的应用。

10.3.1 制作木纹效果

木纹效果如图 10-61 所示。

图 10-61 木纹效果

木纹效果制作步骤如下。

（1）新建文件如图 10-62 所示，宽度 600 像素、高度 200 像素、分辨率 72 像素/英寸的 RGB 文档。前景色和背景色设置分别为 RGB（244,252,116）和 RGB（153,102,51），执行“滤镜”→“渲染”→“云彩”命令，如图 10-63 所示。

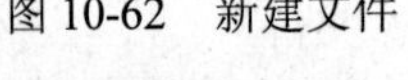

图 10-62 新建文件

图 10-63 “云彩”滤镜效果

（2）执行“滤镜”→“杂色”→“添加杂色”命令。“数值”设置为“25”，“分布”单选为“高斯分布”，勾选“单色”复选框，如图 10-64 所示，效果如图 10-65 所示。

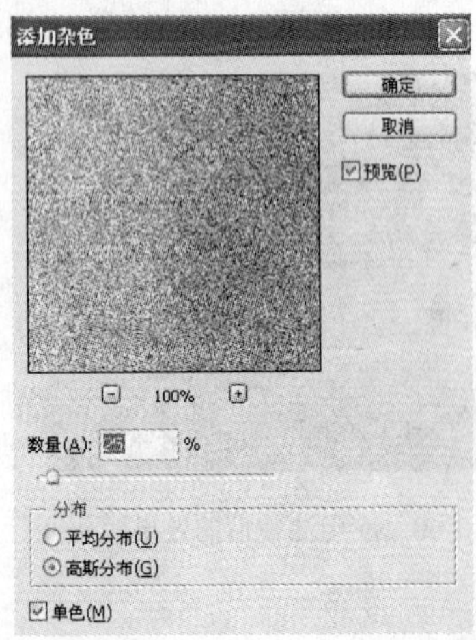

图 10-64 “添加杂色”设置

图 10-65 “添加杂色”效果

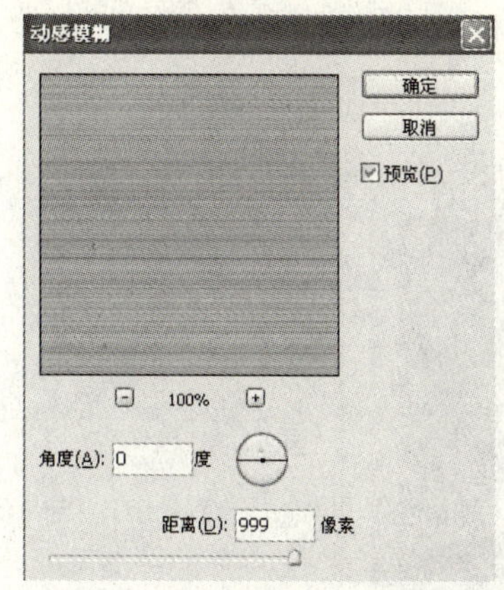

图 10-66 “动感模糊”设置

（3）执行“滤镜”→“模糊”→“动感模糊”命令，如图 10-66 所示，“角度”设置为“0”，距离“999”，效果如图 10-67 所示。

图 10-67 “动感模糊”效果

（4）使用矩形选框工具，在任意处选取“长方形的选区”。执行“滤镜”→“扭曲”→“旋转扭曲”，如图 10-68 所示，角度为默认，效果如图 10-69 所示，主要是添加局部木纹结。

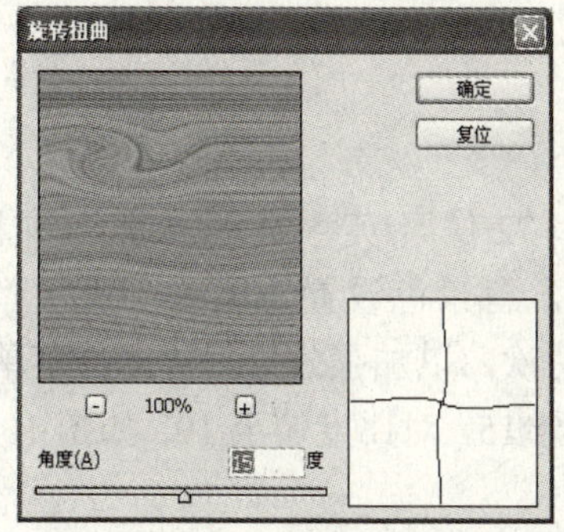

图 10-68 “旋转扭曲”设置

图 10-69 “旋转扭曲”效果

（5）选择菜单栏中的“图像”→“调整”→“亮度/对比度”命令，在弹出的对话框中进行相应的设置，如图 10-70 所示，效果如图 10-71 所示。

（6）下面使用加深或减淡工具，在木纹较复杂的位置进行涂抹，效果如图 10-72 所示。

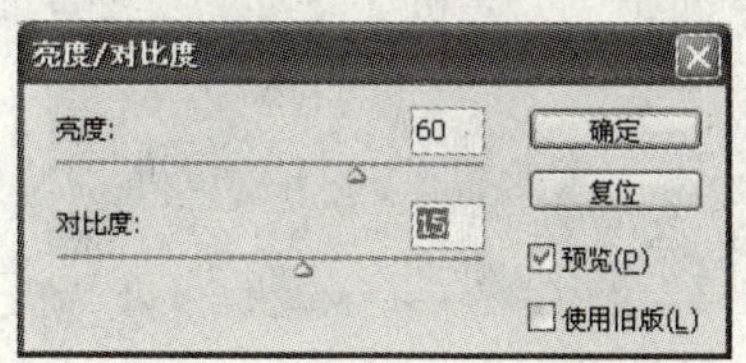

图 10-70 “亮度/对比度”设置

图 10-71 “亮度/对比度”设置效果

图 10-72 木纹最终效果

10.3.2 石头纹理效果

石头纹理效果如图 10-73 所示。

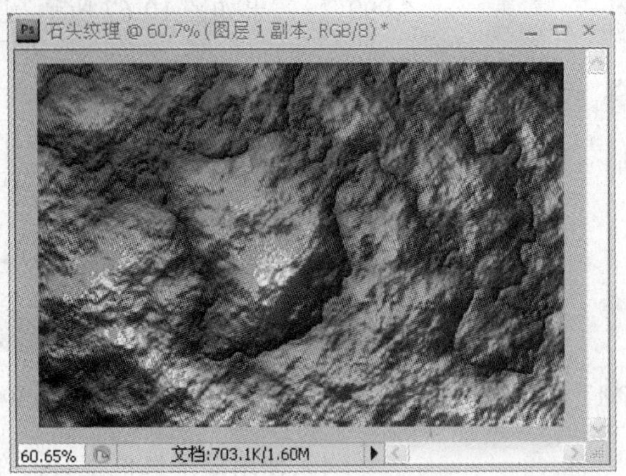

图 10-73 石头纹理效果图

石头纹理效果制作步骤如下。

（1）新建文件，宽度 600 像素，高度 400 像素，分辨率 72 像素/英寸的 Photoshop 文档。

（2）在图层面板中新建图层 1，将前景色设置为白色，背景色设置为黑色，执行“滤镜”→“渲染”→“分层云彩”命令，可以按 Ctrl+F 重复两次，以加强效果。再选择菜单栏中的“图像”→“调整”→“亮度/对比度”命令，将亮度调至 15，对比度调至 10，如图 10-74 所示，效果如图 10-75 所示。

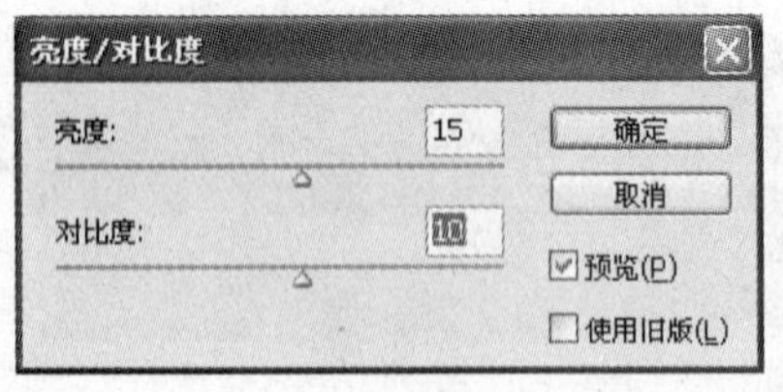

图 10-74 设置亮度和对比度

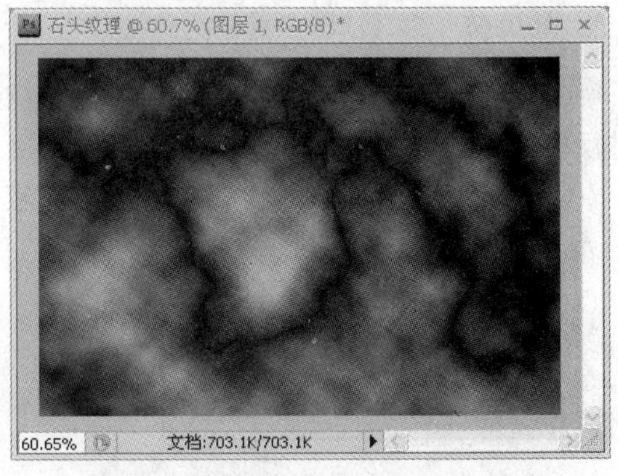

图 10-75 分层云层效果

（3）全选图层 1 中的图像，按 Ctrl+C 复制，切换到通道面板，新建一个通道 Alpha1，将刚才复制的图像粘贴到新通道中，如图 10-76 所示，选择菜单栏中的“图像”→ “调整”→“亮度/对比度”命令，将亮度调至 10，效果如图 10-77 所示。

（4）切换到图层 1，选择菜单栏中的“滤镜”→“渲染”→“光照效果”命令，参数设置如图 10-78 所示，其中光照颜色设置 RGB（210,210,210），环境颜色设置为 RGB（190,125,45），效果如图 10-79 所示。

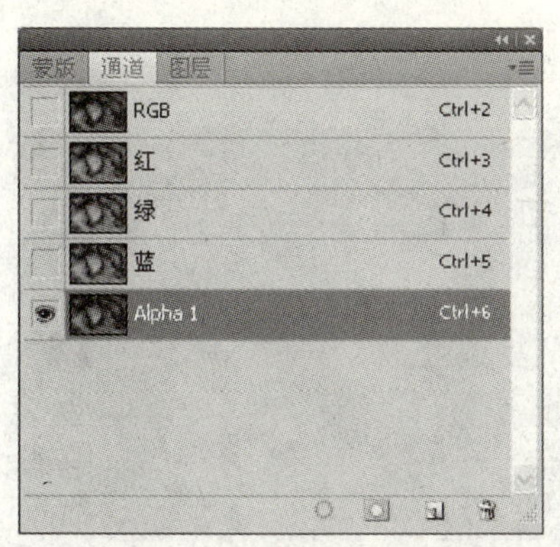

图 10-76 新建通道并粘贴图像

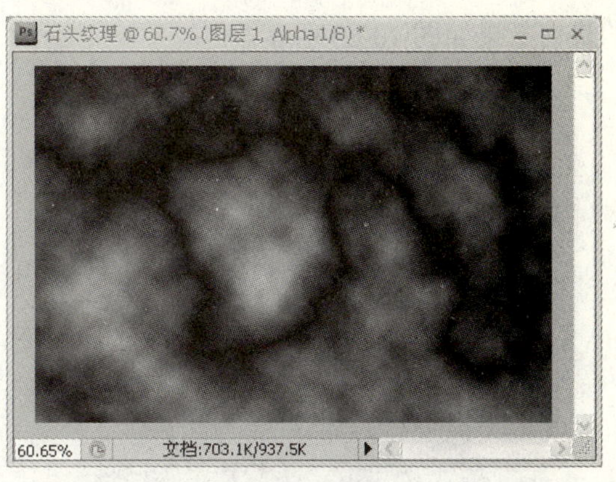

图 10-77 通道中的图像效果

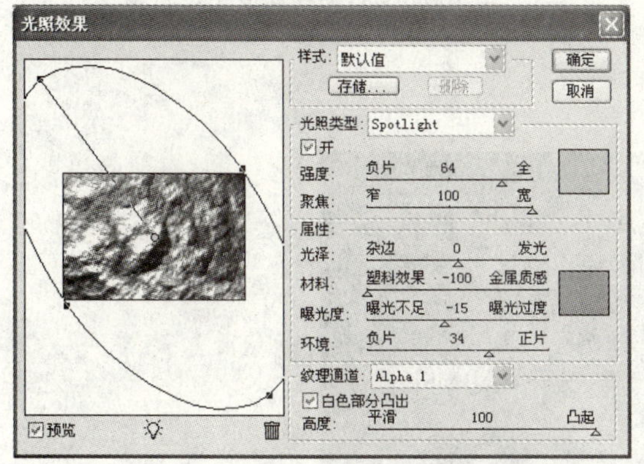

图 10-78 “光照效果”参数设置

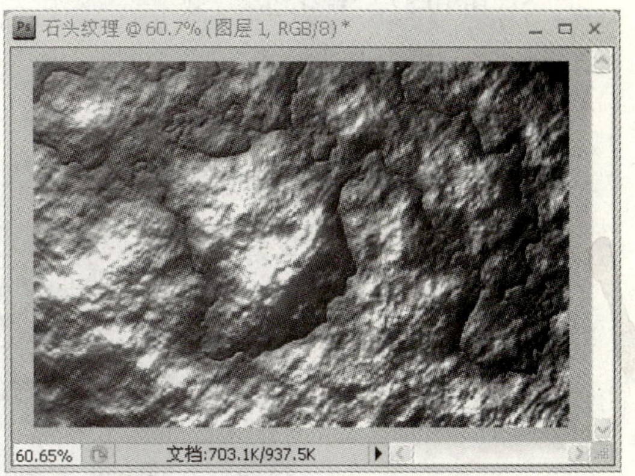

图 10-79 “光照效果”滤镜效果

（5）切换到通道面板，选择 Alpha1 通道，将其亮度再次调高 15，效果如图 10-80 所示。复制图层 1 并将复制图层置于最上层，再执行“光照效果”命令，其他参数不变，只是改变光照的角度，效果如图 10-81 所示。

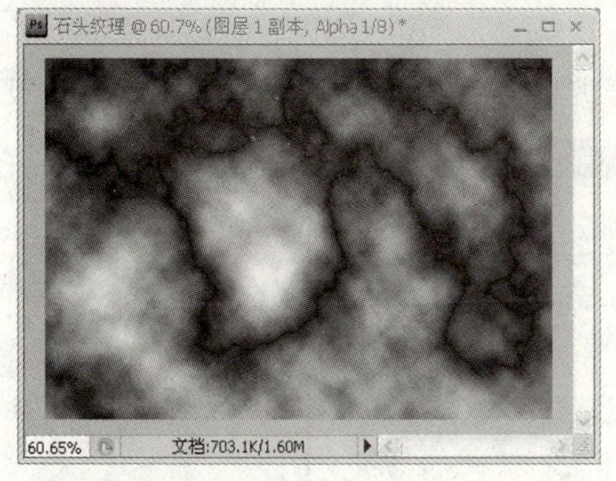

图 10-80 提高 Alpha1 通道的亮度

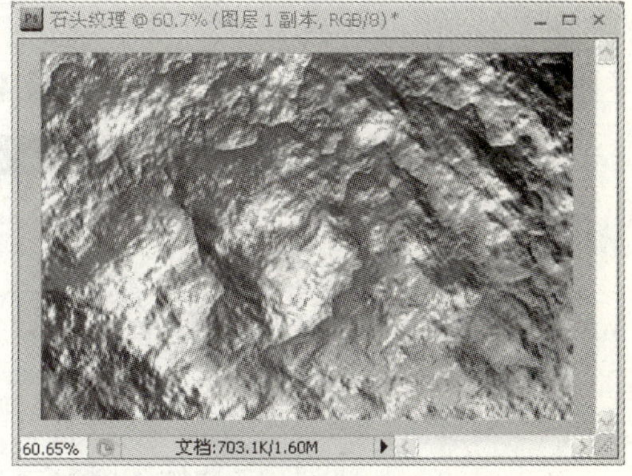

图 10-81 再次“光照效果”滤镜效果

（6）将此复制图层的混合模式改为变暗，在菜单栏中选择“滤镜”→“锐化”→“锐化边缘”命令，执行两次，效果如图 10-82 所示。将复制图层的不透明度设置为 59%，完成后的最终效果如图 10-83 所示。

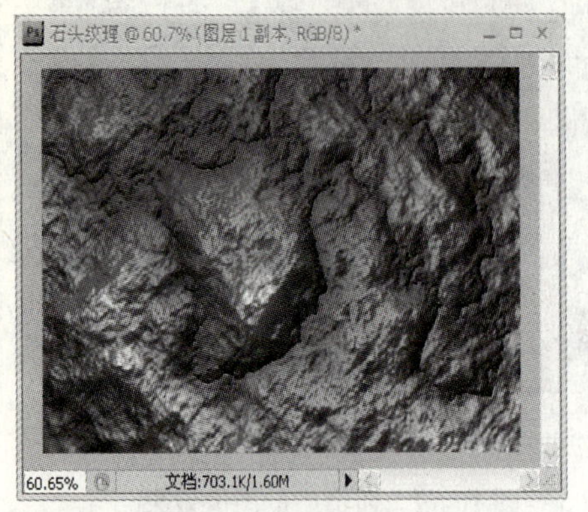

图 10-82 “锐化边缘”效果

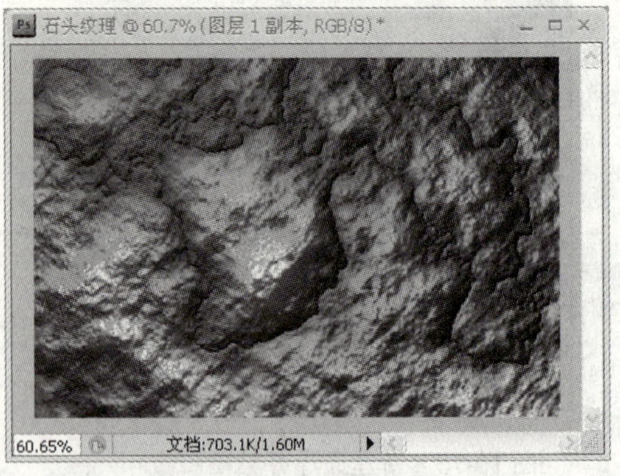

图 10-83 石头纹理最终效果

10.3.3 制作水波效果

水波最终效果如图 10-84 所示。

图 10-84 水波最终效果

水波纹制作步骤如下。

（1）新建宽度 800 像素，高度 600 像素，分辨率 72 像素/英寸，如图 10-85 所示。设置

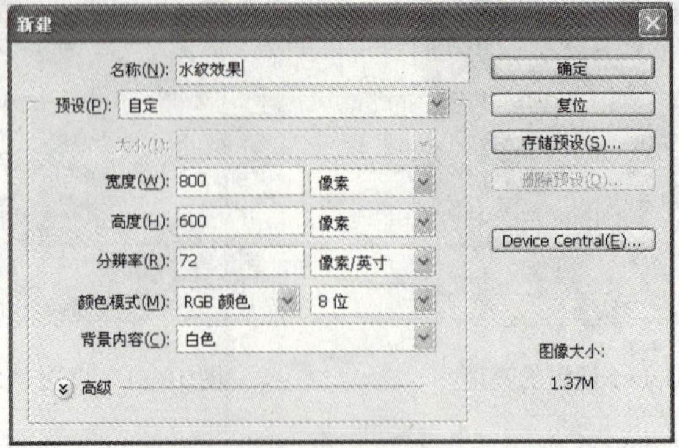

图 10-85 新建文件

前景色为黑色，将图像填充为黑色。再执行菜单栏中“滤镜”→“渲染”→“镜头光晕”命令，参数设置如图 10-86 所示。

（2）执行菜单栏中的“滤镜”→“扭曲”→“水波”命令，参数设置如图 10-87 所示。

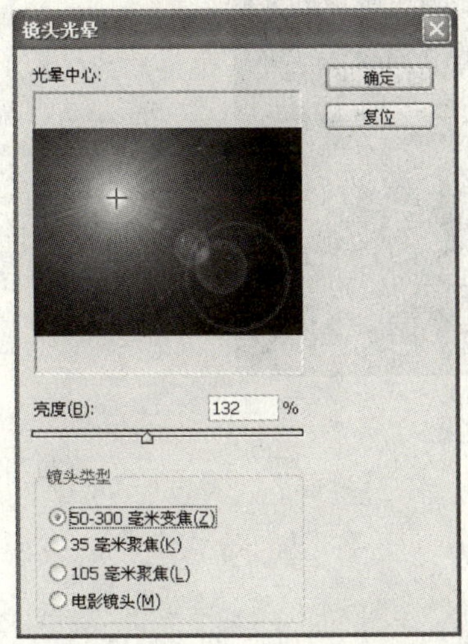

图 10-86 “镜头光晕”参数设置

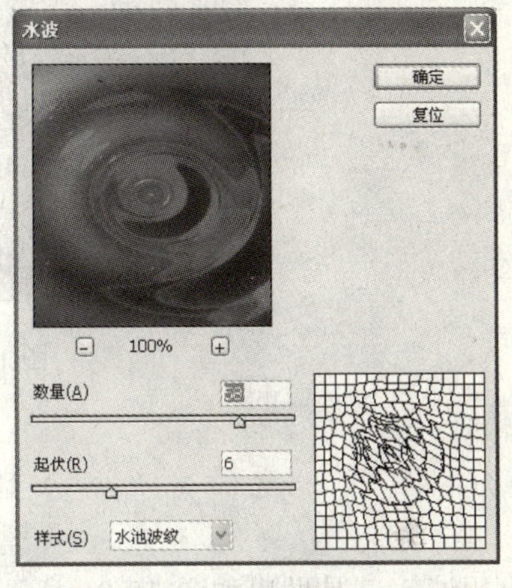

图 10-87 “水波”滤镜参数设置

（3）执行菜单栏中“滤镜”→“扭曲”→“铬黄”命令，“数值”设置为 6，如图 10-88 所示。

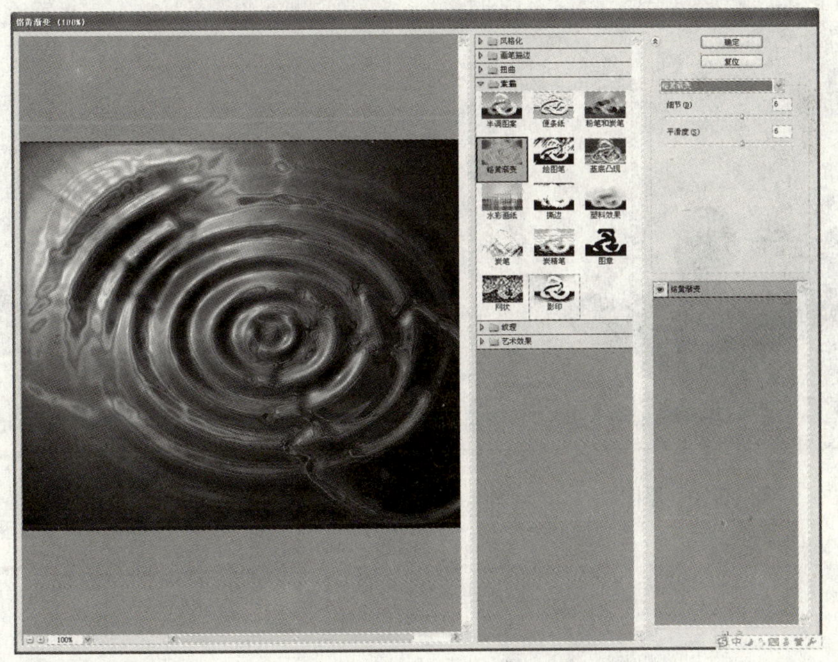

图 10-88 “铬黄”滤镜参数设置

（4）新建一个图层，填充蓝色，再把图层混合模式改为“叠加”，给水波着色，效果如图 10-89 所示。

图 10-89　水波最终效果

上　机　作　业

利用滤镜工具做出如图 10-91 所示的闪电效果，原图如图 10-90 所示。提示：使用分层云彩滤镜制作闪电效果。

图 10-90　原图

图 10-91　闪电效果

第 11 章 图像色彩调整

色调与色彩是一种视觉信息，在图像处理中占有重要位置，色调与色彩调整是否正确，直接影响着图像处理的成功与否，图像色彩的调整也是图像处理中最难理解的内容之一。

11.1 图像色彩调整基础知识

1. 颜色的三要素

颜色由色相、亮度和饱和度三要素组成。这三要素的具体含义如下。

（1）色相：是由光谱中显示出来的能被人眼识别的颜色。

（2）饱和度：是指颜色鲜明度或颜色纯度。

（3）亮度：是指颜色的明亮和灰暗的程度。亮度最高的是白色，亮度最低的是黑色，也就是通常所说的色阶，色阶是表示图像亮度强弱的指数标准，也就是我们说的色彩指数。

2. 直方图

直方图（Histogram）也称为柱状图，是一种统计报告图，由一系列高度不等的纵向条纹表示数据分布的情况。为了有助于理解直方图，下面从一个非常简单的例子入手。

假设有一堆硬币，想知道一共有多少？当然可以一枚一枚地数，但这样如果硬币多了可能会搞乱，因此可以先把硬币分类，然后分别统计每种硬币的数量，再计算有多少，这样就不会出错。表 11-1 是统计的结果。

表 11-1 统计结果表

数 量	面 额	数 量	面 额
2	5 分	5	5 角
4	1 角	2	1 元

把统计的结果用图 11-1 表示出来，就成了直方图。下图的横向数轴表示出硬币的面额，纵向表示出硬币的数量。

有了上面的知识，再来理解图像的直方图就不是很困难了。下面是一个实际图像的直方图，如图 11-2 所示，选择菜单栏中的"窗口"→"直方图"命令，就可以调出直方图面板。下面具体介绍直方图面板上数字的含义。

（1）横轴表示色阶值，色阶值从 0～255。

（2）纵轴表示每种色阶值的数量。

（3）像素是图像上的像素总数。

（4）色阶，是指鼠标指针所在当前位置的色阶值；数量，是指鼠标指针所在当前位置的色阶值的数量；百分比，是指从最左边到鼠标指针位置的所有像素数量除以图像像素总数。

（5）平均值（算术平均数）即图像的平均亮度值，高于 128 偏亮，低于 128 偏暗。平均值的算法是图像的色阶值乘以该色阶数量的总和再除以图像像素总数。

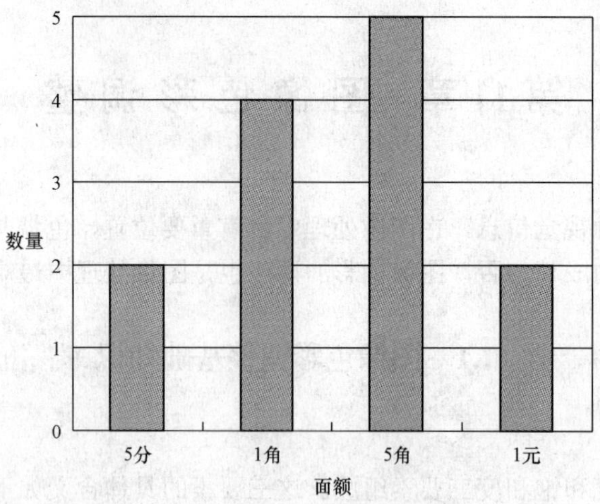

图 11-1 用直方图表示硬币面额与数量的关系

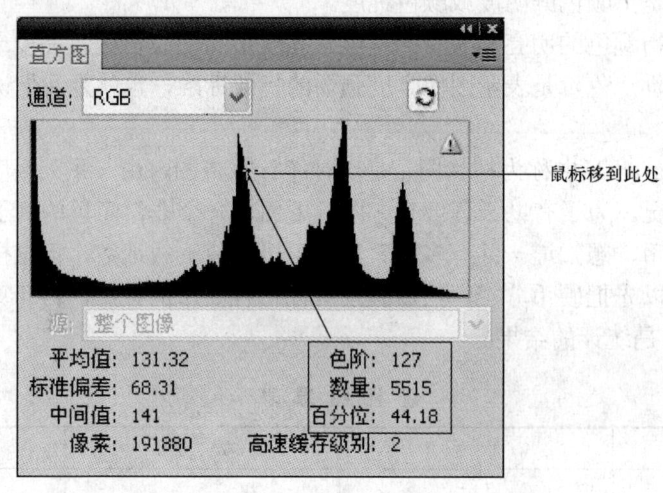

图 11-2 直方图面板

（6）标准偏差指图像所有像素的亮度值与平均值之间的偏离幅度。标准偏差越小，图像的亮度变化就越小，反之亮度变化就越大。

（7）中间值是把图像所有像素的亮度值通过从小到大的排列后，位置处在中间的数。如果有偶数个像素，就有两个位于中间的数，取前面的一个。

下面通过一个具体例子来说明平均值、标准偏差和中间值的计算方法。假如一幅图像中只有 4 个像素，色阶值分别是 200、50、100、200。

图像色阶的平均值 = （200+50+100+200）/4 = 550/4 = 137.5

图像色阶的中间值：亮度排序后 50≤100≤200≤200，100 和 200 是位于中间的，取前面的 100 作为中间值。

标准偏差公式

$$s=\sqrt{\frac{1}{n-1}\sum_{n=1}^{n}(x_i-\overline{x})^2}$$ （已知平均值 $\overline{X}$ =137.5）

$s^2=[(200-137.5)^2+(50-137.5)^2+(100-137.5)^2+(200-137.5)^2]/(4-1)$

$=[62.5^2+(-87.5)^2+(-37.5)^2+62.5^2]/3$

$=(3906.25+7656.25+1406.25+3906.25)/3$

$=16\,875/3=5625$

$s=75$

3. 实际图像中的直方图含义

（1）红色通道直方图如图 11-3 所示，含义是图像中所有像素的 *R* 红色分量值构成了横轴，纵轴是 *R* 分量的数量。

（2）绿色通道直方图如图 11-4 所示，含义是图像中所有像素的 *G* 绿色分量值构成了横轴，纵轴是 *G* 分量的数量。

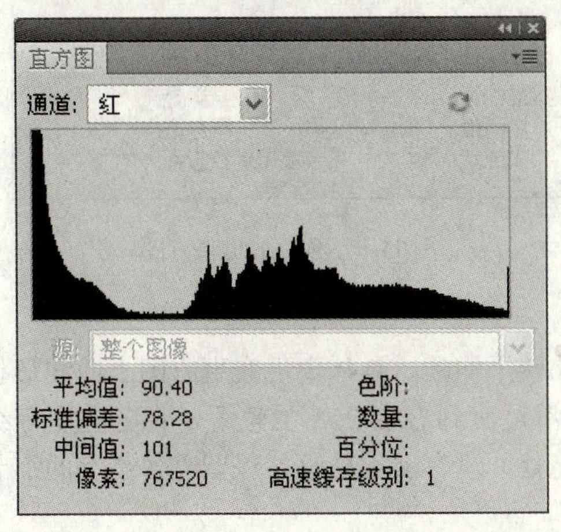

图 11-3 红色通道直方图

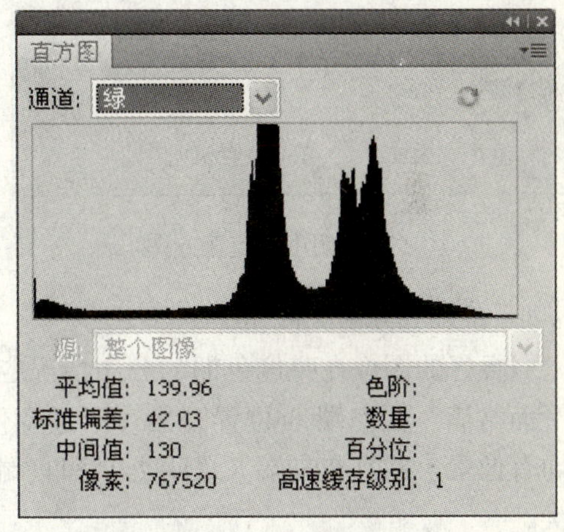

图 11-4 红色通道直方图

（3）蓝色通道直方图如图 11-5 所示，含义是图像中所有像素的 *B* 蓝色分量值构成了横轴，纵轴是 *B* 分量的数量。

（4）RGB 通道直方图如图 11-6 所示，含义是图像中所有像素的分量值（0～255）（包含了 RGB 分量）构成了横轴，纵轴是分量的数量。

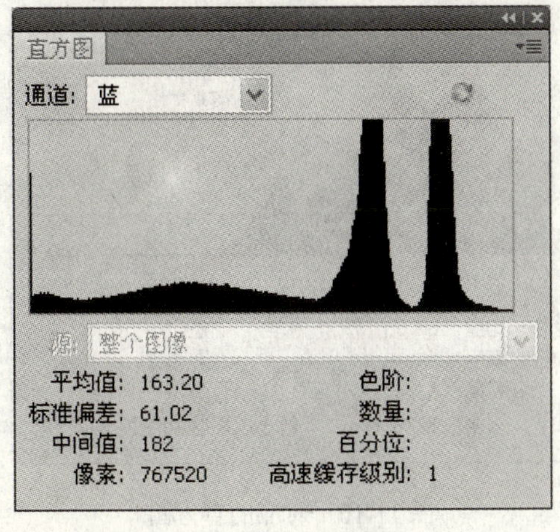

图 11-5 蓝色通道直方图

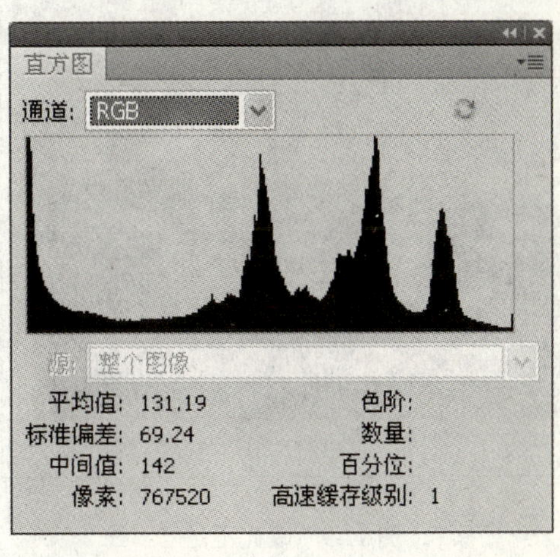

图 11-6 RGB 通道直方图

（5）明度通道的直方图如图 11-7 所示，先用明度公式 Gray=0.3*R+0.59*G+0.11*B 求出每个像素的明度值，然后对这些亮度值进行统计。横轴是明度值，纵轴是明度值的数量。

（6）颜色通道直方图如图 11-8 所示，是单个颜色通道的复合直方图。

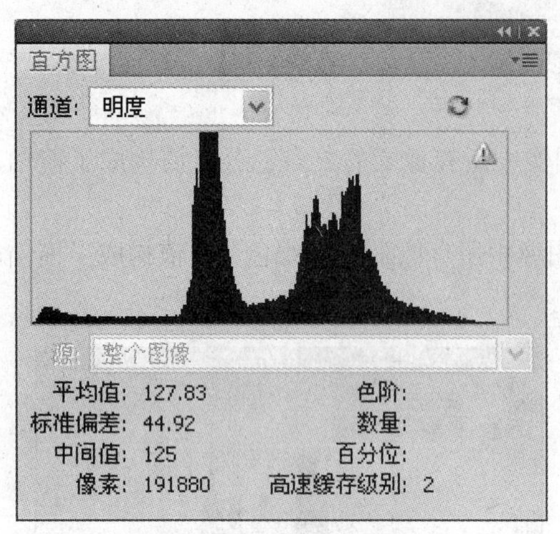

图 11-7 明度通道直方图

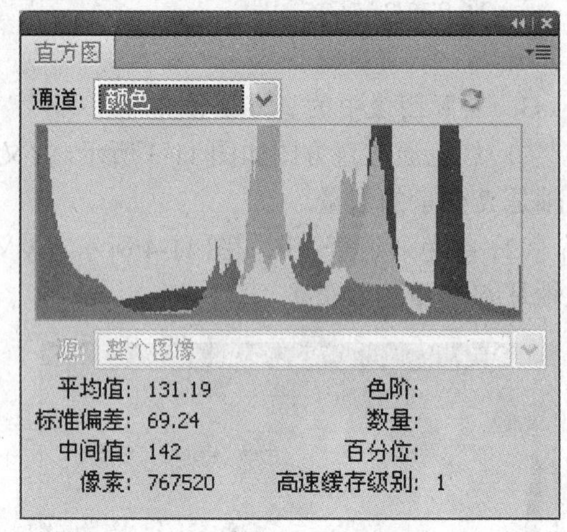

图 11-8 颜色通道直方图

4. 通过直方图判断图像的不足

一幅好的图像在亮度色调的分布情况应该是比较平均的，具体表现在直方图上曲线形状平滑而饱满，由左端 0 位置开始，渐进变化，平滑过渡到右端 255 的位置，在各亮度等级上均有像素，并且在左端（最暗处）和右端（最亮处）没有溢出现象，保留着各亮度的细节层次。

下面分别是曝光不足和曝光过度的两张图像和其直方图。如图 11-9 所示，曝光不足的图像，在图 11-10 的直方图中，右边的色阶值都没有像素，主要集中在左边，所以图像显得较暗。如图 11-11 所示，曝光过度的图像，在图 11-12 的直方图中，左边的色阶值都没有像素，主要集中在右边，所示图像显得较亮。

图 11-9 曝光不足

图 11-10 对应的直方图

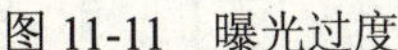
图 11-11 曝光过度

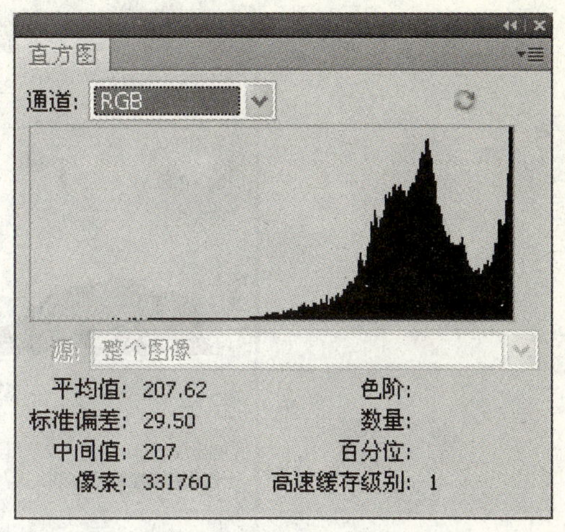

图 11-12 对应的直方图

11.2 颜色调整命令

11.2.1 颜色自动调整命令

1. 自动色调

“自动色调”命令可以调整图像的明暗度。可以将每个通道中最亮和最暗的像素自定义为白或黑，然后按比例重新分配其间的像素，并不是极端像素值。因此“自动色调”命令与“色阶”命令对话框中的“自动”按钮功能是相同的。

选择“图像”→“自动色调”命令，或按下 Shift + Ctrl + L 快捷键。

2. 自动对比度

“自动对比度”命令可以调整图像中颜色总体的对比度，即图像中亮部和暗部的对比度，使得高光区显得更亮，阴影区显得更暗，从而增加图像的对比度。选择“图像”→“自动对比度”命令，或按下 Alt + Shift + Ctrl + L 快捷键。

3. 自动颜色

“自动颜色”命令可以调整图像中颜色的平衡关系。可以在图像中自动查找高光和暗调的平均色调值来调节图像的最佳对比度，且可以自动设置图像中的灰色像素来达到调节图像色彩平衡的功能。

选择“图像”→“自动颜色”命令，或按下 Shift + Ctrl +B 快捷键。

11.2.2 色阶

色阶调整可以通过调整图像的明暗关系来改变色调的范围和色彩平衡关系。一般可用于图像修整曝光不足或过量的问题。选择“图像”→“调整”→“色阶”命令，或按下 Ctrl + L 快捷键，即可打开“色阶”对话框，如图 11-13 所示。设计者可以利用滑块或输入数值来调节输入或输出的色阶。通过“色阶”对话框来调节图像的颜色，“色阶”对话框中各选项的意义如下。

（1）预设。用来选择已经调整完毕的色阶效果，单击右侧的下拉菜单按钮可以打开下拉列表。

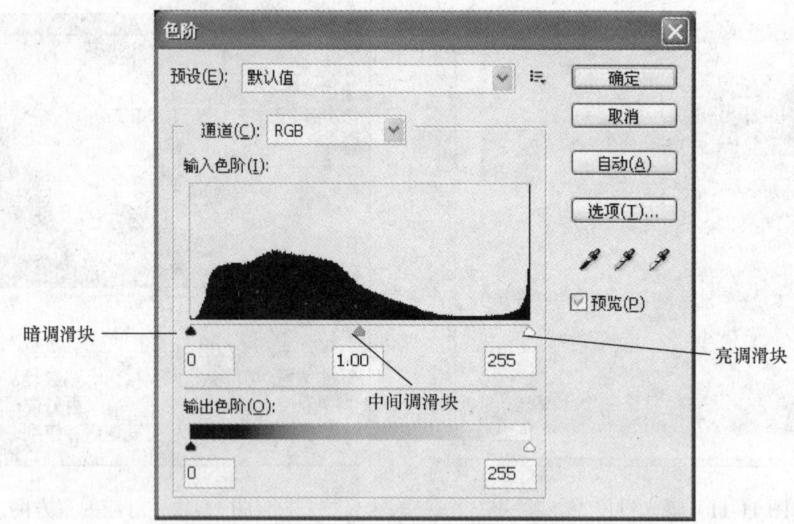

图 11-13 “色阶”对话框

（2）通道。可以选择所要调整的颜色通道，系统默认为 RGB 复合颜色通道。在调整复合通道时，各种颜色的通道像素会按比例自动调整，避免改变图像色彩平衡。

（3）输入色阶。使用这些选项可以把图像中最暗的颜色变得更暗、把最亮的变得更亮来修改图像的对比度。左侧方框用于设置图像暗部色调，其范围是 0～253，通过数值可将图像的效果变暗，也可以通过“暗调滑块”设置。中间方框用于设置图像中间色调，其范围是 0.10～9.99，可以将图像变亮或变暗。右侧方框用于设置图像亮部色调，其范围是 2～255，通过数值可将图像的效果变亮，也可以通过“亮调滑块”来实现。

打开素材文件“小屋.jpg”，如图 11-14 所示，当将“亮调滑块”向左滑到 187 时，图像就会变亮，如图 11-15 所示。

图 11-14 素材文件“小屋.jpg”

图 11-15 图像变亮

这是因为当“亮调滑块”向左滑到 187，就是说从 187～255 这一段的亮度都被合并

了，合并为多少呢？合并到255。因为“亮调滑块”代表纯白，因此它所在的地方就必须提升到255，之后的亮度也都统一停留在255上。形成一种高光区域合并效果，所以图像整体变亮了。同理，将“暗调滑块”向右移动就是合并暗调区域，图像整体变暗。

（4）输出色阶。在对应的文本框中输入数值或拖曳滑块来调整图像的亮度范围，“暗部”可以使图像中较暗的部分变亮；“亮部”可以使图像中较亮的部分变暗。有些图像，它只缺少暗色调，可以直接调节右侧的“亮部”滑块，使图像整体变暗。有些图像，它只缺少亮色调，可以直接调节左侧的“暗部”滑块，使图像整体变亮。

（5）选项。单击该按钮可以打开“自动颜色校正选项”对话框，在对话框中设置“阴影”和“高光”所占的比例，如图11-16所示。

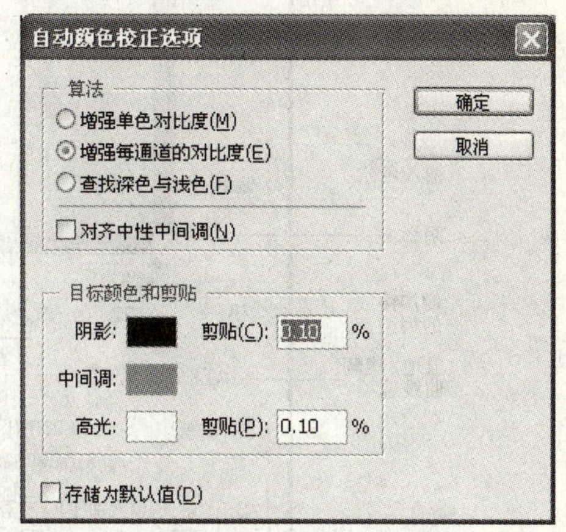

图11-16 “自动颜色校正选项”对话框

（6）设置黑场。用来设置图像中阴影的范围。在“色阶”对话框中单击“在图像中取样设置黑场”按钮，用鼠标在图像中选取点处单击，此时图像中比选取点更暗的像素颜色将会变得更深（黑色选取点除外）。

（7）设置灰场。用来设置图像中中间调的范围。在“色阶”对话框中单击“在图像中取样设置灰场”按钮，用鼠标在图像中选取点处单击，可以对图像中间色调的范围进行平均亮度的调节。一般照片在拍摄中发生偏色情况，可用灰色吸管根据生活常识来调整图像的偏色问题。

（8）设置白场。与用来设置黑场的方法正好相反，用来设置图像中高光的范围。在“色阶”对话框中单击“在图像中取样设置白场”按钮，用鼠标在图像中选取点处单击，此时图像中比选取点更亮的像素。

11.2.3 曲线

曲线命令与色阶命令很类似，可以调节图像整个色调的范围，应用比较广泛。它可以通过调节曲线来精确地调节0～255色阶范围内的任意色调，因此使用此命令调节图像更加细致精确。

1. 曲线调节

选择“图像”→“调整”→“曲线”命令，或按下Ctrl +M快捷键，可打开“曲线”对话框，如图11-17所示。

“曲线”对话框中，横轴代表图像的输入色阶（原图绝对亮度），从左到右分别为图像的最暗区和最亮区。纵轴代表图像的输出色阶（调整后绝对亮度），从上到下分别为图像的最亮区和最暗区。设置曲线形状时，将曲线向上或向下移动可以使图像变亮或变暗。在曲线上单击，曲线向左上角弯曲，则图像变亮；当曲线形状向右下角弯曲，则图像变暗。可以通过调整曲线和控制点来调整图像效果。“曲线”对话框中各选项意义如下。

（1）通过添加点来调整曲线。单击此按钮，可以在曲线上添加控制点来调整曲线。而单击在曲线上产生的点为节点，其数值可以显示在输入和输出文本框中。单击多次，可出现多

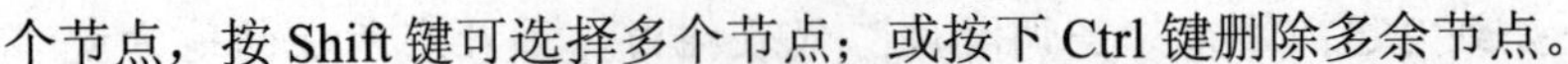

个节点，按 Shift 键可选择多个节点；或按下 Ctrl 键删除多余节点。

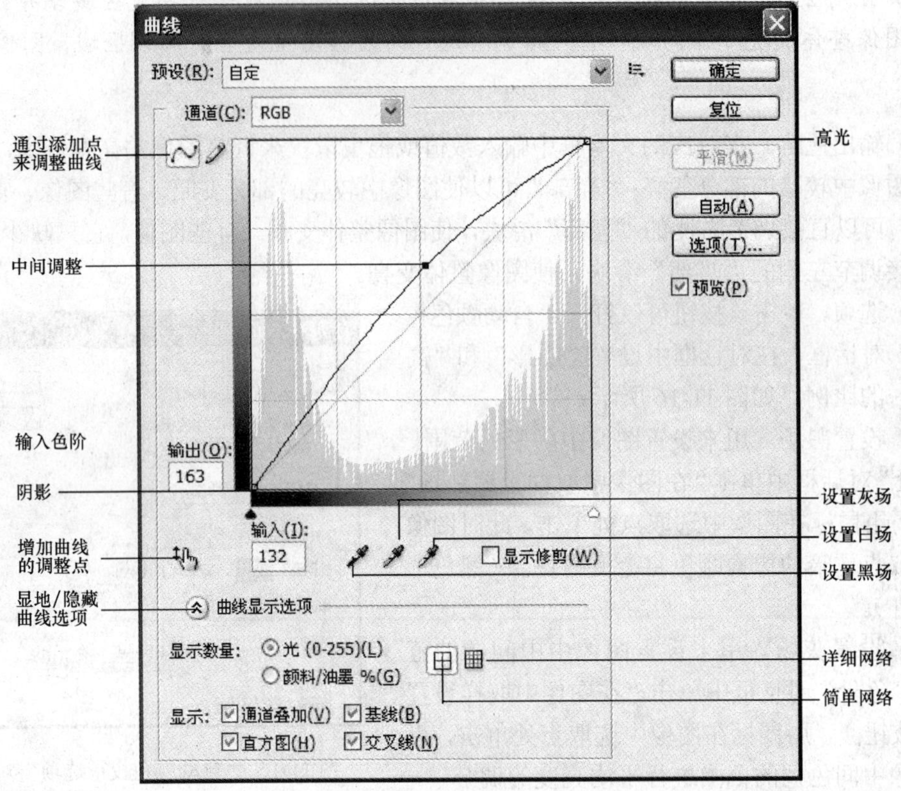

图 11-17 “曲线”对话框

（2）使用铅笔绘制曲线。单击此按钮，可以在直方图内绘制曲线。

（3）高光。拖曳“高光”控制点可以改变高光。

（4）中间调。拖曳“中间调”控制点可以改变图像中间调，当曲线向左上角弯曲，图像变亮；当曲线形状向右下角弯曲，图像变暗。

（5）阴影。拖曳“阴影”控制点可以改变阴影。

（6）显示修剪。勾选该复选框，可以在预览图像中显示修剪的位置。

（7）显示数量。其中有“光”、“颜料/油墨”2 个单选项，分别表示加色与减色颜色模式状态。

（8）显示。包括显示不同通道的曲线、显示对角线的基准线、显示色阶直方图和拖动曲线时水平和垂直方向的参考线。

（9）显示网格大小。单击两个按钮，可以在直方图中显示不同大小的网格，“简单网格”指以 25%的增量显示网格线；“详细网格”指以 10%的增量显示网格线。

（10）增加曲线调整点。单击此按钮后，使用鼠标指针在图像上单击，会自动按照图像单击像素的明暗，在曲线上创建调整控制点，按下鼠标在图像上拖曳即可调整曲线。

2. 铅笔调节

使用铅笔绘制曲线的形状，则曲线的变化更多种多样。单击“曲线”对话框中的“通过绘制来修改曲线”按钮，用鼠标在直方图中绘制所需形状的曲线，如图 11-18 所示，然后单击“编辑点以修改曲线”按钮，让曲线变得更加平滑流畅，再进行细节调整使其更加满意，如图 11-19 所示。

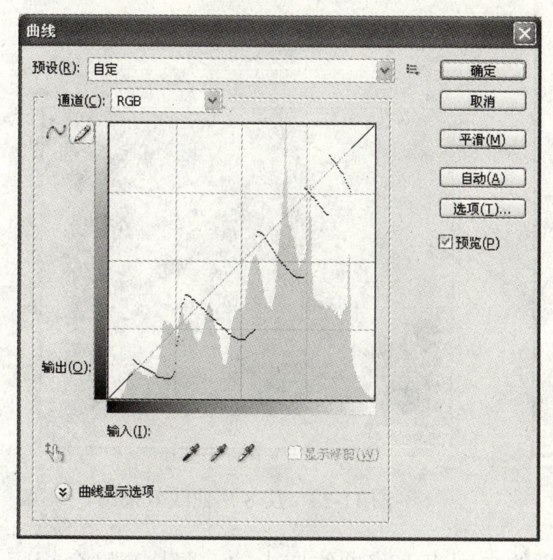

图 11-18　绘制曲线

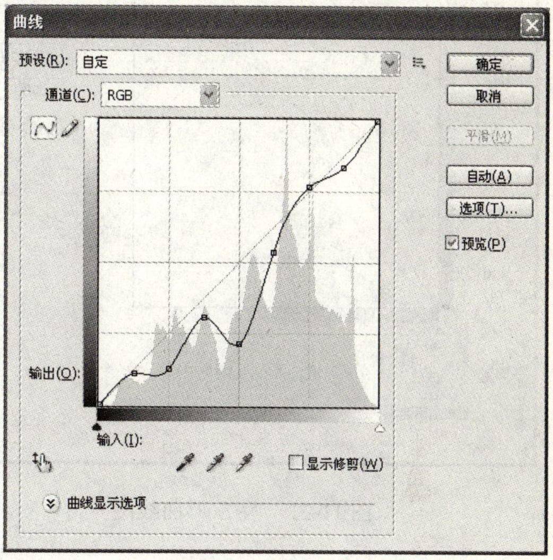

图 11-19　编辑曲线

3. 曲线调整图像的规律

（1）不同曲线调整对应不同对比度/亮度的效果。

1）S 形曲线（增加反差）。按图 11-20 所示的两点位置，将曲线向内推，照片反差会相应提高，效果如图 11-21 所示。

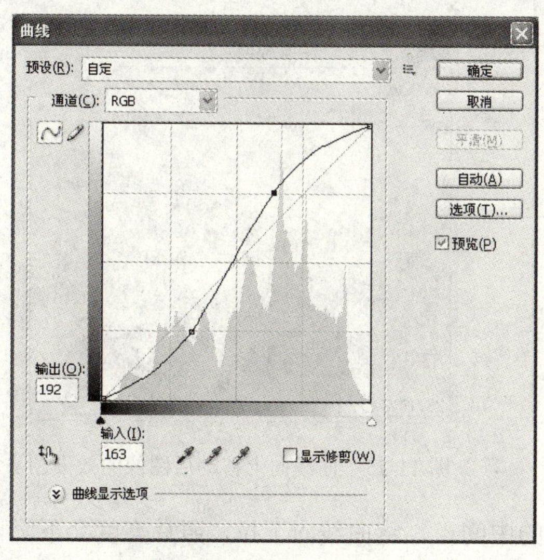

图 11-20　S 形曲线图

图 11-21　S 形曲线效果

2）反 S 形曲线（降低反差）。按图 11-22 所示的两点位置，将曲线向外拉，照片反差会下降，效果如图 11-23 所示。

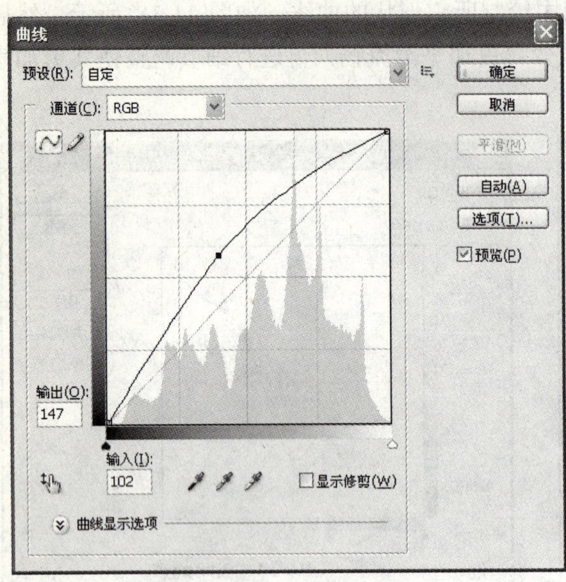

图 11-22　反 S 形曲线图

图 11-23　反 S 形曲线效果图

3）曲线向上（增加亮度）。按图 11-24 所示的中间点，将曲线向上拉，照片亮度会相应提高，效果如图 11-25 所示。

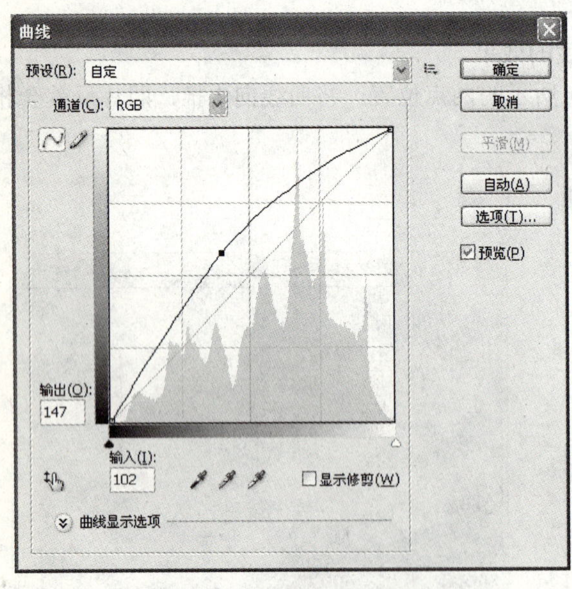

图 11-24　曲线向上移动

图 11-25　曲线向上移动后图像的效果图

4）曲线向下（降低亮度）。按图 11-26 所示的中间点，将曲线向下拉，照片亮度会下降，效果如图 11-27 所示。

（2）利用曲线调整图像色调效果。

通常一张图像是由 RGB（Red、Green、Blue）三个通道组成的。在曲线功能中，要调整颜色，要先在通道位置选择要调整的颜色曲线。

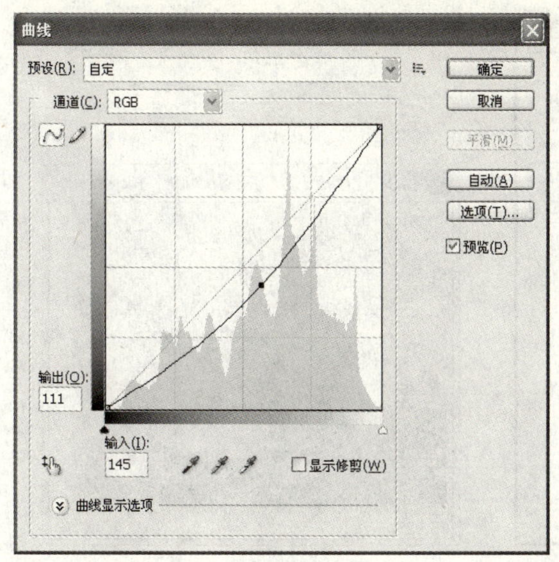

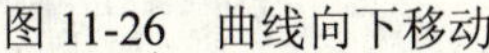
图 11-26　曲线向下移动

图 11-27　曲线向下移动后图像的效果图

1）红色 Red。曲线向上（增加红色 Red）/ 向下（增加青色 Cyan），如图 11-28 和图 11-29 所示。

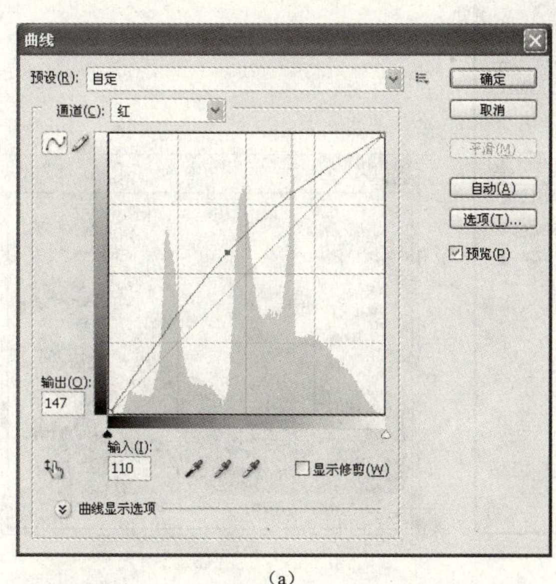

（a）

（b）

图 11-28　曲线向上图像增加红色

（a）红通道，曲线向上；（b）效果图

2）绿色 Green。曲线向上（增加绿色 Green）/ 向下（增加洋红色 Magenta），如图 11-30 和图 11-31 所示。

3）蓝色 Blue。曲线向上（增加蓝色 Blue）/ 向下（增加黄色 Yellow），如图 11-32 和图 11-33 所示。

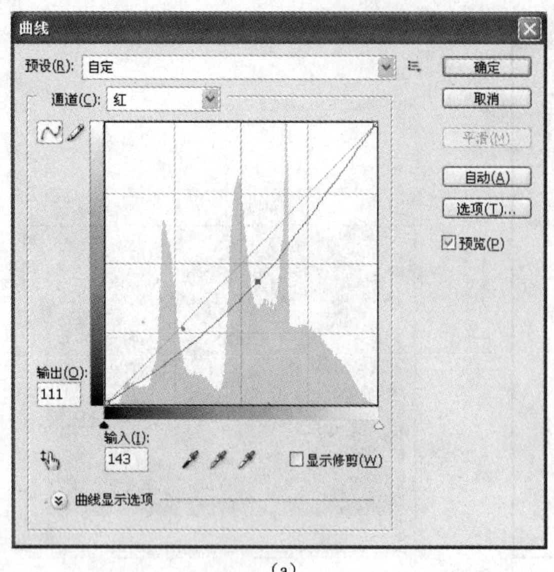

(a)

(b)

图 11-29 曲线向下图像增加青色

（a）红通道，曲线向下；（b）效果图

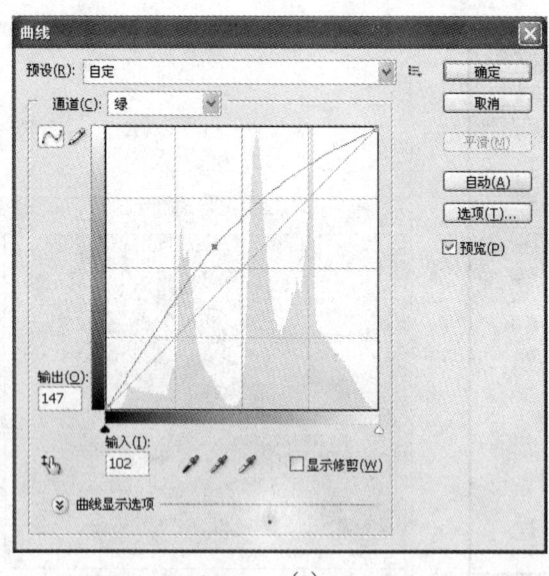

(a)

(b)

图 11-30 曲线向上图像增加绿色

（a）绿通道，曲线向上；（b）效果图

操作小贴士

红色的互补色是青色，绿色的互补色是洋红色，蓝色的互补色是黄色。例如：当提高红色通道中的输出值时，图像中红色的比例增加，相应的互补色青色就会减少，反之亦然。

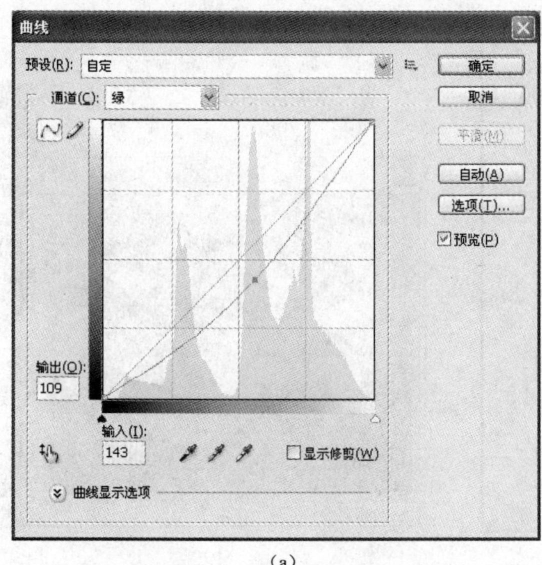

（a）

（b）

图 11-31　曲线向下图像增加洋红色

（a）绿通道，曲线向下；（b）效果图

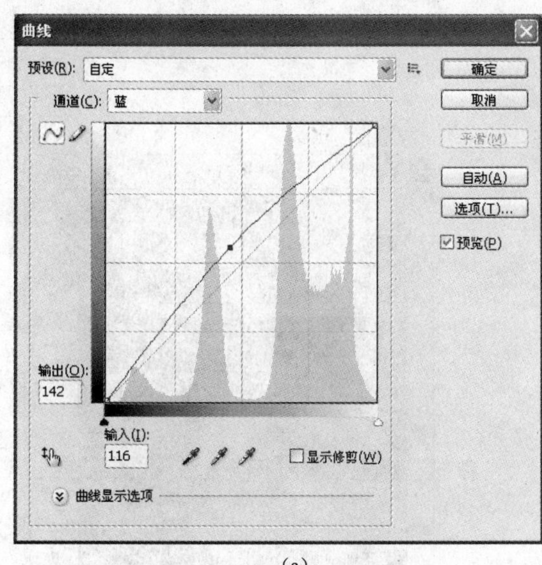

（a）

（b）

图 11-32　曲线向上图像增加蓝色

（a）蓝通道，曲线向上；（b）效果图

4. 曲线调整图像例子

打开素材，如图 11-34 所示，照片颜色比较暗淡，落日的感觉不够强烈。下面用 Photoshop 为照片增加反差及调整成金黄色的落日效果。

调整步骤如下。

（1）红色 Red。曲线向上（增加红色 Red）。

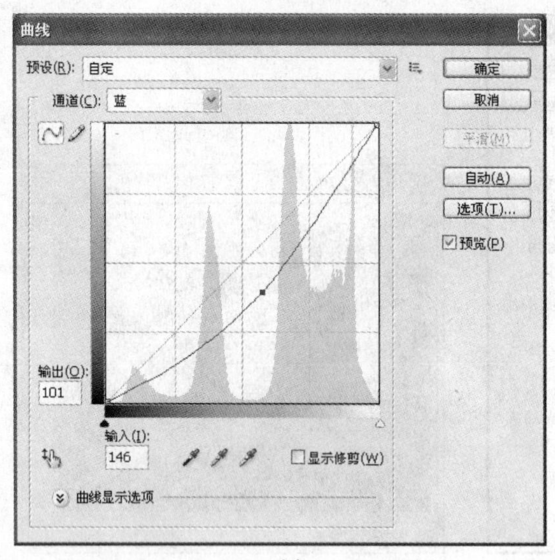

（a）

（b）

图 11-33 曲线向下图像增加黄色

（a）蓝通道，曲线向下；（b）效果图

（2）蓝色 Blue。曲线向下（增加黄色 Yellow）。

（3）S 型曲线。增加反差。

调整效果，如图 11-35 所示。

图 11-34 素材文件

图 11-35 调整效果图

11.2.4 亮度和对比度

“亮度/对比度”命令是用来调节图像的明亮程度和对比度的命令，不可以对单一的通道做调节，只能简单和直观地对图像进行宏观地调节。

选择“图像”→“调整”→“亮度/对比度”命令或按下 Ctrl +B 快捷键，可打开“亮度/对比度”对话框，如图 11-36 所示。

11.2.5 色相和饱和度

“色相/饱和度”命令是调整和改变图像像素的色相、饱和度和明度的命令，并且可以定义图像全新的色相和饱和度，实现灰度图像的着色功能和创作单色调图像效果。

选择“图像”→“调整”→“色相/饱和度”命令或按下 Ctrl +U 快捷键，可打开“色相/饱和度”对话框，如图 11-37 所示。其中各选项意义如下。

（1）预设。系统预先保存的调整数据。

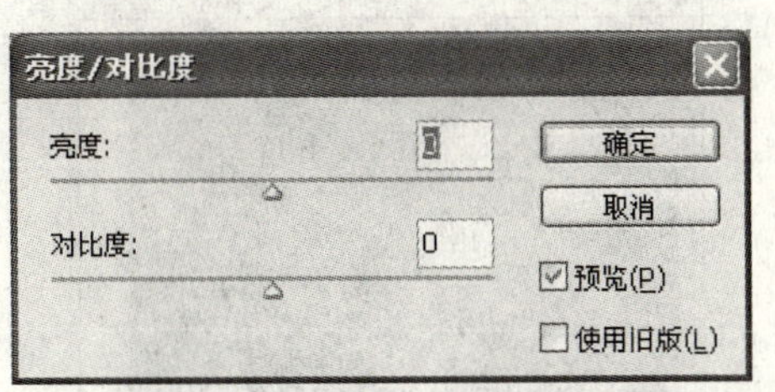

图 11-36 “亮度/对比度”对话框

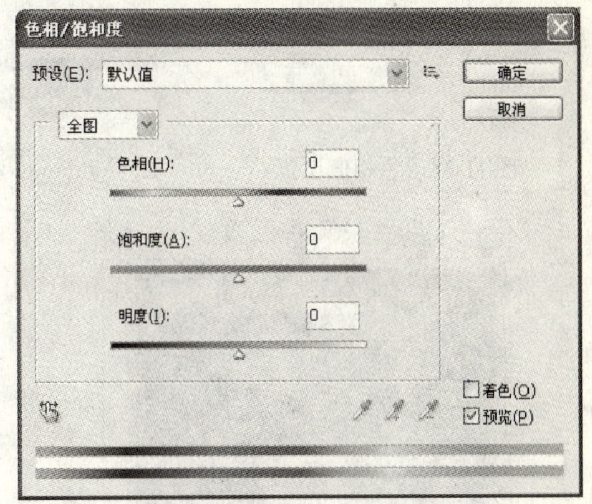

图 11-37 “色相/饱和度”对话框

（2）编辑 。从列表中选择所需要调整颜色的范围。其中“全图”表示对图像中的所有像素都起作用。选择其他颜色，只对所选颜色的“色相”、“亮度”和“饱和度”进行调节。

（3）色相。通常指颜色，拖动滑块或在文本框中输入数值来调节图像的色相。调节范围是−180～+180。

（4）饱和度。通常指一种颜色的纯度，颜色越纯，饱和度越大；反之，饱和度越小。拖动滑块或在文本框中输入数值来调节图像的饱和度。调节范围是−100～+100。向左移动滑块降低图像饱和度，向右移动滑块增加图像饱和度。

（5）明度。通常指色调的明暗度拖动滑块或在方框中输入数值来调节图像的明度。调节范围是−100～+100。向左移动滑块减少图像明度，向右移动滑块增加图像明度。

（6）吸管。在图像编辑中选择具体的颜色时，吸管处于可选状态。选择对话框中的吸管工具，可以配合下面的颜色条来选取颜色增加和减少所编辑的颜色范围。

（7）添加到取样中。即带“+”号的吸管工具或用吸管工具按 Shift 键，可以在图像中为选取的色调再增加范围。

（8）从取样中减去。即带“−”号的吸管工具或用吸管工具按 Alt 键，则可在图像中为已选取的色调减少调整的范围。

（9）着色。勾选“着色”复选框后，可以为灰度图像或是单色图像上色，产生单色调的效果。也可以为一幅彩色的图像进行处理，所有的颜色会变成单一彩色调。

下面通过例子来说明“色相和饱和度”在实际操作中的应用。

（1）打开“色相/饱和度”对话框，将“色相”值设置为“−133”，如图 11-38 所示。

观察两个方框内的色相色谱变化情况，在改变前红色对应红色，绿色对应绿色，如图 11-39 所示。在改变之后红色对应到了绿色，绿色对应到了蓝色。这就是告诉我们图像中相应颜色区域的改变效果。如图 11-40 和图 11-41 所示，图中红色的花变为了蓝色，绿色的树叶变为了紫色。

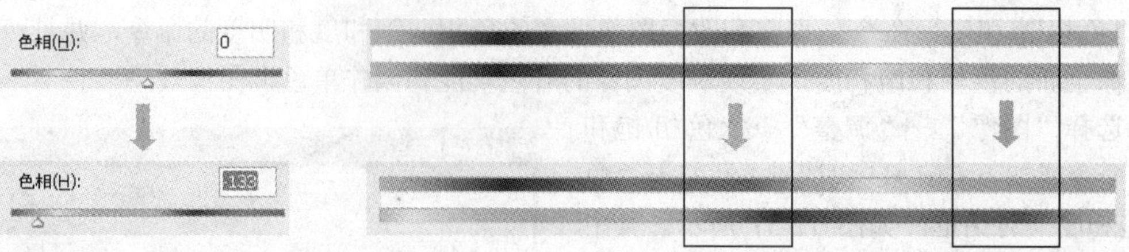

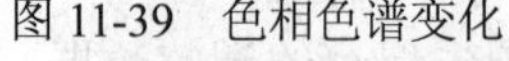

图 11-38 色相值设置

图 11-39 色相色谱变化

图 11-40 原素材文件

图 11-41 改变色相值效果图

（2）饱和度，是控制图像色彩的浓淡程度。下面是通过设置饱和度的值，对比图像效果变化，如图 11-42 所示。

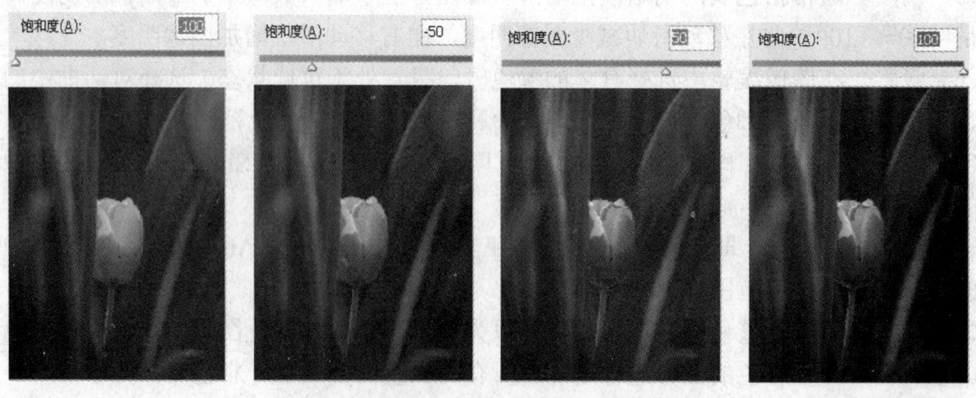

图 11-42 改变饱和度值图像效果对比图

（3）着色效果。着色是一种单色代替彩色的操作，保留原先的像素明暗度。将原先图像中明暗不同的红色绿色等，统一变为明暗不同的单一色。

注意：观察位于下方色谱变为了棕色，意味着此时棕色代替了全色相，如图 11-43 所示。

图像的效果如图 11-44 所示。

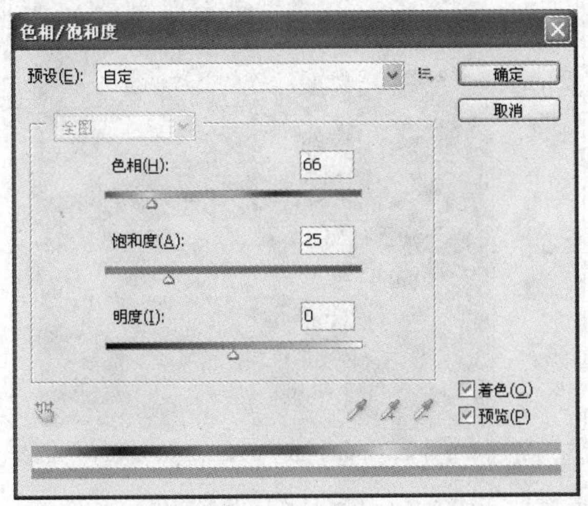

图 11-43 选择着色方式

图 11-44 选择着色方式效果

11.2.6 色彩平衡

色彩平衡命令可以简单快捷地调节图像的各种混合颜色之间的平衡。如果要精细地调节图像颜色，则要用色阶或曲线命令进行调节。选择“图像”→“调整”→“色彩平衡”命令或按下 Ctrl+B 快捷键，可打开“色彩平衡”对话框，如图 11-45 所示。对话框中各选项意义如下。

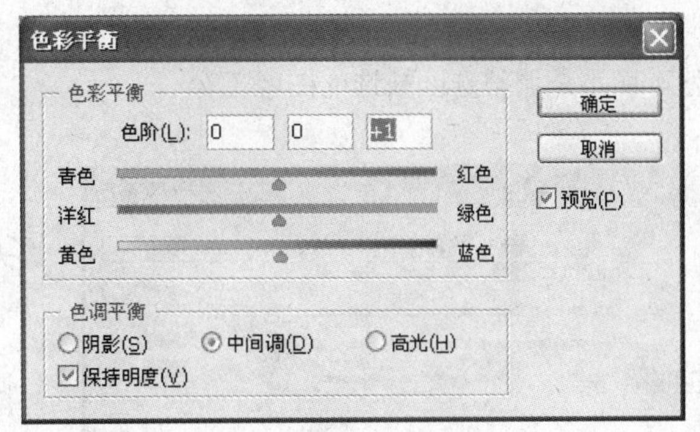

图 11-45 “色彩平衡”对话框

（1）色彩平衡：“色彩平衡”对话框中有 3 个滑块可以调节，或是在色阶中输入–100～+100 之间的数值，拖动滑块到所需颜色一侧可增加这种颜色。如果要减少图像中的青色，则拖动第一个滑块向红色方向拖动，因为青色和红色为互补色，所以减少青色就是增加红色。

（2）色调平衡：分别单击“阴影”、“中间调”和“高光”单选按钮，就可以选择要重点更改的色调范围。选择“保持亮度”选项，在调节图像色彩平衡时，可以保持图像的亮度值不变。

打开素材文件“日出.jpg”，如图 11-46 所示，总体感觉图像中的红色和黄色占的比例太少，可以适当增加红色和黄色（见图 11-47）来渲染日出的场景，调节参数如图 11-48 所示。

11.2.7 匹配颜色

“匹配颜色”命令是 Photoshop CS4 中的一个比较智能的颜色调节功能。可以匹配多个图像、图层或选区的亮度、色相和饱和度，使它们保持一致，但该命令只可以在 RGB 模式下使用。选择“图像”→“调整”→“匹配颜色”命令，可打开“匹配颜色”对话框，如图 11-49 所示。对话框中各选项意义如下。

图 11-46　素材文件“日出.jpg”

图 11-47　调整效果

（1）目标图像。当前打开的图像，其中“应用调整时忽略选区”复选框是需在目标图像中创建选区才可以勾选。勾选后，图像中所创建的选区将被忽略，即整个图像将被调整，而不是调整选区被选的图像部分。

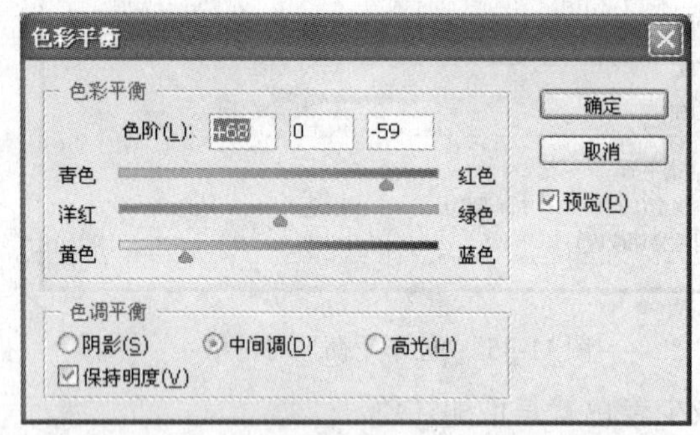

图 11-48　调整“色彩平衡”参数

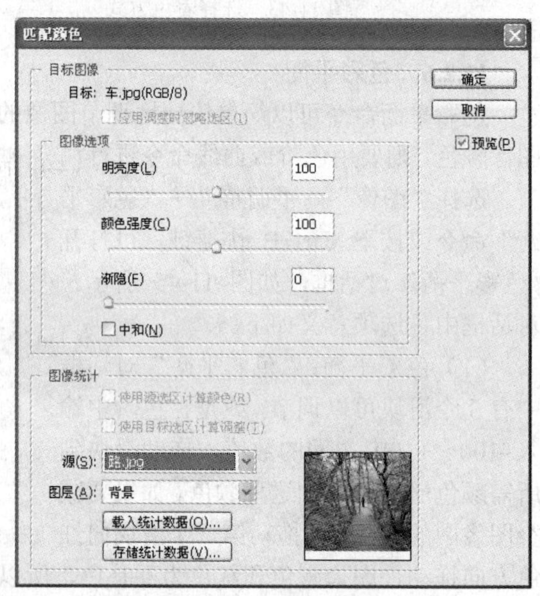

图 11-49　“匹配颜色”对话框

（2）图像选项。调整各匹配图像的选项。

明亮度：移动滑块，可以调整当前图像的亮度。当数值为 100 时，目标图像与源图像有一样的亮度。当数值变小时，图像变暗；反之，图像变亮。

颜色强度：移动滑块，可以调整图像中色彩的饱和度。

渐隐：移动滑块，可以控制应用图像的调整强度。

中和：勾选此复选框，可以自动消除目标图像中的色彩偏差，使匹配图像更加柔和。

（3）图像统计。设置匹配与被匹配的选项设置。

使用源选区计算颜色：需在目标图像中创建选区才可以勾选。勾选后，使用该选区中的颜色计算调整度，否则将用整个源图像来进行匹配。

使用目标选区计算调整：需在目标图像中创建选区才可以勾选。勾选后，只有选区内的目标图像参与计算颜色匹配。

源：可以在下拉列表中选择用来与目标图像颜色匹配的源图像。

图层：可以在下拉列表中选择源图像中匹配颜色的图层。

载入/存储统计数据：用来载入和存储已设置的文件。

打开两个素材文件，如图 11-50 和图 11-51 所示。下面分别是将“车.jpg”作为目标图像，将“路.jpg”作为源图像，两者进行颜色匹配的效果，参数设置如图 11-52 所示，效果如图 11-53 所示。

图 11-50　素材“车.jpg”文件

图 11-51　素材“路.jpg”文件

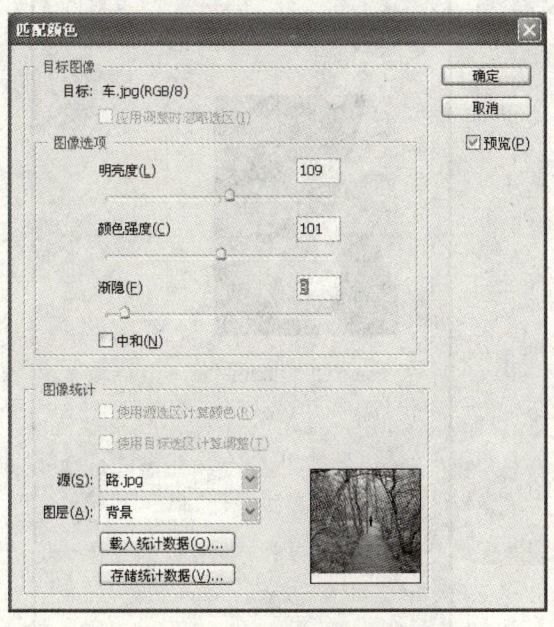

图 11-52　“匹配颜色”参数设置

图 11-53　“匹配颜色”效果

11.2.8 替换颜色

替换颜色命令可以在图像中选择要替换颜色的图像范围，用其他颜色替换掉所选择的颜色。同时还可设置所替换颜色区域内图像的色相、饱和度和亮度。相当于结合“颜色范围”和“色相/饱和度”命令来调整颜色。

选择“图像”→“调整”→“替换颜色”命令，可打开“替换颜色”对话框，如图 11-54 所示。对话框中各选项意义如下。

（1）本地化颜色簇：勾选此复选框时，设置替换范围会被集中在选取点的周围。

（2）颜色容差：用来设置被替换颜色的选取范围。数值越大，颜色选取范围就越广；反之，颜色选取范围就越窄。

（3）选取吸管：用吸管工具可以单击图像中要选择的颜色区域，并且可以通过对话框中的预览图像上点选相关的像素，带“+”的吸管为增加选区，带“–”的吸管为减少选区。

（4）选区/图像：用来切换图像的预览方式。单选“选区”选项时，图像为黑白效果，表示选取的区域。

（5）替换：用来对选取的区域进行颜色调整，通过调整色相、饱和度和明度来更改所选的颜色，也可以单击“结果”按钮，在“选择目标颜色”的拾色器中选择替换的颜色，单击“确认”按钮，便可完成颜色替换。

打开素材文件，如图 11-55 所示。在“替换颜色”对话框中选择胡子所在的区域，将替换色相设置为 171，如图 11-56 所示，替换效果如图 11-57 所示。

图 11-54 “替换颜色”对话框

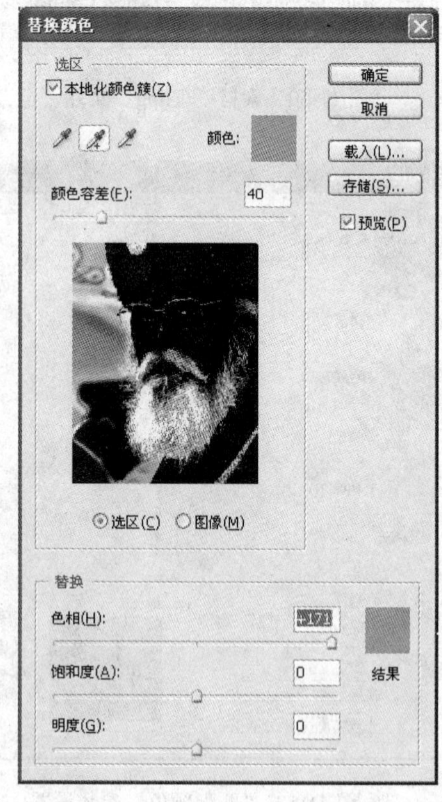

图 11-55 “替换颜色”参数设置

图 11-56　打开素材文件

图 11-57　替换颜色效果

上机实例：还原照片的色彩层次——图片的调色。

1. 制作目的

熟练利用调色工具，特别是可选颜色工具的使用。

2. 制作步骤

（1）打开素材文件“草原和马.jpg”，如图 11-58 所示。从图像的画面感觉来看，层次不清楚，显得灰蒙蒙。

图 11-58　打开素材文件

（2）选择菜单栏中的“图像”→“自动色调”命令，图像效果如图 11-59 所示。

图 11-59 执行“自动色调”命令效果

（3）选择菜单栏中的“图像”→“调整”→“可选颜色”命令，在弹出的对话框中分别设置“红色”的改变参数如图 11-60 所示，设置“黄色”的改变参数如图 11-61 所示，设置“绿色”的改变参数如图 11-62 所示，设置“青色”的改变参数如图 11-63 所示，设置“蓝色”的改变参数如图 11-64 所示，设置“中性色”的改变参数如图 11-65 所示，设置完成后，效果如图 11-66 所示。

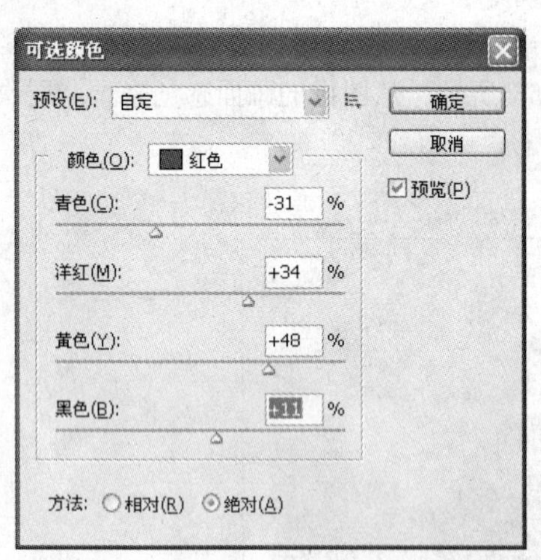

图 11-60 设置“红色”的改变参数

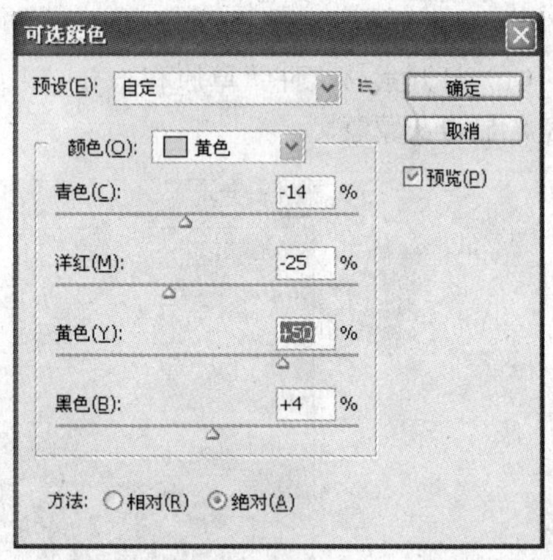

图 11-61 设置“黄色”的改变参数

（4）创建色阶调节图层，分别对红色、绿色、蓝色通道的色阶进行调整，参数设置如图 11-67～图 11-69 所示，调整后的效果如图 11-70 所示。

（5）按 Shift+Ctrl+Alt+E 快捷键盖印图层，盖印图层的含义就是在处理图片的时候将处理后的效果盖印到新图层上，功能和合并图层差不多，不过比合并图层更好用。因为盖印是重新生成一个新的图层，而一点都不会影响之前所处理的图层，这样做的好处就是，如果觉得之前处理的效果不太满意，可以删除盖印图层，之前做效果的图层依然还在。

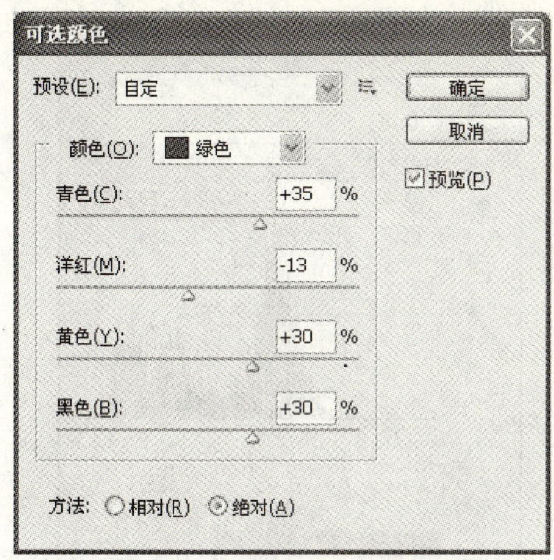

图 11-62　设置“绿色”的改变参数

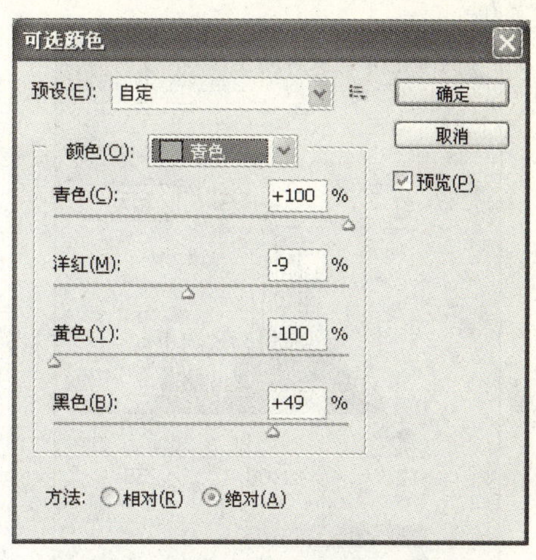

图 11-63　设置“青色”的改变参数

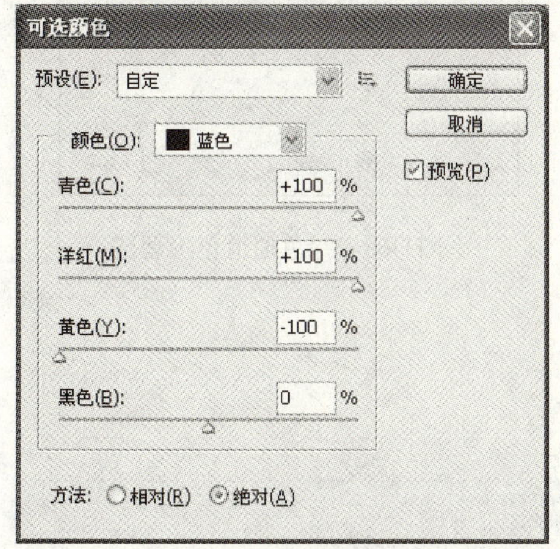

图 11-64　设置“蓝色”的改变参数

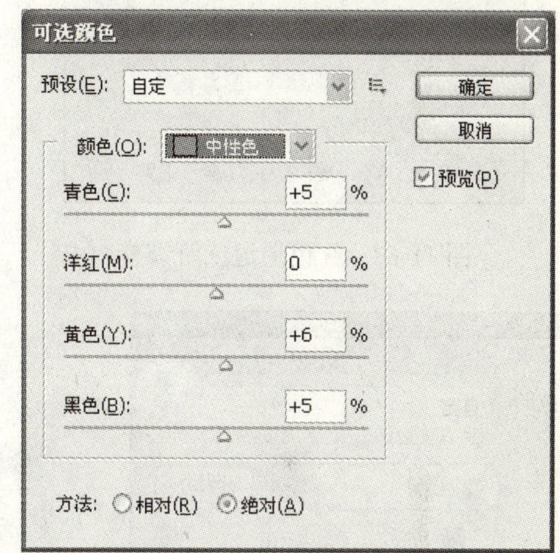

图 11-65　设置“中性色”的改变参数

图 11-66　执行“可选颜色”命令后的效果

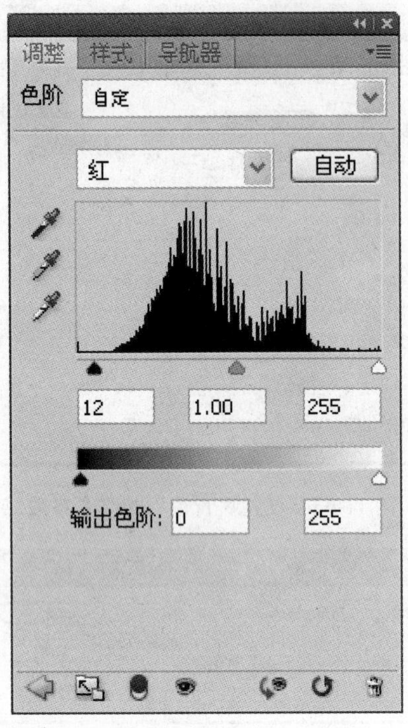

图 11-67 红色通道色阶调整

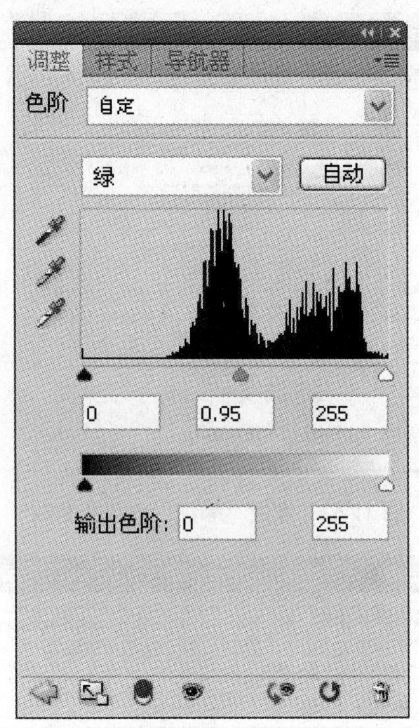

图 11-68 绿色通道色阶调整

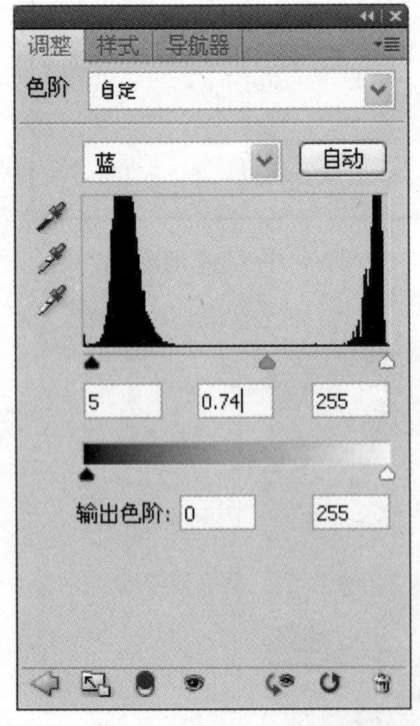

图 11-69 蓝色通道色阶调整

图 11-70 色阶调整的效果图

（6）选择菜单栏中的“图像”→“调整”→“阴影/高光”命令，在弹出的对话框中分别设置如图 11-71 所示的参数，图像的最终效果如图 11-72 所示。

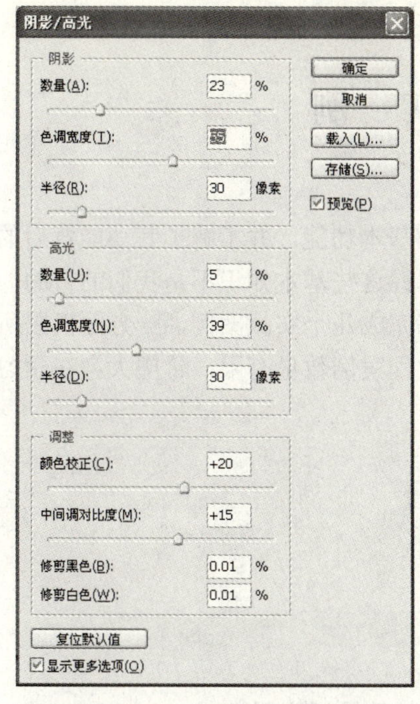

图 11-71 “阴影/高光”对话框

图 11-72 图像的最终效果

上 机 作 业

利用调色工具给树林图片增加艳丽的秋季色。原图如图 11-73 所示，效果如图 11-74 所示。

图 11-73 原图

图 11-74 效果图

第 12 章　综　合　实　例

通过前面章节的介绍，基本掌握了 Photoshop CS4 的基本功能，并了解了其功能背后的原理，为“实战”打下了坚实的基础。但是，仅仅能够掌握这些基本知识不是我们的目的，我们的目的是实践，完成设计工作。下面我们就带领大家完成几个实战案例，一方面巩固所学的工具、命令等内容，另一方面开阔大家思路。不过教程案例数量有限，希望大家在学习的过程中，需要边思考边制作，学会举一反三。

12.1　制　作　胶　囊

图 12-1 是胶囊的效果图。

实例掌握要点：

（1）图像的绘制方法，特别是高光区的处理方法。

（2）图层蒙版的灵活应用。

（3）图层分组的使用技巧。

图 12-1　胶囊的效果图

实例操作步骤：

（1）新建一个大小 10 厘米×10 厘米、分辨率为 200 像素/厘米和背景为白色的文件。在图层面板中新建图层 1，选择椭圆选框工具，按住 Shift 键创建一个小的正圆选区，填充黑色，如图 12-2 所示。

（2）选中图层 1 中的圆形区域，按 Alt 键+方向键↑，复制并移动所选区域，复制移动效果如图 12-3 所示。

图 12-2　创建圆形选区并填充

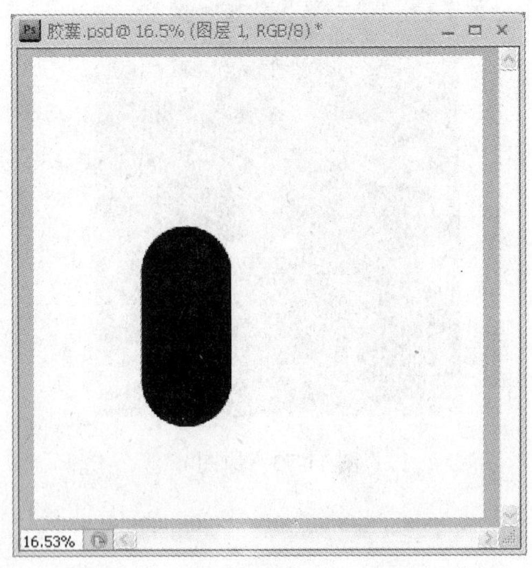

图 12-3　复制并移动所选区域

注意：如果移动的是选区蚂蚁线，要选中工具箱中的移动工具后，再按 Alt+方向键↑操作。

（3）将刚才复制的图像区域截去一半，如图 12-4 所示。选中图像区域，填充为 RGB（79,193,226），如图 12-5 所示。

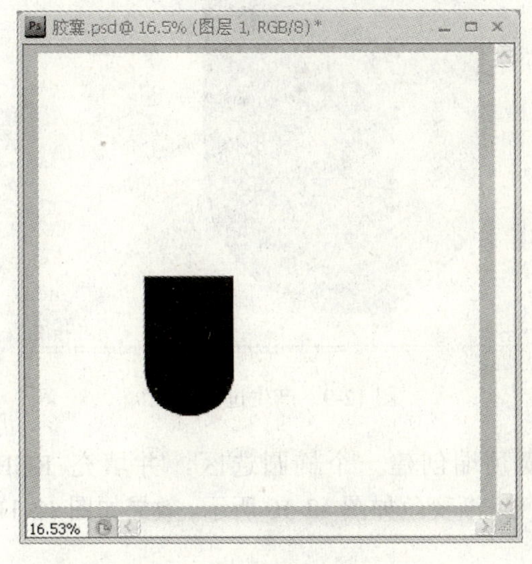

图 12-4　图像区域截去一半

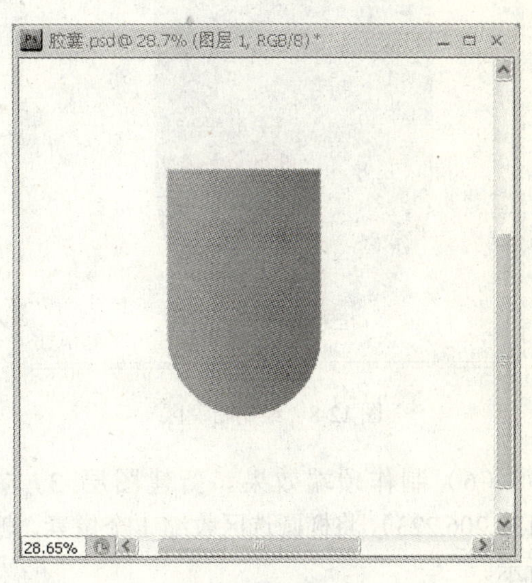

图 12-5　填充效果

（4）制作胶囊左边的高光区。新建图层 1 副本，在该图层中使用路径工具绘制出如图 12-6 所示的路径，并且将其转换为选区且羽化为 0，填充为 RGB（190,230,240）。添加图层蒙版，使高光区右边产生过渡效果，如图 12-6 所示。其图层面板如图 12-7 所示。

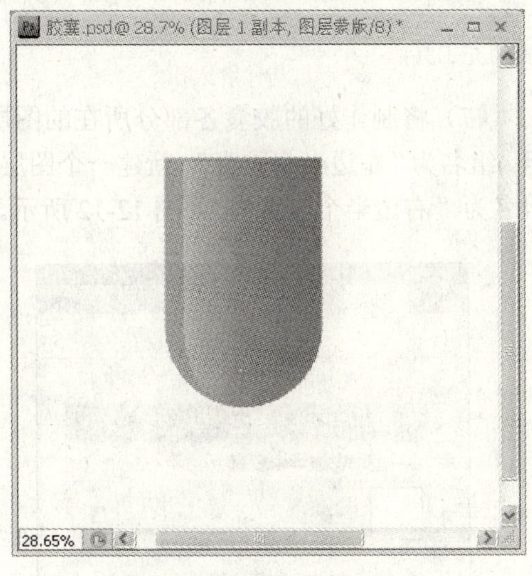

图 12-6　胶囊左边高光区

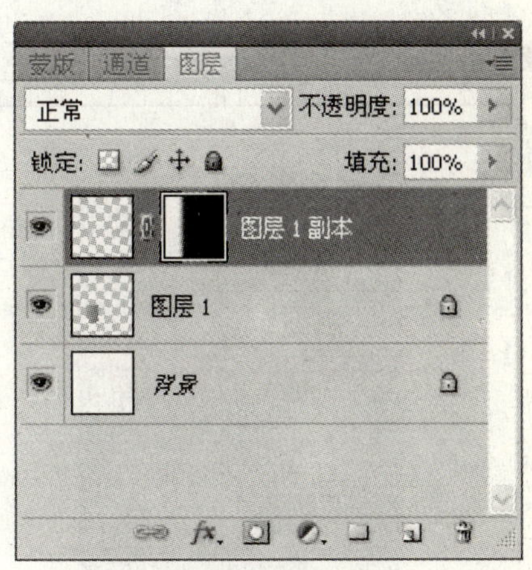

图 12-7　图层面板

（5）制作胶囊右边的暗调区。新建图层 2，在该图层中使用路径工具绘制出如图 12-8 所示的路径，并且将其转换为选区且羽化为 0，填充为 RGB（31,151,176）。添加图层蒙版，使暗调区产生过渡效果，如图 12-9 所示。

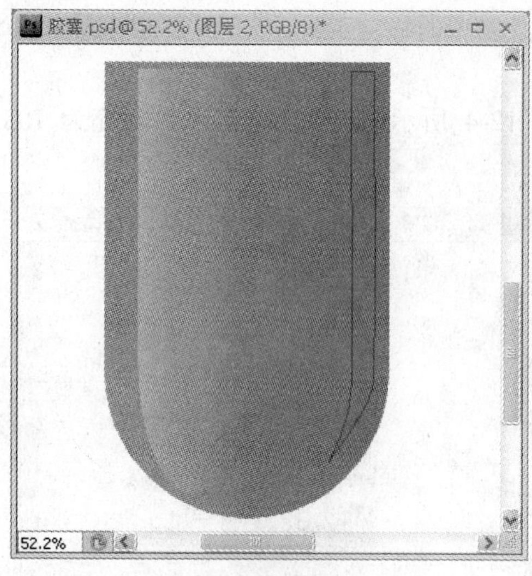

图 12-8 绘制暗调区

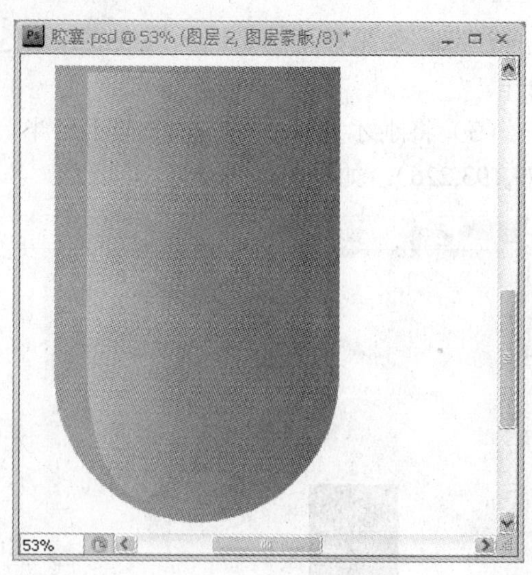

图 12-9 产生过渡效果

（6）制作顶端效果。新建图层 3，在胶囊顶端创建一个椭圆选区，并填充 RGB（133,206,223），将椭圆选区收缩 1 个像素，渐变填充，渐变色如图 12-10 所示。效果如图 12-11 所示。

RGB（13,124,144） RGB（69,185,165）

图 12-10 渐变填充工具

（7）将制作好的胶囊各部分所在的图层编组，组名为“左边半个胶囊”。新建一个图层组，组名为“右边半个胶囊”，如图 12-12 所示。

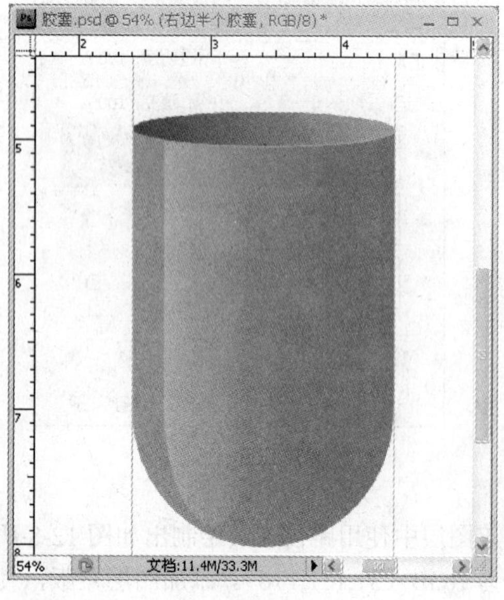

图 12-11 胶囊顶端绘制效果

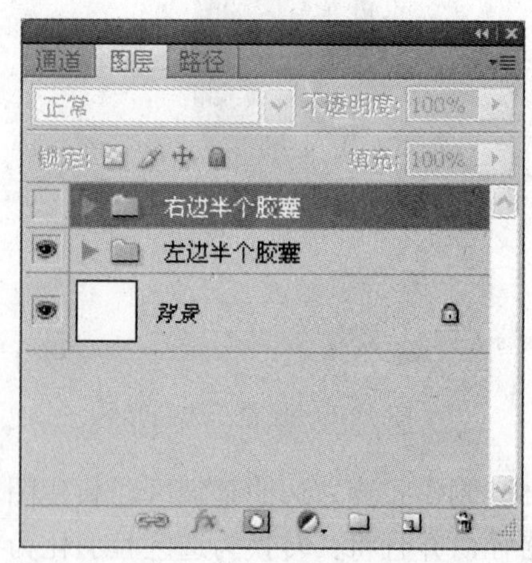

图 12-12 图层编组

（8）按照上面的步骤制作右边的半个胶囊，效果如图 12-13 所示，将胶囊旋转角度，效果如图 12-14 所示，并且将背景图层用径向渐变填充。

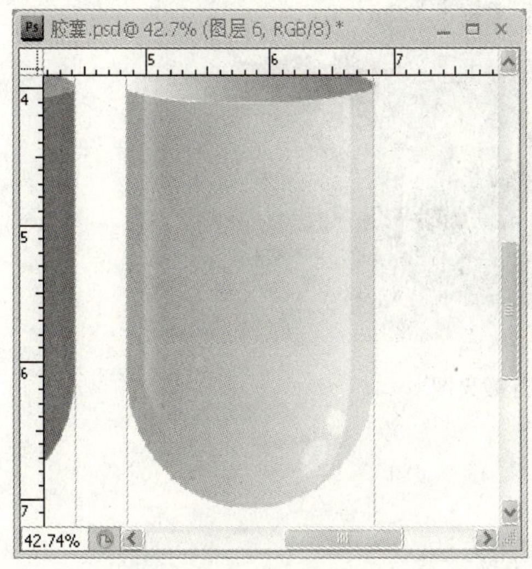

图 12-13　绘制右边胶囊

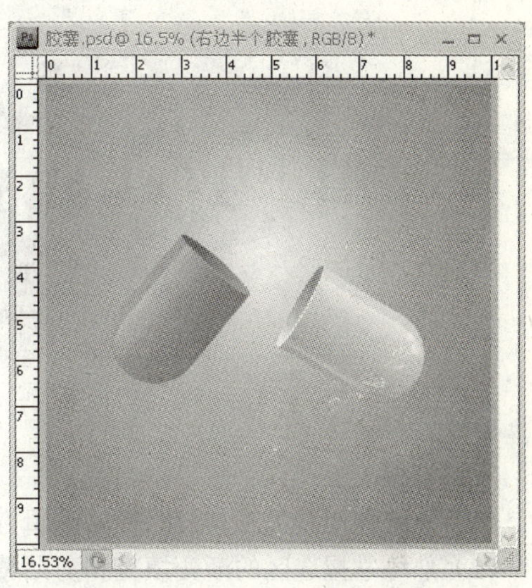

图 12-14　调整胶囊的角度

（9）绘制一些色彩各异的小球，如图 12-15 所示。最终的效果如图 12-16 所示。

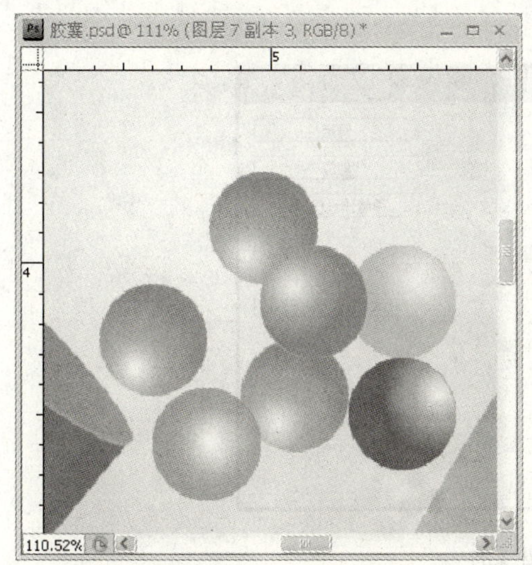

图 12-15　绘制小球颗粒

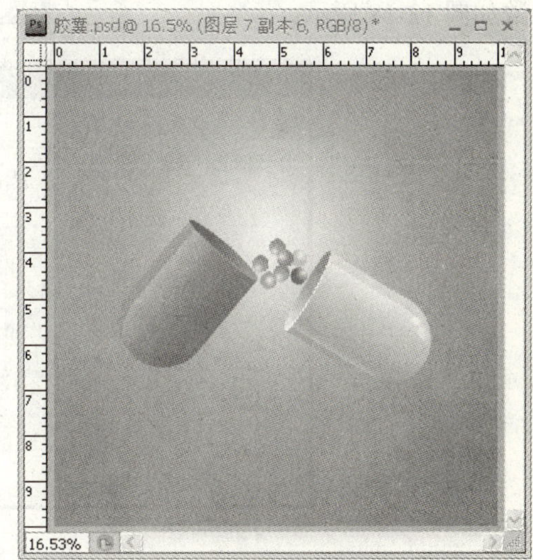

图 12-16　最终效果图

12.2　制作卷页效果

卷页效果是我们在设计图像中常用的一种修饰效果，主要用于商业海报等图片处理。本处理将主要用到钢笔、渐变、图层、滤镜、文字等工具。处理相对比较复杂，要求我们能够较熟练地使用 Photoshop 的相关工具。图 12-17 是设计的效果图。

图 12-17 卷页设计效果图

实例掌握要点：

（1）熟练使用钢笔工具及路径的编辑方法。

（2）熟练掌握选区的渐变填充和剪贴蒙版的使用方法。

（3）掌握阴影效果的制作方法。

实例操作步骤如下。

（1）新建一个文档，大小 1500 像素×800 像素，分辨率为 72 像素/英寸，白色背景，其他参数如图 12-18 所示。

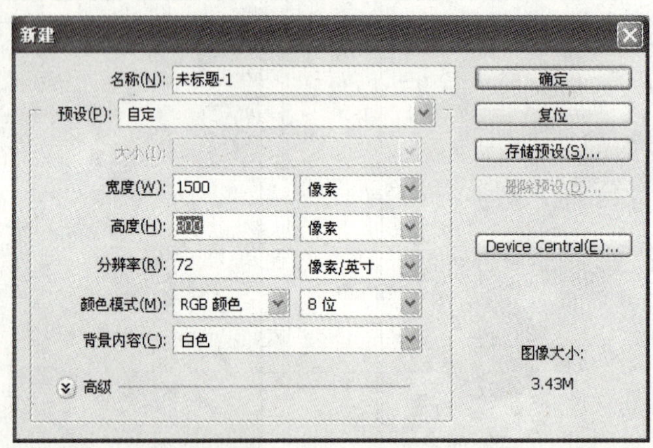

图 12-18 新建文件

（2）新建图层 1，在该图层中创建一个和文档区域差不多大小的矩形选区，边缘留下适当的间距，并将选区转换成路径，如图 12-19 所示。

（3）在工具箱中选择钢笔工具，在钢笔工具中选中“添加锚点工具”，创建两个卷叶锚点，如图 12-20 所示。

（4）在工具箱中选择“直接选择工具”，将右下角的锚点移动，将之转换为卷页的形状。再用钢笔工具中的“转换点工具”进行弧度调节。将路径转换成选区，注意羽化为 0，如图 12-21 所示。

图 12-19　创建选区并转换成路径

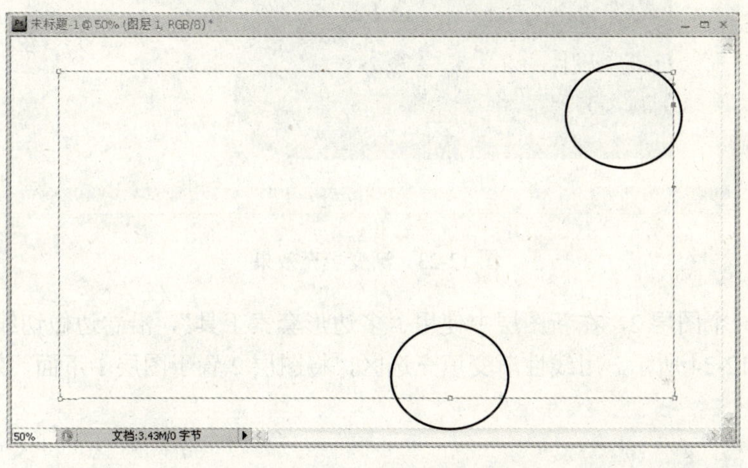

图 12-20　添加锚点

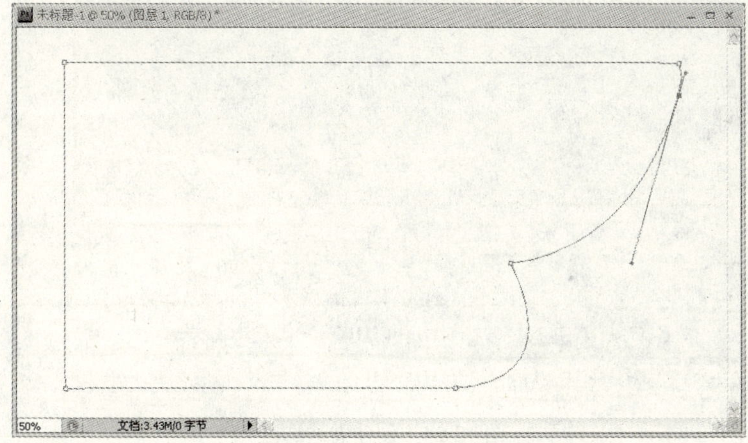

图 12-21　利用路径工具修改边界

（5）选择线性渐变工具，将色标颜色设置为 RGB（76,108,5）和 RGB（132,190,10），如图 12-22 所示。将选区按对角线方向填充渐变，使选区从左上角至右下角由深变浅，如图 12-23

所示。

图 12-22 渐变工具

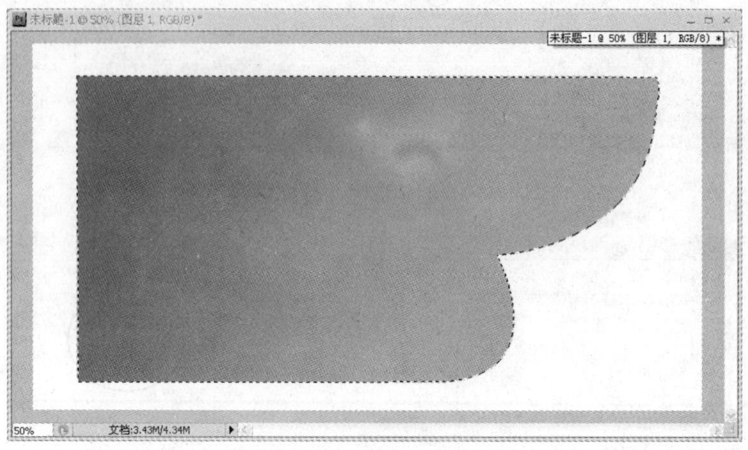

图 12-23 渐变填充效果

（6）新建一个图层 2，在新图层中使用“多边形套索工具”，沿卷边做切线，形成一个新的选区，如图 12-24 所示。用线性渐变填充选区，将图层 2 置于图层 1 下面，效果如图 12-25 所示。

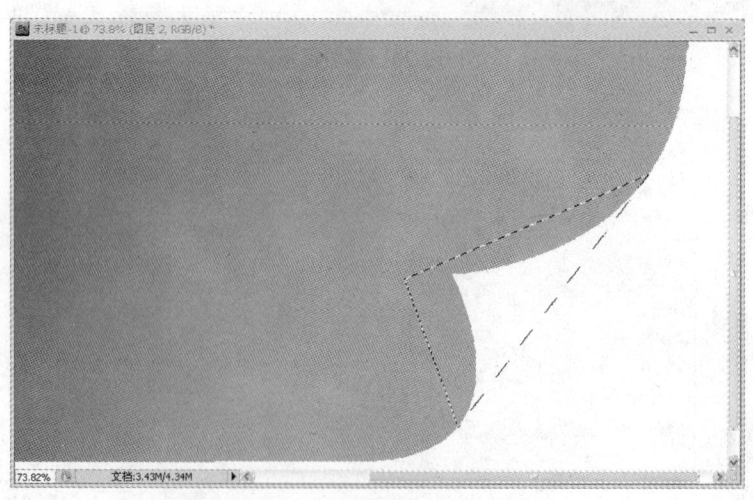

图 12-24 创建卷边选区

（7）添加阴影效果。新建图层 3，用钢笔工具选择阴影区域，用灰色填充选区。运用“高斯模糊”滤镜设置适当的像素半径，并适当降低该图层的不透明度，效果如图 12-26 所示。

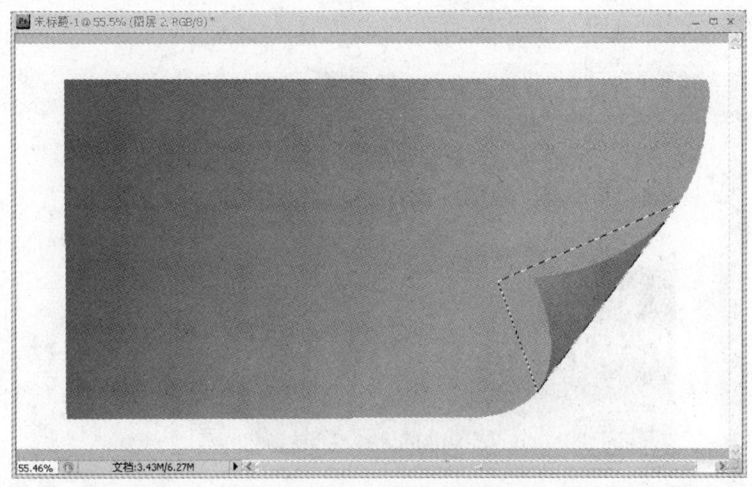

图 12-25　填充卷叶效果

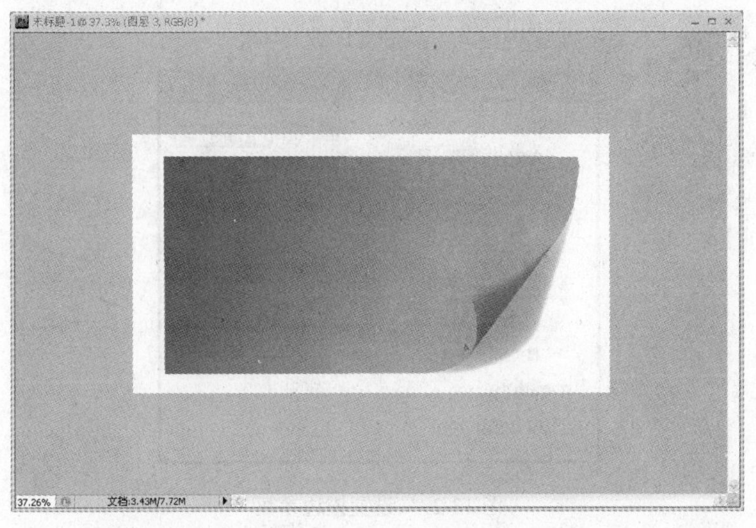

图 12-26　阴影效果

（8）将素材文件“工间操.jpg”打开，将文件复制到文档中并调整大小，移置到图层的最上面，如图 12-27 所示。激活该图层，单击鼠标右键，在快捷菜单中选择“创建剪贴蒙版”命令，效果如图 12-28 所示。

图 12-27　图层面板

（9）增加卷叶纸张厚度。新建图层 5，在图层 5 中载入图层 1 中的像素区域作为选区，通过按住 Ctrl 键再单击图层 1 的缩略图来实现，对图层 5 中的选区“描边”，参数设置如图 12-29 所示，效果如图 12-30 所示。

（10）导入背景图片，将背景图层置于底层，配上文字。就完成了一幅简单的卷叶效果海报了，最终效果如图 12-31 所示。

图 12-28 “创建剪贴蒙版”效果

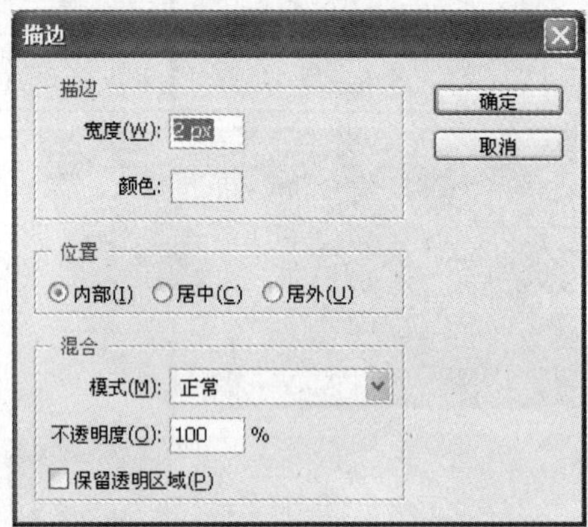

图 12-29 设置描边参数

图 12-30 描边效果

图 12-31　最终效果图

12.3　打造 LOMO 效果

LOMO 是英文 Let Our life be Magic and Open （让我们的生活开放、有魔力）的缩写，它代表着一种简单、随意、自由的照片风格，是当下比较流行的一种照片效果。虽然 LOMO 照片的风格千变万化，但还是会有一些共性在其中，例如暗角、偏色、强对比度。总之，LOMO 风格是非常经典的照片风格，在处理这种照片时，基本思路：①加大画面的对比度。②加大画面的色彩饱和。③对暗角处画面进行羽化，模拟景深效果。图 12-32 和图 12-33 所示是两张比较典型的 LOMO 效果图片。

图 12-32　LOMO 效果图（一）

图 12-33　LOMO 效果图（二）

使用 Photoshop 制作出 LOMO 效果，应掌握以下要点。

（1）掌握几种常见的图层混合模式，例如：柔光效果、滤色效果等。

（2）熟练应用“图像调整”中的工具，如“色彩平衡”、“曲线”等。

（3）熟练掌握调整图层工具的使用。

实例操作步骤：

（1）打开素材文件。单击菜单栏中的“文件”→“打开”命令，打开本教材素材文件的“放学回家.jpg”图像，如图 12-34 所示。

（2）复制背景图层。激活背景副本图层，单击菜单栏中的“图像”→“调整”→“色相/饱和度”命令，在弹出的“色相/饱和度”对话框中，参数设置如图 12-35 所示。然后将图像的混合模式改为“叠加”，效果如图 12-36 所示。操作目的是为了提高图像的对比度。

图 12-34 打开素材文件

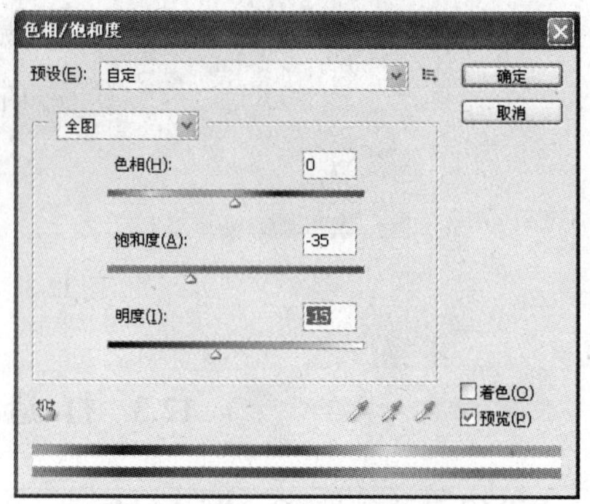

图 12-35 设置“色相/饱和度”参数

（3）新建图层 1，填充颜色为 RGB（204,204,204），将图层的混合模式改为“柔光”，“不透明度”为“45%”，图层面板如图 12-37 所示。

图 12-36 调整后的图片效果

图 12-37 图层面板

（4）添加暗角。合并可见图层，再次复制背景图层，在背景副本图层中将图像的主体用套索工具勾选出，并将选区羽化为 80，再将选取反选，如图 12-38 所示。

（5）建立色阶调整图层。在图层面板的下方单击“创建新的填充或调节图层”按钮，在出现的菜单中选择“色阶”命令，在图层面板中创建调整图层，如图 12-39 所示。

（6）在调整面板中，将参数设置为如图 12-40 所示的值，就会产生明显的暗角，效果如图 12-41 所示。如果对暗角不满意，可以再添加一个调整图层。

图 12-38　对图像中的主体部分反选

图 12-39　创建调整图层

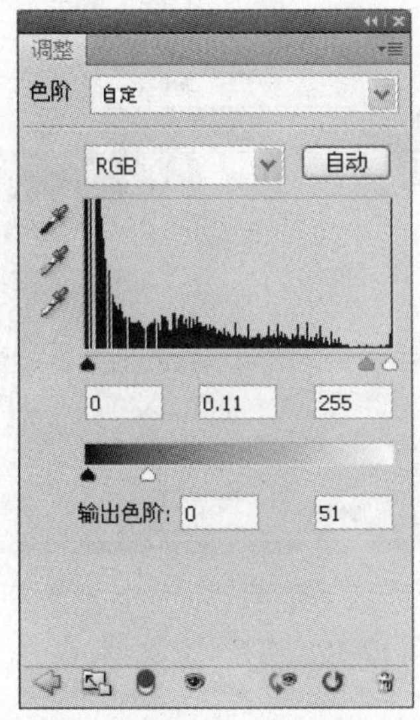

图 12-40　设置调整参数

图 12-41　产生暗角效果

12.4　儿 童 节 海 报

操作实例掌握要点：

（1）掌握图层蒙版的使用技巧。

（2）掌握多张图片无缝拼合的操作技巧。

（3）熟练掌握图像修饰工具组，例如模糊、加深、减淡等工具。

实例操作步骤如下。

（1）新建文件。单击菜单栏中的“文件”→“新建”命令，文件参数如图 12-42 所示。

（2）将背景图层填充为 RGB（55,152,223），再打开素材文件“蓝天白云.jpg”，将图片移动到刚新建的文件中，在图层面板中创建图层蒙版，渐变填充图层蒙版如图 12-43 所示，并将图层的“不透明度”设置为“75%”，这样背景和前景产生很好的融合效果，如图 12-44 所示。

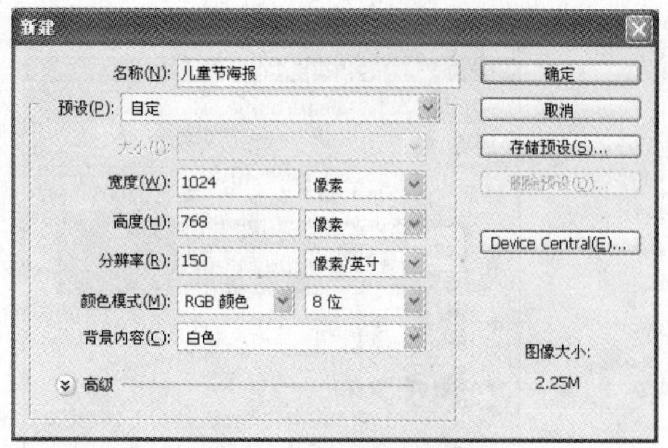

图 12-42 新建文件

图 12-43 添加图层蒙版

（3）新建图层 2，在该图层中，创建羽化值为“75”的椭圆选区，并填充为 RGB（255,255,255），再重复操作一次，效果如图 12-45 所示。

图 12-44 背景和前景融合效果

图 12-45 填充羽化区域

（4）制作发散光束。新建图层 3，将前景色设置为 RGB（255,255,255），在工具箱中选择“多边形工具”，然后在其属性工具栏选中 “填充像素”按钮 并设置“多边形选项”，如图 12-46 所示，同时将多边形的边设置为 65。在羽化椭圆的中心处创建发散光束，将图层的不透明度设置为 20%，效果如图 12-47 所示。

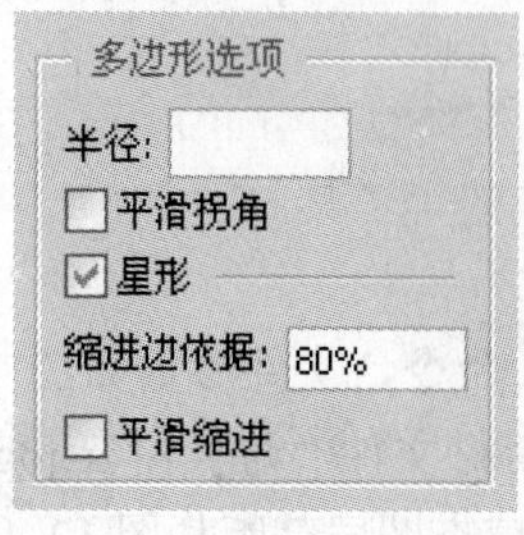

图 12-46 设置多边形选项

图 12-47 发散光束效果

（5）在图层 3 中创建图层蒙版，渐变填充图层蒙版，效果如图 12-48 所示，操作目的主要是为了除去图像下面的发散光束。

（6）打开素材文件“山.jpg”，将山的一部分选中，移进图像中，并旋转 180°，如图 12-49 所示。

图 12-48 清除图像下面光束

图 12-49 移入山的图片并旋转

（7）用模糊工具把山的底部模糊处理，然后用加深工具把顶部涂暗，局部用减淡工具稍微调亮一点，效果如图 12-50 所示。

（8）打开“草地.jpg”文件，创建一个羽化为 5px 的椭圆选区，将所选区域的图像移进主图像中，使用“变形”工具对椭圆图像区进行编辑，并使用加深工具对其中间部分变暗处理，效果如图 12-51 所示。

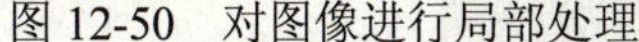

图 12-50 对图像进行局部处理

图 12-51 加入草地效果

（9）为了增强整个图像的立体感，可以对山的局部进行修改，效果如图 12-52 所示。

（10）打开素材“叶子.jpg”文件，将树叶抠出，适当缩小，添加到图像中，效果如图 12-53 所示。

（11）打开有关花的素材文件，将花叶抠出，适当缩小，添加到图像中，效果如图 12-54 所示。

图 12-52　对山的局部进行修改

图 12-53　添加叶子效果

（12）打开“文字.psd”和“孩子们演奏.psd”素材文件，将图片中的元素添加到海报图片中，适当调整素材的位置和所在的图层，效果如图 12-55 所示。

图 12-54　添加小花效果

图 12-55　儿童节海报最终效果图

上 机 作 业

设计商业手提袋，效果如图 12-56 所示。

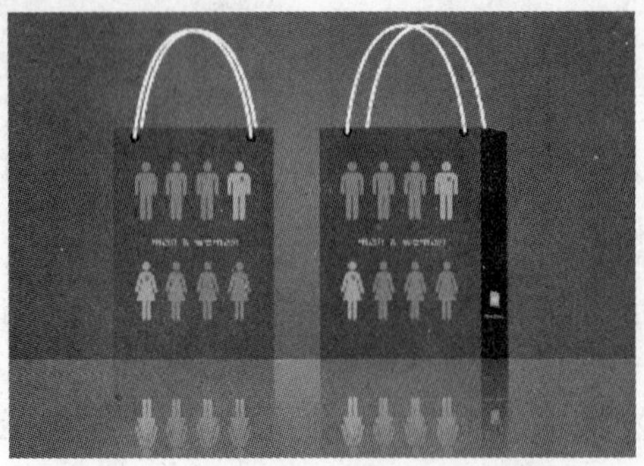

图 12-56　综合作业

参 考 文 献

[1] 耿雪莉．图形图像处理教程 Photoshop CS4 [M]．北京：清华大学出版社，2012.
[2] 姜科，罗晓梅．Photoshop CS4 图像处理 [M]．北京：清华大学出版社，2011.
[3] 李立新．中文版 Photoshop CS4 图像处理实用教程 [M]．北京：清华大学出版社，2010.
[4] 高志清．边学边用 Photoshop CS2 [M]．北京：清华大学出版社，2009.
[5] 汪可．Photoshop CS4 标准培训教材 [M]．北京：人民邮电出版社，2010.
[6] 王朋娇．Photoshop 平面设计 [M]．北京：电子工业出版社， 2012.